ELEFANTE

Conselho editorial
Bianca Oliveira
João Peres
Tadeu Breda

Edição
Tadeu Breda

Assistência de edição
Luiza Brandino

Preparação
Carolina Hidalgo Castelani
João Peres

Revisão
Laura Massunari
Moriti Neto

Capa
Túlio Cerquize

Diagramação
Denise Matsumoto

Direção de arte
Bianca Oliveira

FORMAÇÃO POLÍTICA DO AGRO-NEGÓCIO

CAIO POMPEIA

Prefácio
Um tratado de paz entre o agronegócio e os direitos indígenas?
Manuela Carneiro da Cunha   11

Agradecimentos   37
Introdução   39

1. História da ideia de *agribusiness*   43
  Origem em Harvard   47
  Recepções na esfera pública   53
  Articulação entre governo e corporações   59
    Agribusiness Council   64
    Reformas na administração federal   65
    Revolução Verde   66
  Entre críticas e instrumentalizações   68
    Contestações   73
    Usos positivados   80

2. Complexos agroindustriais no Brasil   87
  Questão agrária e política agrícola   90
  Exportação da ideia   95
  Descolamentos do sentido original   103

3. Projeto político-econômico — 111
Disputas na Constituinte — 112
O grupo da Agroceres — 119
Contexto neoliberal — 124
Lançamento do projeto — 126
   Primeiros resultados — 131
Programa acadêmico — 134
Obstáculos políticos — 138

4. Uma associação de *agribusiness* — 141
Fundação e justificações — 144
Atuação política — 153
Feira dinâmica — 157
Comunicação interna — 159

5. Inflexões nas relações público-privadas e complexificação do campo intersetorial — 163
Início da alteração do tratamento estatal — 165
Fórum Nacional da Agricultura — 170
Agenciamentos oficiais — 176
   Agronegócio: ideia traduzida — 178
Crescentes mobilizações da categoria na esfera pública — 180
Desdobramentos materiais — 186

6. Boom das commodities, engenharias institucionais e competições — 191
Mudanças na Abag — 194
   Pleitos aos presidenciáveis — 196
Rural Brasil — 201
A Abag no Ministério da Agricultura — 203
Ápice da categoria na esfera pública — 206
Agronegócio na Fiesp — 209
   Reivindicações e problemas de representação — 212
Forças centrífugas — 215

7. Conflitos — 221
Reforma agrária — 223
   Movimento dos Trabalhadores Rurais Sem Terra — 225
   Esvaziamento da agenda — 229
Agricultura familiar — 232
   Disputas classificatórias — 234
   Efeitos — 238
Trabalho escravo — 244
Meio ambiente — 250
   Criações institucionais e aumento da diversidade de posicionamentos na agenda do clima — 254

8. Iniciativas e desafios para ampliação de convergências em um campo heterogêneo — 263
Consequências da fragmentação — 266
Aproximação Fiesp-Abag — 270
Agropublicidade — 275
Código Florestal — 278
Escritório privado–parlamentar — 281
Terras indígenas — 283
O caminho da CNA — 290
Crise e impedimento — 294

9. Inserção estratégica, riscos e diferenciações programáticas — 299
Instituto Pensar Agropecuária — 301
Escândalos e aprofundamento do pacto de economia política — 308
Conselho do Agro — 315
A reascensão de posições de extrema direita — 320
União Democrática Ruralista — 322
Contrariedade de representações dominantes — 324
Coalizão Brasil Clima, Florestas e Agricultura — 327
Divergências sobre o meio ambiente — 330
O futuro e o agro — 338

Referências **341**
   Acervos históricos e sistemas de pesquisa   363
   Dicionários consultados   364
   Imprensa   365

Apêndice I   **369**
Apêndice II   **375**
Apêndice III   **381**
Apêndice IV   **383**

Sobre o autor   **387**

Prefácio
Um tratado de paz entre o agronegócio e os direitos indígenas?[1]
Manuela Carneiro da Cunha[2]

Graças ao livro de Caio Pompeia, temos agora uma história da gênese, das instituições, das associações e dos principais protagonistas do agronegócio no Brasil. É um guia precioso dos percursos, programas e atuações de um campo político heterogêneo e continuamente em mudança.

Para escrever o prefácio de que fui incumbida — uma honra insólita —, falarei de uma questão, apenas, das muitas que o livro permite tratar: o agro e os povos indígenas, quilombolas e comunidades tradicionais podem chegar a um acordo justo e a uma paz duradoura? Para tanto, vou me valer do convite implícito nas páginas finais do livro: "ao lado dos importantíssimos acordos para enfrentar o desmatamento na Amazônia, será igualmente imprescindível a promoção de conciliações para a defesa dos direitos territoriais de povos indígenas e populações tradicionais". Nesse sentido, este prefácio é muito mais um posfácio.

---

[1] Uma primeira versão deste texto foi publicada na revista *Piauí*, n. 172, jan. 2021.
[2] Antropóloga, professora titular aposentada da Universidade de São Paulo e professora emérita da Universidade de Chicago, membro da Academia Brasileira de Ciências e da Comissão Arns de Direitos Humanos.

O que o livro de Caio Pompeia parece revelar aos que, como eu, não são do ramo, é que a construção da noção unificadora do agronegócio, muito exitosa em termos de visibilidade e influência política, não parece ter superado internamente as grandes diferenças de seus segmentos. Os interesses e a cultura política dos grandes e médios produtores rurais nem sempre coincidem com os das indústrias, sobretudo a jusante da porteira. A criação sucessiva de organizações, cujas hegemonias acabam se revelando passageiras, é outro indicador dessas diferenças. Até a chamada bancada ruralista no Congresso, por mais que siga as diretrizes recebidas do Instituto Pensar Agropecuária (IPA), parece, em alguma medida, distinta do resto das representações do agronegócio.

Quem está de fora percebe certa diferença, um gradiente, entre um conjunto de atores mais imediatistas, bastante imunes a pressões externas — sobretudo de parte relevante da agricultura patronal, e, em certa medida, das indústrias das quais ela é cliente e que a apoiam —, e agentes empresariais mais sensíveis a valores ambientais e de direitos humanos. Mesmo assim, para evitar rupturas, os diferentes grupos preferem se apresentar publicamente como um bloco indiviso.

Pode-se dizer que nenhum presidente do Brasil, de Fernando Henrique Cardoso até, digamos, 2018, se subtraiu efetivamente às demandas de associações do agronegócio, mas não necessariamente o fez por inteira adesão e *motu proprio*. Consta que Fernando Henrique Cardoso se sentiu incomodado quando promulgou um novo decreto, em 1996, que tornava mais complicada a demarcação e homologação de terras indígenas.

Luiz Inácio Lula da Silva, por sua vez, deu uma no cravo e outra na ferradura, ora atendendo aos interesses dos produtores, ora os contrariando, o que levou o seu primeiro ministro da Agricultura, Pecuária e Abastecimento,

Roberto Rodrigues, vinculado ao agronegócio, a se demitir em 2006. A inação de Dilma Rousseff quanto às demarcações de terras indígenas (apesar dos reparos eloquentes feitos por ela nas últimas horas de seu governo), aliada à amizade que cultivava com Kátia Abreu, que deixou a presidência da Confederação da Agricultura e Pecuária do Brasil (CNA) para assumir o Ministério da Agricultura, não foram suficientes para que a presidente obtivesse o apoio do setor. Michel Temer, por sua vez, aderiu com aparente entusiasmo aos programas do agronegócio, seja por convicção, seja por se ter tornado, ao menos em parte, refém dos votos da bancada ruralista no Congresso para obstruir os pedidos de abertura de processos contra ele.

Mesmo assim, por mais que a influência política de agentes do agronegócio tenha se ampliado, a ligação dos governos com suas organizações nunca foi irrestrita — até recentemente.

Um governo abertamente anti-indígena e antiambientalista

Vimos que nenhum governo anterior, em que pesem suas práticas e concessões, apregoou ser contrário aos direitos indígenas e ambientais. O que mudou com o governo Bolsonaro em relação aos que o precederam foi que, pela primeira vez, o discurso, as medidas provisórias e as omissões do presidente foram abertamente anti-indígenas e antiambientalistas. Isso repercutiu favoravelmente no bloco imediatista do agronegócio.

O chamado "dia do fogo", em 10 de agosto de 2019, mostrou como o discurso presidencial vinha sendo percebido. Com o novo governo, espalhou-se também o entendimento de que as terras da União invadidas, especialmente as indígenas, seriam regularizadas a favor dos invasores. Isso fomentou a grilagem direta ou por pessoas interpostas, como no caso de fazendeiros que doavam ou vendiam barato a agricultores pobres lotes de terras invadidas, com o objetivo de criar um "problema social" e um fato consumado, na eventualidade de uma desintrusão. Formou-se verdadeira corrida a terras indígenas e a unidades de conservação.

Além disso, o poder de policiamento e de intervenção de órgãos do Estado foi publicamente enfraquecido e reduzido. Madeireiros desmataram seletivamente em terras indígenas sem medo da fiscalização, enquanto funcionários do Instituto Brasileiro do Meio Ambiente e dos Recursos Naturais Renováveis (Ibama) eram exonerados porque, cumprindo a lei, destruíram maquinário de verdadeiras empresas de garimpagem atuando nas áreas indígenas. Nessas invasões, o desmatamento foi de tal monta que ultrapassou em muito a taxa geral na Amazônia.

Estamos, desde pelo menos 2012, ano da reforma do Código Florestal brasileiro, assistindo a uma investida crescente de representações do agronegócio contra áreas de conservação e terras de povos indígenas, quilombolas e comunidades tradicionais, sobretudo na Amazônia. O último governo do Partido dos Trabalhadores já havia largamente cedido às suas exigências. Com Temer, como já vimos, o programa do agronegócio foi encampado pelo governo. Seu mandato extinguiu o Ministério do Desenvolvimento Agrário, que cuidava da agricultura familiar. Ressuscitou-se também uma norma já descartada como princípio geral pelo Supremo Tribunal Federal (STF): o chamado Marco Temporal, que detalharemos mais adiante. Trata-se do Parecer 001/2017 da Advocacia-Geral da União (AGU), que estendeu a toda a administração pública um entendimento e condicionantes espúrias para as demarcações de terras indígenas.

Com a vitória de Bolsonaro, a partir de 1º de janeiro de 2019, atores do agronegócio se acharam finalmente no centro do próprio governo e ocuparam ministérios essenciais. E até o Ministério do Meio Ambiente e a Fundação Nacional do Índio (Funai) ficaram sob o comando de aliados do setor. Como lembrou recentemente a jurista Deborah Duprat, o atual ministro do Meio Ambiente tem um currículo contrário ao ambiente, e o atual presidente da Funai, um currículo contrário aos índios e suas terras. O próprio chefe da política de não contato com os povos indígenas voluntariamente isolados teve, até ser exonerado, um currículo de missionário evangélico. Quando se protesta contra esses evidentes conflitos de interesse e as inconstitucionalidades que promovem, recebe-se uma resposta edificante de membros do Executivo: essa resposta, fornecida como se fosse evidente, é que um novo presidente foi eleito.

Que o novo presidente, com seu programa abertamente anti-indígena e anticonservacionista, foi eleito, é incontestável. Mas que, acima dele, está a Constituição Federal de 1988, também o é. Vem daí a importância cada vez mais clara — e ousamos esperar, duradoura — do STF, guardião da Constituição.

Com Bolsonaro, que ideologicamente se alinha à União Democrática Ruralista (UDR), o agronegócio não só está no governo como sua ala de extrema-direita está mais atuante dentro dele. O presidente da UDR, Nabhan Garcia, almejava ser ministro da Agricultura. Impedido, por razões pragmáticas, de colocá-lo no comando da pasta, Bolsonaro confiou-lhe a Secretaria de Assuntos Fundiários do ministério. Garcia tem acesso direto ao presidente. Sua atuação, conforme consta, é consistente: ele se esforça para facilitar a regularização fundiária, sobretudo na Amazônia, em particular por meio da autodeclaração, que não é devidamente verificada nem pela União, nem pelos estados. Com isso, abre-se espaço para um maior número de fraudes.

Fraudes

A autodeclaração tem levado a uma série de irregularidades desde 2013, quando foi criado o Sistema Nacional de Cadastro Ambiental Rural (Sicar), como corolário do novo Código Florestal adotado no ano anterior. Embora fosse expressamente informado que a inscrição no sistema, a partir de dados fornecidos pelo presumível proprietário da área rural, não era válida para fins de reconhecimento de propriedade ou posse, com a advertência de que as declarações seriam analisadas e validadas pelo órgão estadual competente, não foi bem isso que ocorreu em muitos casos. Em um breve texto do autor deste livro, Caio Pompeia, compilaram-se várias fontes que mostram o uso do Cadastro Ambiental Rural (CAR) como forma de se arvorar proprietário de áreas em terras indígenas.[3] Ao analisar dados do Siscar de maio de 2020, a Sexta Câmara do Ministério Público Federal (MPF) encontrou nada menos do que 9.901 áreas que se identificam como

[3] POMPEIA, Caio. "Cadastro Ambiental Rural e os riscos da "apropriação verde", em CARNEIRO DA CUNHA, M.; MAGALHÃES, S. & ADAMS, C. (Orgs). *Populações tradicionais e biodiversidade: as contribuições de povos indígenas, quilombolas e comunidades tradicionais à biodiversidade e políticas públicas que os afetam*. Encomendado pelo Ministério da Ciência, Tecnologia, Inovações e Comunicações e financiado pelo Conselho Nacional de Desenvolvimento Científico e Tecnológico (CNPq); brevemente estará no portal da Sociedade Brasileira para o Progresso da Ciência (SBPC).

privadas sobrepostas a terras indígenas em diversas fases de demarcação ou a áreas de restrição de uso declaradas pela Funai para a proteção de índios isolados.

A chamada "regularização fundiária" da Amazônia Legal, onde grande quantidade de terras públicas ainda não tem destinação, tem sido facilitada, desde 2005, por medidas provisórias transformadas em leis pelo Congresso. A princípio, essa regularização destinava-se a pequenos posseiros que, antes de 1º de dezembro de 2004, praticassem a agricultura familiar e estivessem cultivando até quinhentos hectares. Em 2008, uma lei ampliou a área máxima para 1,5 mil hectares. Em 2009, com a Medida Provisória (MP) 459, apelidada de "MP da grilagem", ainda no governo Lula, a exigência relacionada à agricultura familiar desapareceu e a exploração da área passou a incluir assalariados (a medida transformou-se na Lei nº 11.952, do mesmo ano). Em 2017, no governo Temer, outra lei ampliou a área máxima para 2,5 mil hectares, diminuiu a exigência de antiguidade da ocupação para 22 de julho de 2008 e autorizou que o beneficiário fosse uma empresa.

Em 2019, uma MP reduzia ainda mais a exigência de tempo da ocupação, dessa vez para até 5 de maio de 2014. Felizmente, o Congresso deixou caducar o prazo para votação dessa Medida Provisória, embora tenha encaminhado um projeto de lei sobre o mesmo tema. Essa sucessão de leis gerou um crescente incentivo à grilagem de terras, sobretudo na Amazônia, e várias possibilidades de concentração fundiária. Até a malograda MP de Bolsonaro contribuiu para isso, enquanto não era barrada no Congresso.

No mesmo espírito de encorajar a grilagem, Bolsonaro tentou, com a MP publicada em seu primeiro dia de governo em 2019, atribuir à Secretaria de Assuntos Fundiários do Ministério da Agricultura, encabeçada por Nabhan

Garcia, a função de reconhecimento de terras indígenas, tarefa que é da alçada da Funai. Embora o Congresso tenha barrado a medida, Garcia manteve sua influência sobre a questão e conseguiu a exoneração do então presidente da Fundação Nacional do Índio, general Franklimberg Ribeiro de Freitas.

Desde então, o secretário de Assuntos Fundiários e o presidente da Funai agem de forma complementar. Uma medida particularmente danosa foi a Instrução Normativa nº 9, de 16 de abril de 2020, da Funai. Coincidência ou não, foi editada no mesmo dia em que o ministro do Meio Ambiente, na assombrosa reunião ministerial de 22 de abril, com o presidente e outras autoridades, recomendou medidas infralegais "para passar a boiada". Essa instrução normativa, entre outras maldades, suprimia do Sistema de Gestão Fundiária (Sigef) todas as terras indígenas ainda não homologadas. Permitia, portanto, que o Instituto Nacional de Colonização e Reforma Agrária (Incra) desse certificação a pseudopropriedades — de fato, invasões. É uma medida flagrantemente inconstitucional, que até novembro de 2020 já tinha sido liminarmente suspensa em seis estados pelos respectivos tribunais regionais federais, resultado de ações de membros do Ministério Público. Mas a vigência provisória dessa instrução normativa, enquanto não se generaliza sua suspensão, já permitiu abusos vários.

Com efeito, o artigo 231 da Constituição de 1988 deixa claro que o direito dos povos indígenas às suas terras é originário, ou seja, é anterior à própria Constituição. As terras indígenas não são criações nem concessões do Estado. O que compete constitucionalmente ao Executivo é regularizar essas terras e protegê-las, além de, no prazo de cinco anos, demarcá-las e homologá-las. Sendo assim, por não ter concluído essas demarcações e homologações, a União está inadimplente há mais de 27 anos.

A Associação Brasileira do Agronegócio (Abag), entretanto, inverteu esse raciocínio. Nos pleitos endereçados pela entidade aos presidenciáveis em 2010 e 2014, o prazo para a demarcação das terras indígenas é interpretado como tendo início na data da promulgação da Constituição de 1988 e término legal cinco anos depois. Ou seja, no argumento bizarro da Abag, as demarcações deveriam ter terminado em 1993. O documento de 2010, intitulado "Propostas do Agronegócio para o próximo Presidente da República", atesta:

> Outra questão de insegurança jurídica diz respeito à ameaça contínua de expropriação de áreas consideráveis de produção agrícola sob o argumento de remanescentes comunidades quilombolas e de demarcação de reservas indígenas. A Constituição de 1988 delimitou o prazo de cinco anos para que se concluísse o processo demarcatório e passados vinte e dois anos ainda persiste a ameaça de que propriedades venham a ser desapropriadas por estes motivos.[4]

Até agora, arrolei sobretudo ilegalidades e fraudes flagrantes. Mas há pelo menos duas outras frentes em que o agronegócio atua com vigor: Congresso e Justiça.

Em sua guerra contra os direitos indígenas, quilombolas e de comunidades tradicionais, atores ligados ao agronegócio têm também recorrido cada vez mais à sua influência e organização para tentar alterar dispositivos legais, incluindo normas, projetos de lei e até a Constituição. Além das medidas provisórias feitas pelo Executivo, há também projetos legislativos propostos pela Frente Parlamentar da Agropecuária (FPA), criada oficialmente em 1995 como

---

[4] ASSOCIAÇÃO BRASILEIRA DE AGRONEGÓCIO. *Plano de ação 2011-2014-2020: propostas aos presidenciáveis*. São Paulo: Abag, 2010, p. 31.

desdobramento da conformação, durante a Constituinte, da intitulada bancada ruralista.

A cada quatro anos, programas e propostas das principais organizações do agronegócio são endereçados a candidatos à presidência da República ou a presidentes recém-empossados. Tratam reiteradamente de alguns temas. Costumam figurar as terras indígenas e agora também quilombolas e até comunidades tradicionais em um item sempre presente, o da segurança jurídica, entendida geralmente como a segurança fundiária dos agricultores e pecuaristas.

As teses do agronegócio no Congresso

Tirar da alçada exclusiva da União a demarcação e homologação das terras indígenas

Lembremos que as terras indígenas são de propriedade da União. Mas há, em banho-maria no Congresso, um conjunto de propostas legislativas que querem transferir as demarcações do âmbito do Executivo federal — no qual sempre estiveram, até para ficarem mais resguardadas das pressões dos poderosos locais — para o Congresso. A mais conhecida é a Proposta de Emenda à Constituição (PEC) 215/2000, que quer transferir o poder de aprovar as demarcações da Funai para a alçada de senadores e deputados.

O processo de demarcação já havia sido alterado pelo Decreto 1.775, em 1996, para incluir um período de "contraditório", em que partes contrárias podiam apresentar suas provas. Mas isso não pareceu suficiente, e a partir de 2010 vários reclamos do agronegócio querem retirar da

Funai, a quem atribuem "posturas ideológicas", sua exclusiva incumbência de definir as áreas indígenas. Propõem que outros interessados, desde representantes de governos estaduais ou municipais e outros ministérios, façam parte da instância que regulariza as terras indígenas. Assim, em 2018, no seu documento de propostas para os presidenciáveis, intitulado *O futuro é agro: 2018-2030*, o Conselho das Entidades do Setor Agropecuário (Conselho do Agro), liderado pela CNA, propõe:

> Reestruturar a Funai, alterando suas competências e criando órgãos colegiados, com a participação de outros entes públicos na deliberação sobre a realização de estudos e a demarcação de terras indígenas, com assessoramento por equipes técnicas multidisciplinares e isentas de ideologia.[5]

Em razão de protestos contra essa proposta e da atuação do Congresso, felizmente isso não se concretizou até agora.

Outra solução, mais expeditiva, foi adotada no presente governo, que sumariamente substituiu um presidente da Funai que ousou expressar seu incômodo com medidas inconstitucionais por um novo presidente diretamente alinhado aos segmentos mais radicais do agronegócio.

Indenização pela terra nua

Desde 2014, organizações do agronegócio pressionam também o Congresso para pautar e aprovar o Projeto de Lei Complementar (PLP) 227/2012, que pretende alterar o parágrafo 6º do artigo 231 da Constituição, o qual determina:

---

[5] CONFEDERAÇÃO DA AGRICULTURA E PECUÁRIA DO BRASIL & CONSELHO DAS ENTIDADES DO SETOR AGROPECUÁRIO. *O futuro é agro: 2018-2030 — plano de Estado*. Brasília: CNA / Conselho do Agro, 2018, p. 38.

São nulos e extintos, não produzindo efeitos jurídicos, os atos que tenham por objeto a ocupação, o domínio e a posse das terras a que se refere este artigo, ou a exploração das riquezas naturais do solo, dos rios e dos lagos nelas existentes, ressalvado relevante interesse público da União, segundo o que dispuser lei complementar, não gerando a nulidade e a extinção direito a indenização ou a ações contra a União, salvo, na forma da lei, quanto às benfeitorias derivadas da ocupação de boa fé.

O PLP 227 pretende, essencialmente, conseguir indenização sobre a terra nua no processo de demarcação a quem exibe algum título sobre terras indígenas. De quebra, quer que se permita a presença, nos processos de demarcação, de representantes dos governos municipais e estaduais e também daqueles que têm algum tipo de título que lhes permita se arrogar o direito à terra demarcada.

É interessante observar que a proibição de indenização de ocupantes de terras indígenas não era novidade: já constava da Constituição Federal desde a emenda constitucional de 1969. No artigo 198, parágrafo 2º, era até mais drástica do que veio a ser na Constituição de 1988, já que não admitia sequer indenização por benfeitorias resultantes de ocupação de boa fé:

> § 1º Ficam declaradas a nulidade e a extinção dos efeitos jurídicos de qualquer natureza que tenham por objeto o domínio, a posse ou a ocupação de terras habitadas pelos silvícolas.
> § 2º A nulidade e extinção de que trata o parágrafo anterior não dão aos ocupantes direito a qualquer ação ou indenização contra a União e a Fundação Nacional do Índio.[6]

---

[6] BRASIL. Emenda Constitucional nº 1, de 17 de outubro de 1969. Edita o novo texto da Constituição Federal de 24 de janeiro de 1967. Brasília, 1969.

Esse artigo era uma resposta à verdadeira indústria de indenizações com as quais fazendeiros portando títulos de várias origens pretendiam sangrar os cofres públicos. Em 1987, quando eu presidia a Associação Brasileira de Antropologia (ABA), Gilmar Mendes, à época no Ministério Público Federal e hoje ministro do STF, me falou da existência de várias camadas superpostas de títulos espúrios sobre terras indígenas no Mato Grosso. Mencionou que a União estava reiteradamente perdendo os processos movidos contra ela. Gilmar Mendes, na ocasião, pediu que indicássemos antropólogos especialistas de cada área indígena para refutar as perícias danosas e mal-informadas. Fizemos um acordo entre a ABA e o MPF e, graças ao trabalho de especialistas na história e nas terras indígenas, as decisões do Judiciário sobre os pedidos de indenização começaram a mudar. Não por acaso, datam de 1988 duas publicações de Gilmar Mendes defendendo os direitos territoriais indígenas: o livro *O domínio da União sobre as terras indígenas: o Parque Nacional do Xingu*,[7] e o artigo "Terras ocupadas pelos índios", na *Revista de Direito Público*.[8]

O reclamo pela indenização é saliente, entre outros lugares, no sul do Mato Grosso do Sul. Na década de 1940, estimulada por um programa do governo federal, uma onda de ocupação de agricultores nessas regiões expulsou muitos indígenas de suas terras. A partir de 1990, alguns desses territórios foram delimitados, demarcados e homologados pelo Executivo. Entretanto, fazendeiros que estavam de posse dessas terras recusaram-se a sair. Deram entrada em ações judiciais que se arrastam há muitos anos.

---

[7] MENDES, G. F. *O domínio da União sobre as terras indígenas: o Parque Nacional do Xingu*. Brasília: Ministério Público Federal, 1988.

[8] MENDES, G. F. "Terras ocupadas pelos índios", *Revista de Direito Público*, n. 86, p. 120-1, 1988.

Foi assim que os Kaiowá e os Guarani do Mato Grosso do Sul, embora tivessem obtido a demarcação de 24 terras desde a Constituição de 1988, só detinham, vinte anos depois, a posse de 26% de sua área.

Os fazendeiros afirmam que só saem caso recebam indenizações tanto pela terra como pelas benfeitorias. É o que explica a insistência de atores do agronegócio em promover uma emenda constitucional para alterar o artigo 231 e sua proibição de indenização pela terra nua.

As propostas da CNA aos presidenciáveis de 2014, apresentadas no documento *O que esperamos do próximo presidente: 2015-2018*, reiteram a interpretação bizarra da Abag sobre o fim das demarcações e explicitam a demanda de indenização pela terra nua sob outra forma: propõem que novas terras indígenas sejam compradas. Diz o documento:

> A perpetuação de questões fundiárias de natureza transitória provoca grave insegurança jurídica. Vale ressaltar que o texto original da Constituição de 1988 definiu, como transitória, a demarcação de terras indígenas. Foi imperativo ao determinar o prazo de cinco anos, contados da sua promulgação, para que a União concluísse os processos demarcatórios.
>
> No entanto, 21 anos depois de exaurido este prazo, não há qualquer sinal de interrupção das demarcações pelas instâncias governamentais competentes. Dessa forma, faz-se urgente e definitivo cessar as ações demarcatórias, devendo o governo adotar mecanismos de aquisição de terras em atendimento de eventual demanda de novas áreas para as comunidades indígenas.[9]

[9] CONFEDERAÇÃO DA AGRICULTURA E PECUÁRIA DO BRASIL. *O que esperamos do próximo presidente 2015-2018*. Brasília: CNA, 2014, p. 51.

Outra tentativa de solução, defendida pela FPA, era expressa na PEC 71, de 2011, que pretendia garantir aos proprietários rurais o direito à indenização da terra nua além das benfeitorias, caso eles possuíssem títulos de posse expedidos pelo poder público até 5 de outubro de 1988, data da promulgação da Constituição.

No Supremo: a questão do marco temporal e as condicionantes

A menção à data de 5 de outubro de 1988 remete a outra frente de batalha, travada atualmente no STF, a do chamado "marco temporal indígena". Na interpretação da Constituição Federal desejada por agentes do agronegócio, a tese do marco temporal cancelaria os direitos territoriais expressos no artigo 231 da Constituição daqueles povos indígenas que não estivessem nas suas terras em 5 de outubro de 1988.

Havia uma óbvia e intransponível objeção a essa interpretação: povos que tivessem sido expulsos à força de seus territórios teriam perdido seus direitos territoriais? Seria o caso, por exemplo, mas não só, de muitos indígenas do Centro-Oeste. A interpretação seria juridicamente inconcebível. Forçada a considerar e a tentar contornar essa objeção, a tese do marco temporal admitiu exceções: se, desde o momento da expulsão, tivesse ocorrido resistência do povo indígena, seja por meios físicos, seja por via judicial, seus direitos continuariam vigentes.

As duas exceções oferecidas eram, no entanto, inexequíveis na prática: os vários protestos dos indígenas foram seguidamente reprimidos ao longo do tempo pelo Serviço de Proteção aos Índios (SPI), pelas autoridades locais, pela polícia e, posteriormente, durante a ditadura militar, pelo Exército. Um relatório do procurador Jader Figueiredo ao Ministério do Interior, escrito em 1967 e redescoberto em 2012, denunciou a corrupção e a violência que levaram à expulsão dos indígenas de suas terras, que foram em seguida objeto de invasão ou arrendamento. A resistência indígena era impossível numa situação como essa.[10]

A via judicial, por sua vez, estava praticamente fechada aos povos indígenas até que, em 1988, lhes fosse assegurada expressamente a capacidade jurídica no artigo 232 da Constituição. Até então eles eram, pelo Código Civil, juridicamente tutelados, e os juízes costumavam fazer valer a interpretação de que somente o órgão tutor, o SPI, e posteriormente a Funai, poderiam representar os índios em juízo. Como o órgão tutor, sabidamente corrupto, era muitas vezes conivente com as expulsões, os indígenas simplesmente não tinham acesso à Justiça.

Ficou amplamente provado que a proposta do marco temporal e das condicionantes do julgamento da Terra Indígena Raposa Serra do Sol é inconstitucional, sobretudo por um longo parecer de 2015 do constitucionalista José Afonso da Silva.[11] No entanto, as organizações do agronegócio se apegaram fortemente ao marco temporal e agiram em todos os foros que puderam para que este fosse validado. Seguiu-se uma disputa jurídica, que chegou ao STF e, no momento em que escrevo, lamentavelmente, ainda não terminou.

---

10 COMISSÃO NACIONAL DA VERDADE. *Relatório: textos temáticos*, v. 2. Brasília: CNV, 2014, p. 206. Disponível em: http://cnv.memoriasreveladas.gov.br/images/pdf/relatorio/volume_2_digital.pdf.
11 CARNEIRO DA CUNHA, M. & BARBOSA, S. R. (Orgs.) *Direitos dos povos indígenas em disputa*. São Paulo: Editora Unesp, 2018, p. 17-42.

Em sua origem, o marco temporal indígena é um entendimento que constava de acórdão do então ministro do STF Menezes Direito juntamente com condicionantes várias, entre as quais a proibição de ampliação de terras. Tratava-se do julgamento que confirmou, em 2009, a homologação da Terra Indígena Raposa Serra do Sol, em Roraima. O decreto dessa homologação havia sido publicado em 2005 e suscitou grande reação e mesmo pânico em fazendeiros de Mato Grosso do Sul, Paraná, Santa Catarina e Rio Grande do Sul, onde expulsões de indígenas de suas terras ocorriam desde pelo menos a década de 1930. No Mato Grosso do Sul, muitos deles contrataram segurança privada, e a violência contra os indígenas recrudesceu. Houve até mesmo pedidos de proteção ao governo federal da parte dos atores patronais. O acórdão do ministro Menezes Direito se afigurou, para os fazendeiros, como um anteparo contra o risco de a Justiça ordenar a devolução de suas terras aos indígenas. Logo, representações ligadas ao agronegócio começaram a clamar pela generalização a todas as terras indígenas da decisão relativa à Raposa Serra do Sol e passaram a pressionar o Executivo e o Judiciário.

Com os presidenciáveis, em 2010, agentes do setor insistiram no pedido: o marco temporal deveria ser imposto a toda a administração pública. Em 2012, conseguiram seu intento com uma portaria, de número 303, da AGU. Mas o MPF questionou o Supremo, que decidiu que o critério do marco temporal e das condicionantes do acórdão relativo à Raposa Serra do Sol não se estendia a outras terras indígenas. A portaria da AGU perdeu assim sua vigência. Frustrados por essa decisão, os agentes patronais não desistiram.

A Abag insistiu, em 2014, na reedição da tal portaria. Recomendou sua aplicação no documento *Agronegócio brasileiro 2014-2022 — Proposta de plano de ação aos presidenciáveis*. De novo, não houve êxito, mas o lobby do agronegócio voltou à carga em 2017, no governo Temer, desta vez com sucesso assegurado. A AGU ressuscitou, com o Parecer 001/2017, a finada portaria 303. Com isso, toda a administração pública, incluindo a Funai, tinha que se pautar pelo "marco temporal". A Sexta Câmara do MPF protestou e publicou uma declaração incisiva: "o governo brasileiro se utiliza de artifícios para sonegar os direitos dos índios aos seus territórios".[12]

Em 2018, o Conselho do Agro reiterou, em *O Futuro é Agro: 2018-2030*, os reclamos quanto ao marco temporal e às mudanças nos processos de demarcação de terras indígenas:

> Espera-se que o governo trabalhe no sentido de solucionar problemas relacionados à demarcação e ampliação de terras indígenas, segundo as diretrizes para a identificação e delimitação dessas terras estabelecidas pelo Supremo Tribunal Federal (STF), no precedente do julgamento do caso da Terra Indígena Raposa Serra do Sol. Merecem atenção a vedação da ampliação de terra indígena já demarcada e a participação dos entes federativos em todas as etapas do processo de demarcação.[13]

O documento também insinuou fraudes nas demarcações de terras quilombolas, às quais propôs que fosse adotado

---

[12] MINISTÉRIO PÚBLICO FEDERAL. *Nota Técnica n. 02/2018 – 6CCR*, 20 mar. 2018. Disponível em: http://www.mpf.mp.br/atuacao-tematica/ccr6/grupos-de-trabalho-1/demarcacao/documentos/nota-tecnica/nota-parecer-agu-1-2017.pdf.

[13] CONFEDERAÇÃO DA AGRICULTURA E PECUÁRIA DO BRASIL & CONSELHO DAS ENTIDADES DO SETOR AGROPECUÁRIO. *O futuro é agro: 2018-2030 – plano de Estado*, op. cit., p. 38.

o mesmo marco temporal e as regras das demarcações de terras indígenas.

Mas *O futuro é agro* foi ainda mais longe: censurou o Serviço do Patrimônio da União (SPU) por estar atribuindo posse de terras a ribeirinhos. De forma mais ampla, atacou a criação de unidades de proteção ambiental, as comunidades tradicionais em geral e pediu a rescisão do Decreto nº 6.040, de 2007, que instituiu a Política Nacional de Desenvolvimento Sustentável dos Povos e Comunidades Tradicionais.

Coalizão

Em 2015, foi criada a Coalizão Brasil Clima, Florestas e Agricultura, conhecida como Coalizão. Reuniu alguns setores do agronegócio — com presença importante da indústria —, organizações ambientalistas e pesquisadores acadêmicos, e se propôs conciliar a preocupação com as mudanças climáticas, as responsabilidades do Brasil nesse campo e as práticas do agronegócio. Foi, sem dúvida, uma grande e importante inovação. Defendeu a estrita observância da legalidade, o fim do desmatamento ilegal e instrumentos para coibir a grilagem. Entretanto, no documento inaugural da Coalizão não havia uma só palavra sobre terras indígenas, quilombolas ou de comunidades tradicionais.

A Coalizão ganhou espaço a partir do final de 2018, quando publicou um documento ambicioso, intitulado *Visão 2030-2050: o futuro das florestas e da agricultura no Brasil*. O documento prevê que, em 2030, as disputas e conflitos fundiários estarão ultrapassados: "A regularização fundiária estará consolidada, eliminando conflitos e assegurando segurança jurídica a produtores rurais, comunidades tradicionais, indígenas, quilombolas, extrativistas e investidores".[14] Assegura, ainda, que esse processo se daria com a participação de todas as partes envolvidas:

> A regularização fundiária estará estabelecida, por meio de um processo com a participação de todas as partes envolvidas, eliminando conflitos e assegurando segurança jurídica a todos — produtores rurais, comunidades tradicionais (indígenas, quilombolas e extrativistas) e investidores.[15]

O documento reconhece a importância de povos indígenas e outros povos tradicionais, que podem "derrubar drasticamente as taxas de desmatamento na Amazônia e coibir a grilagem, como já foi confirmado do período de 2004 a 2009".[16] E preconiza:

> Todas as florestas públicas que hoje se encontram sem uso determinado terão destinação definida pelo Estado, como a criação de unidades de conservação, incentivo a projetos de manejo florestal sustentável e à demarcação de terras indígenas. A destinação dessas terras poderá representar uma nova oportunidade de desenvolvimento para comunidades tradicionais e rurais.[17]

---

14 COALIZÃO BRASIL CLIMA, FLORESTAS E AGRICULTURA. *Visão 2030-2050: o futuro das florestas e da agricultura no Brasil*, 2018, p. 16. Disponível em: https://unica.com.br/wp-content/uploads/2019/06/O-Futuro-Das-Florestas.pdf.
15 *Idem*, p. 34.
16 *Idem*, p. 26.
17 *Idem*, p. 22.

Que fazer? A legalidade é necessária, mas não suficiente

A posição da Coalizão contrasta fortemente com aquelas das agremiações mais tradicionais. No final de setembro de 2020, a entidade apresentou ao Executivo uma proposta com "seis medidas para acabar com o desmatamento". Descontente, a poderosa Associação Brasileira dos Produtores de Soja (Aprosoja Brasil) rompeu com a Abag, que tem papel de liderança na entidade. Mas é significativo que, poucos dias depois, os três maiores bancos brasileiros tivessem entrado na Coalizão.

A estrita legalidade é necessária, não resta dúvida, e se for respeitada será um grande avanço. Mas não será suficiente: se não houver barreiras contra as investidas que querem destruir os direitos dos povos indígenas a suas terras, não se terá justiça.

A atual pressão da Organização das Nações Unidas, de governos específicos e de fundos de investimentos está levando a uma atenção crescente não só ao desmatamento e aos incêndios na Amazônia, no Cerrado e no Pantanal, como também aos direitos humanos e territoriais dos povos tradicionais. Um comunicado do Painel Intergovernamental sobre Mudanças Climáticas (IPCC) afirma que a garantia aos povos indígenas de seus direitos territoriais é fundamental para se alcançarem os objetivos de mitigação do aquecimento global. Estão também plenamente reconhecidos — em particular pela Plataforma Intergovernamental sobre Biodiversidade e Serviços Ecossistêmicos (IPBES) — os aportes dos povos indígenas e tradicionais à conservação e geração de biodiversidade: a governança que sabem exercer sobre seus territórios, quando não são impedidos por políticas públicas desastrosas, torna-os barreiras contra o desmatamento e a perda da biodiversidade. Seus serviços para o clima e a biodiversidade deveriam ter mais apoio político e reconhecimento; estimulá-los a se tornarem monocultores e parte do setor de produtores rurais é um total contrassenso.

Uma parte do agronegócio não se importa com clima e biodiversidade, e uma parte (cada vez menor) do mercado internacional que compra seus produtos também não. Para uns e outros, tudo poderia continuar como está. Mas há brasileiros que se importam. E não só por causa das consequências imediatas da agressão à natureza, como a mudança no regime das chuvas, que pode levar a seca aos territórios, ou da perda de mercados e de investidores; eles também estão preocupados com tudo o que corremos o risco de perder: a diversidade de povos, a biodiversidade, a floresta, a própria honra do país.

Não é só isso. Os mundos, os modos de vida, os saberes dos povos tradicionais são preciosos. Eles podem nos inspirar na tarefa de repensarmos nossa relação com o planeta. Muitos desses povos consideram que os humanos não detêm direitos exclusivos nem soberanos sobre seus territórios, e que cada ser com o qual compartilham a terra, seja ele planta ou animal, também tem direitos que precisam ser respeitados.

Há 32 anos, uma Constituição nova traduziu a esperança de um país mais justo. Está na hora de chegar a uma conciliação e pacificar as relações entre os vários povos que compartilham o Brasil.

Para Íris

Agradecimentos

Este livro contou com contribuições essenciais. José Maurício Arruti foi extraordinário em seu encorajamento, análises e proposições. Manuela Carneiro da Cunha, por sua vez, me fez questionamentos fundamentais, que evidenciavam aspectos nos quais eu precisava centrar esforços. Nossas conversas sempre me abriram horizontes.

As reflexões aqui presentes também contaram, de diferentes formas, com a generosidade de José Eli da Veiga, Sergio Pereira Leite, Mauro Almeida, Paulo Moruzzi, Sérgio Sauer, Elide Rugai Bastos, Rodolfo Hoffmann, Ricardo Abramovay, Walter Belik, Noam Chomsky, Nancy Fraser, Susan George, Ieva Jusionyte, Roberto Mangabeira Unger, Ray Goldberg, Sylvia Caiuby Novaes, Fábio Candotti e Flávia Cunha. Importante salientar, de todo modo, que eventuais omissões e equívocos são de minha inteira responsabilidade.

Sou grato à Universidade de São Paulo (USP), à Universidade Estadual de Campinas (Unicamp) e à Universidade Harvard, nas quais a pesquisa foi realizada, e ao apoio da Fundação de Amparo à Pesquisa do Estado de São Paulo (Fapesp), da Coordenação de Aperfeiçoamento de Pessoal de Nível Superior (Capes) e Conselho Nacional de Desenvolvimento Científico e Tecnológico (CNPq).

A minha companheira, Marina, minha mãe, Carmen, minha avó, Irleny, e minha irmã, Talita, meu agradecimento pelo suporte inestimável.

Introdução

Este livro examina a constituição e a consolidação do campo político do agronegócio no Brasil. Com perspectiva ampla, a pesquisa parte das raízes da ideia de *agribusiness* e chega aos aspectos socioambientais que amplificam divergências nessa heterogênea arena intersetorial.

A análise tem três camadas principais inter-relacionadas: líderes e instituições; programas; e relações com o Estado.

Em relação à primeira, enfatizam-se as variadas engenharias institucionais que resultaram em núcleos como a Associação Brasileira do Agronegócio (Abag), o Fórum Nacional da Agricultura (FNA), o Conselho Superior do Agronegócio da Federação das Indústrias do Estado de São Paulo (Cosag/Fiesp), o Instituto para o Agronegócio Responsável (Ares), a Aliança Brasileira pelo Clima, o Instituto Pensar Agropecuária (IPA), o Conselho das Entidades do Setor Agropecuário (Conselho do Agro) e a Coalizão Brasil Clima, Florestas e Agricultura.

Na segunda camada analítica, examina-se o movimento de diferenciação programática manifesto nas diversas cartas de reivindicações de cada uma das nucleações. Para isso, abordam-se questões transversais como meio ambiente, territórios de povos indígenas e populações tradicionais, trabalho rural, política agrícola, infraestrutura e relações internacionais.

Com respeito à terceira, investigam-se as múltiplas relações de atores do campo com as cúpulas do Executivo federal. Nesse aspecto, atribui-se destaque às estratégias utilizadas por distintas representações dominantes do campo com vistas ao atendimento de pleitos e à sua inserção privilegiada no processo político nacional.

A obra se fundamenta em um diálogo entre (i) a pesquisa de doutorado homônima em antropologia social realizada na Unicamp entre 2013 e 2018 e na Universidade Harvard em 2017, e (ii) análises posteriores inéditas, feitas no âmbito do pós-doutorado na USP, entre 2019 e 2021, com fundamento em trabalho de campo conduzido sobretudo no IPA e no Congresso Nacional, mas também na Confederação da Agricultura e Pecuária do Brasil (CNA) e na Coalizão.

1
História da ideia de *agribusiness*

A palavra surgiu na primavera de 1955. John Davis [...] queria uma pessoa mais jovem para trabalhar com ele, e nós dois sentamos juntos. Eu me lembro de que estávamos no mesmo prédio, e ficávamos refletindo continuamente sobre como chamar algo que engloba todo o sistema de alimentos, e de que maneira medir isso. [...] "nós estamos em uma escola de negócios, então, acho que temos que chamá-lo de *agribusiness*". Nós dois dissemos isso. Ficamos pensando em outros termos, mas continuávamos voltando a essa palavra. (Goldberg, 2017a, entrevista)[18]

No contexto em que a noção de *agribusiness* foi criada, destaca-se a convergência de atores com experiências e posições tanto na academia quanto nas corporações e no governo. Nos anos 1940, um grupo de acadêmicos da Harvard Business School [Escola de Negócios de Harvard], tendo à frente o decano Donald K. David, mantinha a ideia de criar uma área disciplinar que tratasse das relações entre

---

[18] Começando por esta entrevista, o autor traduziu a quase totalidade de citações que originalmente estavam em inglês ou francês. [N.E.]

agriculture [agricultura] e *business* [negócio], que se intensificavam nos Estados Unidos.

David havia trabalhado por mais de uma década na indústria de alimentos. Em 1927, oito anos após ter iniciado a carreira docente em Harvard, transferiu-se para a Royal Baking Powder Company — da qual foi vice-presidente — e posteriormente assumiu, em 1932, a presidência da American Maize. Retornou à Escola de Negócios, em Boston, somente em 1941.[19]

O impulso financeiro para o desenvolvimento da referida área interdisciplinar ocorreu a partir da doação de George M. Moffett, presidente da Corn Products Refining Company,[20] o que criou as condições para a fundação de uma cátedra de Agriculture and Business em Harvard (McCune, 1956).

Quando do anúncio da criação dessa posição, o decano argumentou que

> os negócios e a agricultura norte-americanos devem progredir juntos, e líderes nos dois campos há tempos reconhecem a necessidade de uma compreensão mais próxima. Nós esperamos dessa cátedra uma contribuição real para essa compreensão, e para uma consciência geral da inter-relação entre esses dois fatores básicos do bem-estar norte-americano. (David, 1950)

Não era por acaso que os estímulos iniciais para essa movimentação institucional viessem das indústrias de alimentos. Conforme cresciam as verticalizações promovidas por essas corporações (e uma das principais manifestações

---

19 Ao passo que a Royal Baking Powder Company produzia fermento em pó, a American Maize era uma indústria de derivados de milho, tais como óleo e xarope.
20 Fabricante de produtos derivados de milho, como o óleo Mazola.

desse processo foi o aumento de domínio direto sobre terras), ampliava-se a necessidade de qualificarem a racionalização desses empreendimentos intersetoriais.

Da cátedra desdobrou-se, em 1952, o Moffett Program in Agriculture and Business [Programa Moffett em agricultura e negócio], cujos objetivos anunciados eram possibilitar que os alunos tivessem melhor entendimento, sob o aspecto da gestão, das relações que a agricultura tinha com atividades secundárias e terciárias relacionadas a ela e empreendessem pesquisas para ajudar a qualificar essas relações (Harvard Business School, 1954).

Desde o início, o Moffett Program foi acompanhado por um comitê consultivo composto por líderes das áreas de negócios, da agricultura, do governo e da universidade. Entre os profissionais convidados por Donald K. David para o conselho, um deles logo alcançaria proeminência: John H. Davis. Doutor em economia agrícola e administração de empresas, Davis havia trabalhado por oito anos como secretário-executivo do National Council of Farmer Cooperatives [Conselho nacional de cooperativas dos agricultores], destacada entidade representativa das cooperativas agropecuárias, além de ter sido gerente da National Wool Marketing Corporation [Corporação nacional de comercialização de lã], que, em meados do século XX, beneficiava cerca de 95% do algodão produzido nos Estados Unidos (McCune, 1956).

Em 1953, durante a gestão presidencial do republicano Dwight D. Eisenhower (1953-1961), Davis tinha assumido o cargo de secretário-assistente no Departamento de Agricultura (USDA), onde trabalhou sob Ezra Taft Benson, entusiasta de menor participação governamental na agropecuária (Fusonie, 1995; Hamilton, 2014).

No ano seguinte, Davis foi convidado a ocupar uma posição integral na escola como diretor do Moffett Program. A experiência tanto no governo federal quanto na área privada foi a principal explicação utilizada para a contratação (Harvard Business School, 1954).

Davis assumiu a posição acadêmica com um discurso de liberalização na agricultura, tendo como pontos centrais a menor dependência dos produtores em relação ao Estado e o maior potencial da iniciativa privada para reequilibrar a oferta e a demanda no setor. Ao jornal *The New York Times* (20 jan. 1954, p. 14), ele disse que não poderia negar o desafio de explorar o que o *business* poderia fazer pela *agriculture*.

No primeiro semestre de 1955, aproximadamente um ano após assumir o programa em Harvard, Davis cunharia, juntamente a Ray A. Goldberg, a noção de *agribusiness*. Goldberg havia voltado à Escola de Negócios para ser professor assistente após um período de três anos trabalhando numa loja de produtos agrícolas de propriedade da família. Antes disso, tinha se engajado em estudos sobre as inter-relações entre a agricultura e as funções secundárias (indústria) e terciárias (comércio e serviços) (Goldberg, 1952; Harvard Business School, 1954).

Origem em Harvard

Em 17 de outubro de 1955, o termo *"agribusiness"* veio a público pela primeira vez, quando Davis realizou uma apresentação na Boston Conference on Distribution [Conferência de Boston sobre distribuição] (Davis, 1955).

Sob o mote "Business Responsibility and the Market for Farm Products" [A responsabilidade comercial e o mercado para produtos agrícolas], ele tratou dos desequilíbrios entre oferta e demanda de alimentos e fibras têxteis nos Estados Unidos. O economista argumentou que a maneira mais adequada para garantir a renda dos produtores e, ao mesmo tempo, manter os ganhos de produtividade seria depender menos do governo e mais do entendimento entre os agentes privados presentes tanto na agricultura quanto nos negócios relacionados a ela. No entanto, ressaltou que, a despeito da crescente interdependência, a agricultura e as atividades industriais e terciárias ainda tendiam a ser vistas como entidades bastante autônomas e, em decorrência disso, raramente seriam abordadas em conjunto (Davis, 1955).

Para substituir tal percepção compartimentada, seria fundamental que se começasse a utilizar um paradigma "cooperativo" entre a agricultura e os negócios. Ademais, a dificuldade em apreender essa relação seria também evidente pela ausência, na língua inglesa, de uma palavra que facilitasse olhar para os problemas agrícolas em um enquadramento amplo de relações com outros setores. Uma nova noção, mais do que a explicação dessa ideia em uma frase ou um parágrafo, se mostraria importante para isso. Desse modo, Davis enfatizou que

> se queremos pensar em termos desse conceito mais amplo, precisamos de uma nova palavra, um substantivo, para designá-lo. Portanto, estou sugerindo um novo termo — o

termo *agribusiness*, soletrado A-G-R-I-B-U-S-I-N-E-S-S. Por definição, *agribusiness* significa a soma de todas as operações da fazenda, mais a manufatura e a distribuição de todos os insumos de produção agrícola providos pelos negócios, mais o total das operações realizadas em conexão com a manipulação, a estocagem, o processamento e a distribuição de commodities agrícolas. Em suma, *agribusiness* refere-se à soma total de todas as operações envolvidas na produção e distribuição de alimentos e fibras. (Davis, 1955, p. 5)

Após apresentar e definir o neologismo, Davis defendeu a importância do que seria sua representação para a economia nacional norte-americana. Segundo seus cálculos — sem explicações metodológicas —, o *agribusiness* seria o maior componente da economia dos Estados Unidos, responsável por 40% do produto interno bruto (PIB) e pelo mesmo percentual dos empregos (Davis, 1955). Esses argumentos macroeconômicos apoiados em estatísticas nunca mais descolaram da narrativa do *agribusiness*, sendo responsáveis, décadas mais tarde, no Brasil, por ajudar a legitimar adesões políticas a pleitos de agentes do agronegócio.

A primeira demonstração de que a noção de *agribusiness* não cairia no esquecimento na esfera pública norte-americana veio menos de dois meses após a apresentação de Davis, quando foi positivamente revisada por Walter J. Murphy, editor do *Journal of Agricultural and Food Chemistry*. Na abertura do periódico, Murphy fez dois comentários principais: em termos acadêmicos, defendeu a adequação do conceito em relação aos processos de mudanças que estavam ocorrendo na agricultura dos Estados Unidos; em sentido político, enfatizou a importância do *agribusiness* para os empregos gerados e a renda produzida no país.

Logo no começo de 1956, Davis escreveu o primeiro artigo tratando da nova ideia. Em "From Agriculture to Agribusiness" [Da agricultura ao agronegócio] — publicado na *Harvard Business Review* —, o economista valeu-se de determinismo tecnológico (Hamilton, 2014) para descrever o que seriam forças da pesquisa e da tecnologia, segundo ele, em grande medida irresistíveis, que estariam alterando a forma e a essência do mundo rural norte-americano.

Essa transformação, em curso há mais de um século, teria progressivamente colocado a produção agrícola e os negócios relacionados em situação de interdependência. O neologismo serviria, por um lado, para nomear tal aproximação (Davis, 1956). Por outro, ao incentivar a apreensão da "interdependência", a perspectiva do *agribusiness* possibilitaria agir sobre ela. Isso porque diversos elementos do sistema agroalimentar (muito mais do que somente da agropecuária) estariam desajustados. De acordo com Davis, o crescimento da produção não fora acompanhado, na mesma medida, pelo desenvolvimento dos mercados; os avanços técnicos e de gestão alcançados por parte dos produtores não seriam atendidos por compensações financeiras equivalentes; os custos de produção eram muito rígidos em comparação com a volatilidade dos ganhos dentro das fazendas; e haveria relevante desequilíbrio entre oferta e demanda para várias commodities, o que fortaleceria a tendência de queda na renda dos agricultores.

Além do mais, teria sido criada a necessidade de maiores unidades produtivas agrícolas, de modo que as unidades muito pequenas, trabalhadas por aproximadamente dois milhões de *family farmers*,[21] tornavam-se inviáveis na avaliação de Davis (1956).

---

21 A expressão *family farmer*, em inglês, foi adotada para tratar do contexto dos Estados Unidos, guardando

O economista sugeria que se continuasse a estimular o progresso tecnológico e gestionário dos fazendeiros mais bem inseridos nos circuitos comerciais, o que incluía, em grande medida, produtores familiares com renda mais alta e maior controle sobre os fatores de produção.

Para parte dos *family farmers* com renda mais baixa, mas que — nos termos politicamente carregados de Davis (1956) — mostrassem potencial e tivessem o propósito de trabalhar integralmente nas unidades produtivas rurais, ele argumentava que seria adequado que o governo os apoiasse a aumentar as áreas e a obter avanços produtivos. Já para a maior fração dos produtores familiares com renda mais baixa, contudo, o autor defendia que o mais indicado seria que buscassem trabalhos parciais ou integrais fora de suas terras.

A concepção de *agribusiness* não nascia, portanto, em oposição aos *family farmers*, mas conectada a uma proposta político-econômica que legitimava — e aprofundava — a seleção que já ocorria há décadas entre produtores familiares que estariam aptos ou inaptos a se inserir nos sistemas agroalimentares.

Haveria três estratégias possíveis a serem empregadas para fomentar uma política de *agribusiness*, escreveu Davis (1956): a reorganização da produção agrícola com base em grandes unidades corporativas; a promoção de unidades familiares conectadas a cooperativas; e a integração vertical sem monopolização das unidades produtivas, com base na cooperação mais direta entre produtores e corporações.

Se a ideia de *agribusiness* encontrou uma rápida repercussão positiva, tampouco tardou a ser criticada. Em 1956,

> coerência com as diferenças em relação à categoria "agricultor familiar" no Brasil, em especial no que diz respeito à limitação ou não do tamanho das unidades produtivas (Brasil, 2006; United States Department of Agriculture, 2016).

o jornalista Wesley McCune, diretor de relações públicas da National Farmers Union [União nacional dos agricultores][22] e assessor do Departamento de Agricultura durante o mandato do presidente democrata Harry S. Truman (1945-1953), foi um dos primeiros a contestar publicamente o neologismo.

Segundo ele, *agribusiness* não traria novidade alguma ao debate, a não ser nomear um processo que já ocorria. Ressaltava, entretanto, que a ideia intersetorial poderia favorecer grupos com grande poder de *lobbying*, como o National Cotton Council [Conselho nacional do algodão], elogiado por Davis como exemplo a ser seguido (McCune, 1956). O posicionamento de McCune inaugurava um flanco da crítica que se tornaria bastante relevante nos Estados Unidos a partir da década de 1970: a associação da noção de *agribusiness* às corporações.

No primeiro semestre de 1957, Davis e Goldberg publicaram o livro *A Concept of Agribusiness* [Um conceito de *agribusiness*]. Na obra, os autores detalharam as considerações sobre as transformações históricas envolvendo a agricultura, avançaram em explicações metodológicas relacionadas à perspectiva intersetorial e procuraram calcular, em termos macroeconômicos, o *agribusiness*.

Para descrever o que entendiam como as três grandes partes desse subconjunto da economia, propuseram uma segmentação denominada *primary agribusiness triaggregate*, uma espécie de tripé primário do agronegócio, composto de (i) insumos e máquinas agrícolas (operações de manufatura, comercialização e prestação de serviços para agropecuária), (ii) produção agropecuária (operações dentro da fazenda) e (iii) processamento-distribuição (atividades relacionadas à agroindustrialização e à comercialização de

---

[22] Uma das principais entidades de representação dos *family farmers* nos Estados Unidos.

itens advindos da produção das fazendas). Empregando a matriz insumo-produto de Wassily Leontief[23] — economista com o qual Goldberg dialogava frequentemente, em Harvard —, os autores procuraram medir o fluxo de bens e serviços em cada uma dessas três partes.

Houve ampla estratégia de divulgação do livro. Cópias foram enviadas para figuras centrais do USDA, do Congresso, do empresariado, para líderes das maiores organizações agrícolas, chefes de Assistência Técnica e Extensão Rural, diretores de escolas agrícolas e acadêmicos proeminentes (Hamilton, 2014).

---

[23] Teoria do economista russo — e professor de Harvard à época — que tem como foco as relações intersetoriais e possibilita a mensuração dos insumos de uma determinada cadeia produtiva até a constituição dos produtos finais. Para uma análise sobre a matriz insumo-produto, ver Guilhoto (2009).

Recepções na esfera pública

A obra chamou a atenção de pesquisadores e foi resenhada entre 1957 e 1958 com avaliações majoritariamente positivas, principalmente em publicações de economia e marketing. Aqui, cabe jogar luz sobre um aspecto importante: o termo nasceu em uma escola de negócios, não de agronomia. Da mesma forma, despertou o interesse de profissionais de áreas mais diretamente ligadas aos *businesses*. O mesmo ocorreria no Brasil, onde a noção começou a ganhar maior destaque em uma escola de administração — na USP —, e só depois na área de agronomia.

No *Journal of Business*, da Universidade de Chicago, no *Journal of Farm Economics*, da American Economic Association [Associação americana de economia], e no *Journal of Marketing*, da American Marketing Association [Associação americana de marketing], o termo foi considerado inovador e instigante (Rust, 1957; Trelogan, 1957-1958; Milliman, 1958). Entretanto, na *American Economic Review*, da mesma American Economic Association, o professor Richard B. Sheridan (1958), da Universidade de Kansas, criticou — de forma pertinente — a ausência de discussão, no livro de Davis e Goldberg (1957), sobre as relações de poder existentes no *agribusiness* e as possibilidades de agenciamento da ideia para fins corporativos.

Ambas as questões guardavam coerência com as análises dos pesquisadores da Escola de Negócios de Harvard. Não deve haver dúvidas de que a noção, propondo perspectiva intersetorial, era novidade importante e potencialmente relevante como operadora de intervenção nas políticas públicas e nas estratégias privadas. No entanto, era patente que, ao criarem o termo e as narrativas a ele associados, Davis e Goldberg adotavam uma perspectiva favorável às indústrias, cujo protagonismo consideravam salutar.

Em 1958, o termo apareceria pela primeira vez em uma publicação das ciências sociais. Na *Social Forces*, C. Horace Hamilton (1958), da Universidade Estadual da Carolina do Norte, salientou que, se parte dos *family farmers* sucumbiria aos processos de verticalização, aqueles que conseguissem continuar produzindo e se especializando nas funções dentro da fazenda teriam de competir entre si para alcançar melhor integração, necessariamente cedendo parte importante da renda e da autonomia decisória. Esse reparo, vale enfatizar, caminhava na direção contrária do potencial de equilíbrio liberal que Davis (1955) defendia entre as unidades produtivas agrícolas e os negócios a elas conectados.

As publicações de ciências sociais não seriam, contudo, sempre críticas ao neologismo. Em 1959, *agribusiness* foi avaliado na *Rural Sociology* como um conceito com expressivo potencial para interpretação do processo de consolidação de cadeias produtivas relacionadas à agropecuária (Larson, 1959).

Se o livro *A Concept of Agribusiness* fez circular a palavra na academia, não teve o mesmo efeito na introdução do termo na grande imprensa e, por consequência, para um público mais abrangente e menos especializado.

Essa tarefa ficou destinada a um segundo livro de Davis, lançado ainda em 1957, em parceria com Kenneth Hinshaw, jornalista de assuntos agrícolas. A publicação *Farmer in a Business Suit* [Fazendeiro em traje de negócios] narrava, por meio da vida ficcional de uma família de agricultores, o que seria o processo de passagem de uma unidade produtiva autossuficiente para uma fazenda integrada no *agribusiness* (Davis & Hinshaw, 1957).

De maneira didática, a história retomava os argumentos que ladeavam o termo nos trabalhos anteriores de Davis. O fazendeiro em traje de negócios teria tomado o lugar do antigo proprietário rural. Os insumos, como antibióticos e hormônios, seriam inventados por cientistas e criados em indústrias. A eficiência e a alta produtividade estariam lastreadas em avidez por capital e novas formas de gestão.

Ao final da narrativa, o fazendeiro falava ao filho:

> Na agricultura, antigamente, David, você produzia a maior parte dos seus insumos, produzia a maior parte da comida de sua família, trocava a maior parte do produto que tinha deixado pronto para consumo. Tudo isso ficou para trás. Hoje, temos o *agribusiness* — uma composição da agricultura com os negócios que fornecem insumos para as fazendas e processam e distribuem seus produtos. A produção deve estar lado a lado com os negócios a ela relacionados. Em outras palavras, nós colocamos o fazendeiro em traje de negócios. (Davis & Hinshaw, 1957, p. 240)

Tratando do livro, o jornal *The New York Times* (4 maio 1957) anunciou o *agribusiness* como uma nova abordagem para as questões agrícolas, que remeteria tanto ao crescente grau de integração entre a agricultura e o mundo dos negócios quanto ao plano para promover tal aproximação de ordem econômica. Ou seja, o jornal anunciava duas das principais funções propostas por Davis a essa noção (Davis, 1956).

Algumas semanas depois, o *Wall Street Journal* (27 maio 1957, p. 12) apresentou o termo *"agribusiness"* afirmando que ele representaria as grandes transformações econômicas e tecnológicas envolvendo a agropecuária, e que por isso aposentaria termos como *family farmer* e *dirt farmer*. Note-se que, no *Wall Street Journal*, a palavra era aplicada em oposição aos produtores familiares. A postura de adesão ao projeto capitaneado pelas corporações ligadas ao *agribusiness* foi, desde o início, notável nesse jornal, diferentemente da linha adotada pelo *New York Times*.

No *Washington Post* (9 fev. 1958, p. E6), Gladwin E. Young, gestor da área de conservação de solos do USDA, resenhou *Farmer in a Business Suit*. Embora tenha escrito que a obra apresentava uma análise acurada sobre a agricultura como negócio, criticou o que seria a ansiedade de Davis e Hinshaw em tornar a palavra *agribusiness* parte do jargão da agricultura. Além disso, criticava o fato de que os autores não tratavam das disputas distributivas intersetoriais.

Young tocava em aspectos importantes. Não obstante Davis (1955; 1956) enaltecer reiteradamente a capacidade dos agentes privados a montante e a jusante[24] das cadeias produtivas para propiciar retornos financeiros em consonância com as necessidades dos produtores, esse nunca foi seu foco analítico. De fato, ele não se aprofundou em explicações sobre como isso poderia ocorrer. Ao contrário, o grande esforço esteve em elaborações sobre a eficiência do sistema do *agribusiness* como um todo, sob comando das corporações.

Além da academia e da mídia, atores financeiros não demoraram a atentar para a novidade realçada pelo termo. O *Banking*, jornal da American Bankers Association [Associação americana de banqueiros], tratou, já em 1958, sobre as oportunidades relacionadas ao *agribusiness* (Wood, 1958). Explicando as mudanças em curso no mundo rural, o vice-presidente do Bank of America, Earl Coke, tendo como modelo a provisão de capital para o setor industrial, falou em adequar o sistema de financiamento para o que seria uma nova agricultura (*The New York Times*, 24 jan. 1959).

---

[24] Funções a montante são aquelas vinculadas sobretudo ao fornecimento de máquinas e insumos à agropecuária. Funções a jusante são relacionadas principalmente à armazenagem, ao transporte, à industrialização e ao comércio de itens originários da agropecuária.

Do mesmo modo, foi preciso pouco tempo para a palavra começar a aparecer em publicações do governo federal. Um dos primeiros registros é de 1960, em um livro do USDA, o *Yearbook of Agriculture* [Anuário de agricultura], por meio de artigo de Earl L. Butz. Deixando a vice-presidência da American Society of Farm Managers and Rural Appraisers [Sociedade americana de administradores de fazendas e avaliadores rurais], Butz havia assumido a posição de John Davis como secretário-assistente no USDA, ainda sob a gestão de Benson. Em artigo no documento governamental, ele enalteceu a ideia de *agribusiness*:

> A arte ou ciência de cultivar o solo é apenas mais um elo da cadeia que alimenta e veste as pessoas. Essa cadeia começa muitos empregos antes de chegar à fazenda e continua por diversos processos depois que os alimentos e as fibras produzidos saem pelo portão da fazenda. Para todo esse complexo de funções de produção e distribuição agrícola, algumas pessoas usam o termo *agribusiness*. (Butz, 1960, p. 380)

Em sintonia com a proposta de Davis e Goldberg, Butz argumentou que o desafio seria alargar a perspectiva da agropecuária com a inclusão das funções ligadas ao fornecimento de insumos, ao processamento e à distribuição. Isto é, avançar na percepção das inter-relações dos vários segmentos do *agribusiness*.

Replicando o entendimento elitista sobre eficiência dos dois economistas de Harvard, Butz afirmou que as mudanças em curso diziam respeito a um volume maior de produção envolvendo menos pessoas: famílias de agricultores que não conseguissem viver da produção da fazenda deveriam trabalhar em outras áreas, como em indústrias ligadas à agropecuária.

Ademais, Butz foi um dos primeiros a associar explicitamente o *agribusiness* ao fornecimento de alimentos e fibras para a crescente população mundial. Ele dava um passo adiante em relação à colocação pontual de Davis (1955, 1956) de que esse subconjunto da economia poderia auxiliar nos objetivos da política externa dos Estados Unidos.

Entretanto, ainda que o neologismo tivesse sido agenciado em diferentes espaços, a verdade é que ele não obteria grande relevo público na primeira década após sua criação. Os usos do termo na imprensa eram o principal indicador dessa situação: entre 1955 e 1964, *agribusiness* seria mencionado, em média, apenas duas vezes por ano nos três mais importantes jornais dos Estados Unidos tomados em conjunto: *The New York Times, The Wall Street Journal* e *The Washington Post*.

Articulação entre governo e corporações

Uma mudança na política externa dos Estados Unidos, em meados dos anos 1960, impactaria decisivamente o futuro da ideia de *agribusiness*. Essa alteração ganharia contornos claros na mensagem especial do presidente democrata Lyndon B. Johnson (1963-1969) ao Congresso em 10 de fevereiro de 1966, quando o mandatário propôs ao parlamento que os Estados Unidos liderassem o que chamou de *war on hunger* [guerra contra a fome].

Para Johnson, muitos dos países em desenvolvimento precisariam urgentemente atribuir prioridade à melhoria e à modernização das estruturas de produção de alimentos (Unites States Government, 1966). Consequentemente, o presidente sinalizava a transferência do foco da distribuição de excedentes agrícolas[25] para a política de apoio à produção interna nos países cujas populações apresentassem alta prevalência de insegurança alimentar e estivessem na órbita de influência dos Estados Unidos.

A explicação para a inflexão na política alimentar exterior era, em primeiro lugar, geopolítica, como se pode notar por meio da exposição do democrata Orville L. Freeman, então secretário de Agricultura (1961-1969). Cálculos do USDA indicavam que, desde 1961, o consumo mundial de alimentos havia ultrapassado a produção. A diferença estaria sendo equilibrada por estoques, principalmente dos Estados Unidos. Como não seria possível continuar com essa estratégia por muito mais tempo, a nova orientação advogava que a produção de alimentos em países menos

---

[25] Em 1954, um programa permanente de coordenação e distribuição internacional de alimentos chamado Food for Peace [Alimento pela paz] havia sido criado nos Estados Unidos (Lei Pública n. 480).

desenvolvidos deveria aumentar. Era uma forma de atenuar uma questão com elevada possibilidade de criar instabilidade econômica e política em âmbito global. "Segurança é comida", concluía Freeman (1967). Ou seja, a noção de *agribusiness* passara a ser operada no contexto internacional da Guerra Fria (Hobsbawm, 1995).

Tal alteração na estratégia do governo norte-americano representou um ensejo para que as corporações atuassem na autopromoção, com apoio acadêmico. Dois meses após o discurso de Johnson ao Congresso sobre a "guerra contra a fome", a Escola de Negócios de Harvard acolheu, no âmbito do Moffett Program, uma reunião entre membros de corporações, do governo federal e da academia.

No dia 26 de maio de 1966, mais especificamente, estiveram na escola funcionários de alto escalão do USDA e da United States Agency for International Development [Agência dos Estados Unidos para o desenvolvimento internacional] (Usaid), além de presidentes, vice-presidentes e outros profissionais em posições de comando de empresas como Monsanto, Archer Daniels Midland (ADM), Ralston Purina e Quaker, entre outras que realizavam tanto a função de prover insumos às fazendas como de industrializar e comercializar os produtos originados na agropecuária.

No evento, os participantes esforçaram-se para sustentar que a "sofisticação produtiva e comercial" das empresas privadas do *agribusiness* seria indispensável para uma política alimentar de escala mundial (Goldberg, 1966, p. 82). Apoiados nessa afirmação, propuseram modificações legislativas que deslocariam o orçamento público das políticas de administração de excedentes em proveito da promoção sistêmica das corporações em países menos desenvolvidos. Sugeriram que o governo participasse de forma ativa dos empreendimentos nesses Estados, assumindo a maioria dos riscos iniciais e possibilitando às empresas receberem taxas de administração, além da oportunidade posterior de compra gradual da participação do governo (Goldberg, 1966). Ficava evidente um dos papéis da mobilização promovida por corporações em torno da noção de *agribusiness*: disputar recursos públicos com as políticas de garantia de preços de produtos agrícolas, fundamentais à sobrevivência de grande parte dos *family farmers*. Ou seja, a proposta de menor participação estatal para a política de sustentação de renda, tal como defendia Davis (1955), era contraposta à reivindicação por forte atuação governamental na promoção das iniciativas das grandes empresas no exterior. Não se tratava, pois, de diminuir a participação estatal na economia, mas de garantir uma seletividade sobre ela de acordo com os interesses corporativos.

Ray Goldberg (1966) procurou divulgar as "constatações" e os pleitos do evento realizado na Escola de Negócios por meio do artigo "Agribusiness for developing countries" [*Agribusiness* para países em desenvolvimento], na *Harvard Business Review*. Para ele, a mudança da política exterior criara a possibilidade de exportação de uma abordagem que reconhecesse a relevância da relação entre todas as partes do *agribusiness* — insumos, operações na fazenda, processamento e distribuição, infraestrutura de transporte, crédito, armazenamento, comunicação e educação. Seria a perspectiva capaz de ampliar a capacidade de produção de alimentos em países com alta prevalência de desnutrição.

A cúpula do governo federal norte-americano reagiu positivamente à proposta organizada em Harvard. Ao encontro na Escola de Negócios se seguiu um grande evento, no primeiro semestre de 1967, que consolidaria a atuação conjunta público-privada. Tratava-se da First Agribusiness Conference: on the Search for International Food Balance [Primeira conferência do *agribusiness*: em busca de um equilíbrio alimentar internacional], realizada em 11 de maio de 1967 com patrocínio da Chicago Board of Trade, maior bolsa de commodities dos Estados Unidos (Humphrey, 1967).

Na ocasião, o discurso do presidente Lyndon Johnson foi lido por seu vice, Hubert Humphrey. Para Johnson, o evento mostrava que, finalmente, havia determinação quanto à necessidade de se travar uma "guerra contra a fome" no mundo. Em um ato contínuo, propunha que, para haver vitória nessa "grande batalha", o Estado e a iniciativa privada teriam de atuar conjuntamente.

Ao mesmo tempo, o presidente afirmava que os países "em desenvolvimento" que mais haviam avançado nesse sentido eram aqueles nos quais os agentes empresariais ocupavam espaço de destaque. Por isso, o encorajamento da operação das corporações no exterior deveria ser tão importante quanto o apoio a ações de assistência alimentar (Humphrey, 1967).

Após ler o comunicado de Johnson, Humphrey declarou para a plateia — composta de líderes do *agribusiness* e políticos — que a fome no mundo seria uma das bases das revoluções. De acordo com ele, a projeção malthusiana[26] ameaçava confirmar-se globalmente e, por essa razão, seria fundamental que o USDA e a Usaid atuassem como catalisadores do fortalecimento da atuação internacional das empresas, pois: "Nosso país precisa especialmente das habilidades técnicas e da experiência organizacional — as incomparáveis habilidades e experiência da comunidade do *agribusiness* —, e eu penso que é bom que nós comecemos a chamá-lo daquilo que ele é: *agribusiness*" (Humphrey, 1967, p. 30).

---

[26] Teoria do economista e demógrafo Thomas Malthus segundo a qual a população tenderia a crescer de forma mais rápida que a produção de alimentos.

Nos meses seguintes à conferência em Chicago, diferentes representantes estatais dedicaram-se a encorajar agentes do *agribusiness* a atuarem na "guerra contra a fome". Em uma coletiva de imprensa realizada em junho, Orville Freeman chamou a atenção de corporações para as possibilidades de lucro com a operação internacional. Como exemplos de áreas com potencial de crescimento, ele citou aquelas de fertilizantes químicos, sementes, máquinas, processamento e supermercados. Entre os fatores que estariam promovendo maior atenção a essas áreas, o secretário mencionava concessões e incentivos dados pelos países em desenvolvimento, além de apoio do governo (*The New York Times*, 17 jun. 1967).

Em um painel sobre a fome mundial da National Industrial Conference Board [Conselho nacional das conferências industriais] (NICB)[27] em Nova York, Herbert J. Waters, chefe das ações de "guerra contra a fome" da Usaid, enfatizou a necessidade "tremenda", por parte do governo, de que o setor privado, particularmente a "comunidade do *agribusiness*", atuasse para ajudar as "nações famintas" (*The New York Times*, 13 set. 1967, p. 10; *The Washington Post*, 17 set. 1967, p. E1).

A *Foreign Agriculture*, revista do USDA, também apoiou sistematicamente as ações do governo federal ao publicar, entre 1967 e 1969, artigos com títulos sugestivos como "American Agribusiness Eyes its Role in World Food Problem" [*Agribusiness* norte-americano enxerga seu papel no problema alimentar mundial] e "Agribusiness Lines Up its Resources for War on Hunger" [*Agribusiness* aplica seus recursos na guerra contra a fome] (*Foreign Agriculture*, 5 jun. 1967; 9 out. 1967).

---

[27] Organização de interesses das corporações criada para apoiá-las nas disputas com trabalhadores, atualmente intitulada The Conference Board.

Agribusiness Council

Após uma reunião na Casa Branca entre o presidente Johnson e o ex-presidente da Heinz Foods Company, Henry Heinz II, foi criado, em setembro de 1967, um órgão público-privado cuja função era organizar a atuação das empresas no exterior. Agrupando corporações como United Brands, ExxonMobil, International Business Machines Corporation (IBM) e Ralston Purina, o conselho teria como objetivos, segundo o governo: (i) organizar informações sobre países com boas possibilidades para investimentos em desenvolvimento agrícola e (ii) promover negociações entre empresas e governos estrangeiros, organizações internacionais, universidades e fundações (Olson, 1977; United States Government, 1968; The Agribusiness Council, 2016).

O Agribusiness Council [Conselho do *agribusiness*] propunha-se como operador prático da noção de *agribusiness* em países "em desenvolvimento".

> Nós sabemos muito, tanto das tecnologias de produção de alimentos quanto dos problemas de sua proteção, armazenamento, transporte e comércio. Inúmeros fatores estão envolvidos e, a não ser que eles estejam colocados em perspectiva e sistematizados, sempre há possibilidades de interrupção da produção e do fluxo de suprimentos de alimentos extremamente importantes. É, portanto, imperativo que, dentro das nações e entre elas, todos os setores da economia interajam para a obtenção dos melhores resultados. (The Agribusiness Council, 1975, p. X-XI)

Por parte da mídia, os discursos fizeram coro àqueles da articulação governo-corporações. O *New York Times* (13 set. 1967, p. 10) anunciou a decisão de criação do conselho com a seguinte explicação: "Oficiais do governo e executivos preocupados com a insuficiência de alimentos no mundo fizeram progresso ontem em direção a um plano cooperativo para exportar as habilidades agrícolas norte-americanas para os países em desenvolvimento". Já o *Washington Post* (17 set. 1967) afirmou que a administração Johnson estaria demandando das grandes empresas um papel de maior protagonismo no atendimento das necessidades mundiais futuras por alimentos.

Reformas na administração federal

Em coerência com tal pacto de economia política, o presidente Johnson realizou uma restruturação nos órgãos do governo. O Departamento de Comércio criou uma área chamada Agribusiness Staff [Equipe do *agribusiness*] para ser o ponto focal de corporações do setor. Essa área tinha a missão de fornecer informações aos empresários e ajudá-los a estabelecer relações com outras agências do governo e entidades internacionais (United States Government, 1968).

A Agribusiness Staff funcionou também como secretariado do Agribusiness Industry Advisory Committee [Comitê consultivo da indústria do *agribusiness*], órgão colegiado composto pelos departamentos de Agricultura e Comércio dos Estados Unidos, e criado para assessorá-los no desenvolvimento do *agribusiness* no exterior (*The New York Times*, 18 ago. 1968).

A política externa alimentar dos Estados Unidos era conformada por um conjunto de possibilidades, que partiam dos investimentos, passando pela criação de unidades industriais e redes a montante e pelas vendas de produtos agropecuários, até chegar ao comércio de produtos a jusante. Quando, décadas mais tarde, o agronegócio brasileiro começou a chamar atenção para as exportações, o foco estava, em grande medida, concentrado na venda de commodities, produtos in natura ou semiprocessados (Wilkinson, 2000).

Entre os membros do Advisory Committee estavam os presidentes das empresas Heinz, Ralston Purina, National Dairy Products Corporation, Ward Foods, Mississippi Chemical Corporation, Central Soya Company, United Fruit Company, o vice-presidente de operações no exterior da International Minerals and Chemical Corporation, o vice-presidente executivo da Caterpillar e o diretor-técnico de agricultura do Chase Manhattan Bank (United States Government, 1968).

Revolução Verde

Uma segunda noção operada no ambiente da Guerra Fria foi fundamental para consolidar a atuação das corporações do *agribusiness* no exterior. Se a "guerra contra a fome" promovia a articulação Estado-corporações na esfera pública, a ideia de Revolução Verde, alcançando grande destaque público já no final da década de 1960, atribuía legitimidade a uma das principais relações dentro do *agribusiness*: aquela entre as indústrias a montante e a agropecuária em si.

A expressão "Revolução Verde" foi empregada para nomear os ganhos de produtividade, em países "em desenvolvimento", resultantes do uso de novas variedades de sementes, fertilizantes e agrotóxicos, entre outras tecnologias. William Gaud, administrador da Usaid, tratava de ações da agência na Ásia quando usou o termo pela primeira vez na Society for International Development [Sociedade para o desenvolvimento internacional], em Washington, no dia 8 de março de 1968.

Segundo ele, os ganhos em quantidade e qualidade da produção agropecuária naqueles países mostrariam que uma grande mudança agrícola estava sendo iniciada.

Tentando convencer os Estados Unidos a aplicarem mais recursos nessa direção, Gaud aludiu ao cenário da política internacional: "Esses e outros desenvolvimentos no campo da agricultura contêm os ingredientes de uma nova revolução. Não é uma Revolução Vermelha, como a dos soviéticos, nem uma Revolução Branca, como a do xá do Irã. Eu a chamo de Revolução Verde".

Essa "revolução" agrícola advinda da atuação de órgãos dos Estados Unidos em países sob sua influência geopolítica havia tido os primeiros momentos de destaque na década de 1940, quando a Fundação Rockefeller[28] começara a apoiar o aumento da produção de trigo no México. Foi sobretudo pela liderança nesse processo que o agrônomo norte-americano Norman Borlaug ganhou o Nobel da Paz em 1970.

Diante do contexto da "guerra contra a fome" de Johnson, a Revolução Verde foi um forte elemento legitimador para que o governo dos Estados Unidos incentivasse o crescimento da utilização de fertilizantes e agrotóxicos em países sob sua influência.

Ao mesmo tempo, o trabalho das agências privadas e públicas no exterior estimulava o fortalecimento de mercados para a exportação desses insumos, como salientou o presidente Johnson em mensagem ao Congresso de seu país, ao afirmar que "nossos programas de ajuda têm um impacto favorável de longo prazo em nosso balanço de pagamentos por construírem novos mercados para nossas exportações" (United States Government, 1966).

---

[28] Em 1947, essa fundação adquiriria o controle majoritário da empresa Agroceres, produtora de milho híbrido no Brasil. Mais de quarenta anos depois, a Agroceres seria responsável por desenhar um projeto político-econômico de *agribusiness* no país, como se mostrará com detalhes nos capítulos seguintes.

Entre críticas e instrumentalizações

Nos Estados Unidos, o emprego da palavra *agribusiness* teve um primeiro avanço importante no começo dos anos 1970, tanto na mídia quanto na academia,[29] como se pode notar nas tabelas 1 e 2. Esse salto refletia três camadas fundamentais: (i) a intensificação da sua utilização em universidades; (ii) a continuidade de seu uso na política exterior — que, aliás, pouco dividia a opinião pública do país; e (iii) as críticas (principalmente na mídia) que identificavam na promoção dessa noção uma estratégia corporativa que seria prejudicial à população.

A propósito, destacava-se, na academia, a hegemonia de trabalhos técnico-operacionais sobre o *agribusiness*. Dessa forma, enquanto as universidades trabalhavam, em grande medida, para legitimar o uso do termo, a imprensa — *The New York Times* e *The Washington Post* à frente — abria canais de crítica à mobilização.

As contestações nos jornais tinham como fator central a ênfase na dimensão corporativa de iniciativas fundamentadas na expressão. A associação entre grandes empresas e *agribusiness* havia surgido quase que simultaneamente à criação do neologismo, com as observações de McCune (1956). Essa reprovação — inicialmente escassa diante da intensa utilização do termo pelo governo e pelas corporações e, em grande medida, restrita a arenas subalternas da esfera pública (Fraser, 1997) — começou aos poucos a

---

29 Para as quantificações do uso do termo na esfera pública norte-americana, consideraram-se, em relação à mídia, os jornais *The New York Times*, *The Washington Post* e *The Wall Street Journal*; em relação às universidades, selecionou-se o principal repositório acadêmico dos Estados Unidos sobre *agribusiness*: o sistema informatizado Hollis, de Harvard.

Tabela 1— Quantidade de páginas do *New York Times, Washington Post* e *Wall Street Journal* mencionando a palavra *agribusiness* (1955-1971).

Ano	The New York Times	The Washington Post	The Wall Street Journal	Total
1955	0	0	0	0
1956	0	0	0	0
1957	1	0	1	2
1958	0	1	0	1
1959	2	0	0	2
1960	0	0	0	0
1961	2	0	1	3
1962	1	0	1	2
1963	0	3	0	3
1964	2	0	0	2
1965	0	1	0	1
1966	2	3	1	6
1967	4	2	4	10
1968	7	0	7	14
1969	4	1	9	14
1970	4	3	14	21
1971	16	27	12	55

Fontes: Acervo histórico do *New York Times, ProQuest Archiver*, sites do *Washington Post* e do *Wall Street Journal*, jul. 2016 e mar. 2017 (elaboração do autor).

adentrar a grande imprensa no final da década de 1960, o que pode ser notado pelas definições que acompanhavam a ideia de *agribusiness* em jornais importantes dos Estados Unidos, como "grandes indústrias" (*The New York Times*, 20 nov. 1967, p. 72) e "conglomerado" (*The New York Times*, 13 abr. 1968, p. 17).

Tabela 2 — Produção científica (livros, artigos, conferências, resenhas, teses e dissertações) utilizando a noção de *agribusiness* (1955-1971).

Ano	Total
1955	3
1956	4
1957	21
1958	25
1959	18
1960	30
1961	51
1962	50
1963	52
1964	79
1965	54
1966	58
1967	96
1968	89
1969	136
1970	129
1971	631

Fonte: *Hollis* (Harvard), mar. 2017.

Na década de 1970, a crítica avançaria notavelmente na mídia. Para isso, muito contribuiu a chegada de Earl Butz — pioneiro da introdução do termo no governo federal norte-americano — a secretário de Agricultura. Esse fato causou grande debate público, dado que ele era apontado como agente dos interesses de grandes empresas. Para um editorial do *Washington Post* (1º dez. 1971, p. A18),

Butz era "um símbolo e advogado do que se tornou conhecido como *agribusiness* — a tomada do sistema de produção alimentar de montante a jusante pelas grandes corporações".

Butz contra-argumentaria. Pressionado em uma audiência do Senado por parlamentares democratas que afirmavam que ele estava comprometido com o *agribusiness* — pois, embora tivesse renunciado a três cargos em empresas do ramo, ainda dispunha de ações de algumas delas, como Ralston Purina —, o secretário respondeu que o *agribusiness* era parte essencial do complexo que envolvia a agricultura. Ele acrescentou ainda que, mesmo que procurasse trabalhar para todos os participantes desse subconjunto da economia, a meta de elevar a renda agrícola de forma geral não poderia prescindir das corporações (*The New York Times*, 18 nov. 1971).

A despeito das respostas de Butz, os jornais *The New York Times* e *The Washington Post* passaram a dedicar cada vez mais espaço ao aprofundamento das contestações à articulação entre as empresas e o governo nesse campo.

No *New York Times* (3 mar. 1972), tratou-se de privilégios do *agribusiness*, ao passo que o editorial do *Washington Post* (11 ago. 1972, p. A24) ironizou os subsídios estatais às corporações, aludindo a "outra colheita para os ricos". De acordo com o texto do *Times* (21 dez. 1973, p. 73), em outra ocasião, o *agribusiness* diria respeito a um "sistema de corporações e cooperativas gigantes que maneja a comida da semente ao supermercado". Concomitantemente, as colocações *giant/large agribusiness companies/organizations* [companhias/organizações gigantes/grandes do *agribusiness*] firmavam-se, cada vez mais, na esfera pública dominante.

Nesse momento, cabe um pequeno afastamento temporal antes de voltar à análise da década de 1970. A compreensão de que o termo remeteria às grandes corporações acabou se estabilizando como um entendimento bastante presente nos Estados Unidos nas décadas posteriores.

Juntamente às reportagens, outros elementos corroboram essa assunção. Um estudo relativamente recente do Center for Public Issues Education in Agriculture and Natural Resources [Centro para educação sobre assuntos públicos em agricultura e recursos naturais], em colaboração com o Institute of Food and Agricultural Sciences [Instituto de ciências da alimentação e da agricultura], da Flórida, é um bom indicativo da força dessa linha.

Para três dos quatro grupos focais pesquisados no trabalho, *agribusiness* estaria relacionado a determinadas corporações: "Ao pensar em *agribusiness*, penso em Monsanto, Cargill, DuPont. Eu não penso em um produtor. Penso em conglomerados que estão controlando nossa agricultura", apontou a fala representativa das opiniões da maioria, segundo os autores da pesquisa (Center for Public Issues Education in Agriculture and Natural Resources & Agriculture Institute of Florida, 2010, p. 3).

Uma consulta realizada nas versões on-line dos principais dicionários de língua inglesa mostra que a perspectiva de associação do termo a corporações consolidou-se ao lado da visão original de *agribusiness* — como uma noção sistêmica para designar a interdependência da agricultura com funções de uma ponta a outra.

No Collins (2017), "*agribusiness* são os vários negócios que produzem, vendem e distribuem produtos agrícolas, especialmente em larga escala". Adicionalmente, apresenta-se a seguinte frase como exemplo de utilização da noção: "Muitos dos antigos coletivos agrícolas estão agora sendo transformados em corporações de *agribusiness*".

Para o Merriam-Webster (2017), a noção significa "uma indústria engajada nas operações de produção de uma fazenda, na manufatura e distribuição de equipamentos e insumos agrícolas, e no processamento, armazenamento e distribuição de commodities agropecuárias". Como exemplo de uso do termo, lê-se: "Muitos grandes *agribusiness* detêm a maioria das fazendas por aqui".

No Oxford (2017), define-se a concepção como uma "agricultura conduzida em princípios estritamente comerciais" e "o grupo de indústrias que lida com produtos e serviços necessários à agricultura". No dicionário avançado Oxford, contudo, remete-se a "uma indústria relacionada à produção e venda de produtos agrícolas, especialmente envolvendo grandes companhias".

Finalmente, no Cambridge (2017), a palavra é definida como "os vários negócios que estão conectados com a produção, o preparo e a comercialização de produtos agropecuários". Nesse dicionário, há também uma nota explicando que "o termo *agribusiness* é, às vezes, usado negativamente pelos críticos da produção de alimentos industrializada e de grande escala".

Definitivamente, a associação do termo *"agribusiness"* com os interesses das grandes corporações estabeleceu-se como eixo central do aparato crítico — na esfera pública norte-americana — da atuação das corporações. Tal fato refletiu-se inclusive no USDA, pois, embora esse departamento tenha continuado a chamar a atenção para a percepção ampliada da agricultura, abrangendo as indústrias relacionadas a jusante, a noção de *agribusiness* perdeu poder operacional na orientação estratégica (United States Department of Agriculture, 2018).

Contestações

Na década de 1970, houve pelo menos cinco linhas narrativas críticas associando *agribusiness* a corporações. Elas estavam relacionadas, respectivamente, a direitos dos consumidores, meio ambiente, *family farmers*, pesquisa pública em universidades e política externa alimentar.

Duas tiveram inserção mais rápida nos principais órgãos de mídia, provavelmente por estarem envoltas em questões diretamente ligadas ao interesse de toda a população dos Estados Unidos: direitos dos consumidores e meio ambiente.

No começo da década de 1970, o advogado Ralph Nader e um grupo de pesquisadores liderados por ele escreveram um conjunto de livros acusando as corporações de deteriorarem os padrões alimentares da população, e o USDA de não defender as pessoas do uso inadequado de químicos na agropecuária — como agrotóxicos, nitritos, nitratos e antibióticos.

Segundo eles, os interesses do "*agribusiness* corporativo" estariam sendo privilegiados, em detrimento dos consumidores (Turner, 1970; *The New York Times*, 18 jul. 1971, p. 45). Esses trabalhos marcavam a entrada em cena pública, com ímpeto, de uma controvérsia relacionada à alimentação da população daquele país.[30]

A consagração, em termos de alcance da opinião pública, viria na televisão aberta. Em dezembro de 1973, a rede ABC levou ao ar a série *Close-up*, com o título "Food: Green Grow the Profits" [Comida: verdes aumentam os lucros]. No programa, que tinha duração de uma hora, os realizadores documentavam a utilização intensa de fertilizantes e agrotóxicos, o alastramento do uso de alimentos quimicamente alterados para que animais crescessem de modo mais rápido e o foco das pesquisas em novos produtos que negligenciavam a saúde dos consumidores, além de ameaças sofridas por fiscais da vigilância sanitária na condução dos trabalhos. No final, o público era convidado

---

[30] O conceito de controvérsia é empregado neste trabalho para aludir a debates sobre determinadas questões que, aprofundadas, acabam por instituir problemas sociais a serem tratados de maneira pública (Montero, Arruti & Pompa, 2012; Montero, 2012).

a acompanhar as ações das multinacionais com a mesma determinação que elas próprias haviam demonstrado com seus interesses (*The New York Times*, 21 dez. 1973; *The Washington Post*, 22 dez. 1973).

Nader também lideraria trabalhos sobre os efeitos da atuação das corporações ligadas ao *agribusiness* no meio ambiente — outra vertente de análise a ganhar destaque rapidamente na mídia. Em paralelo, o biólogo Paul Ehrlich foi outra voz forte, unificando aspectos ambientais e de saúde:

> O Departamento de Agricultura é essencialmente um braço do *agribusiness* norte-americano. O melhor exemplo é que, apesar de haver evidências enormes de que a utilização de agrotóxicos é ruim — não ajuda o produtor, não ajuda o consumidor, basicamente só destrói o mundo e gera lucro para a indústria petroquímica —, o Departamento de Agribusiness [*sic*] continuou até recentemente a lutar contra qualquer tentativa progressista. (Ehrlich, 1971, p. 635)

Ehrlich avaliava que os países menos desenvolvidos tecnologicamente eram incentivados a utilizar essas políticas desastrosas, as quais, apesar de oferecerem resultados produtivos no curto prazo, acabavam por promover, de modo grave, a poluição das águas e a diminuição da capacidade produtiva dos solos, entre outros efeitos.

Outras duas linhas críticas ascenderam de modo mais gradual: aquelas relativas aos *family farmers* e à atuação das universidades públicas. Em 1966, o documentário *The Land is Rich* [A terra é rica], do diretor Harvey Richards, mostrava que a atuação das grandes empresas implicava prejuízos aos agricultores mais frágeis. Acompanhando os esforços de trabalhadores rurais da Califórnia para conquistarem o direito de se sindicalizar, o filme colocou em questão a concentração de terras naquele estado:

"Há uma palavra criada para essa forma particular de monopólio: *agribusiness*". Mais adiante, apoiando-se em imagens, o narrador contrapôs a operação dessas grandes empresas às precárias condições laborais.

Foi somente na década seguinte, contudo, que essa associação entre agentes empresariais poderosos e atores não patronais começaria a ser notada na grande imprensa. Uma matéria do *New York Times* (22 jul. 1971), por exemplo, criticou a quantidade de recursos públicos que serviriam de subsídios para as grandes corporações, enquanto os *family farmers* definhavam. Outro tema de destaque foi a perda de território dos pequenos agricultores para multinacionais, o que passou a ser enfatizado nos jornais em meados dos anos 1970 (*The Washington Post*, 13 abr. 1975, 16 abr. 1975).

A segunda linha crítica que lentamente obteve maior atenção esteve relacionada à influência, nas universidades públicas, de empresas ligadas ao *agribusiness*. Em 1968, foi publicado o panfleto "The dirt on California: agribusiness and the University" [A sujeira na Califórnia: *agribusiness* e a universidade], por Hal Draper e Anne Draper. O texto denunciava a influência política de corporações sobre a Universidade da Califórnia, especialmente quanto às pressões para que áreas de pesquisa consideradas estratégicas tivessem priorização orçamentária na instituição. "O *agribusiness* da Califórnia é primeiramente o negócio das grandes corporações, que detêm ou controlam as 'fábricas nos campos', não dos pequenos *family farmers*", argumentavam os autores (Draper & Draper, 1968). O panfleto, entretanto, ficou mais restrito à arena subalterna e local.

Seria no começo dos anos 1970 que um trabalho acadêmico sobre o tema teria bastante repercussão na mídia nacional. Na visão do Agribusiness Accountability Project [Observatório do *agribusiness*], grupo de interesse público, o foco das universidades e dos colégios técnicos apoiados com recursos estatais teria sido desviado para interesses das grandes corporações, em detrimento dos produtores familiares (Hightower, 1972).

Reportagens reforçavam a proposição do grupo de que a população teria o direito de esperar que os recursos intelectuais e científicos fossem algo mais do que um subsídio para o *agribusiness*. Além de abordar a questão dos *family farmers*, o estudo afirmava que as necessidades dos consumidores haviam ficado em segundo plano, questionando, por exemplo, se os ganhos em produtividade compensariam as contradições do sistema do *agribusiness*. Procurado por jornalistas para falar sobre o assunto, o porta-voz da associação nacional das universidades estaduais e dos *land-grant colleges*[31] respondeu que se deveria olhar para o que se gerava a mais em termos de comida, e não para os efeitos colaterais dessa política (*The Washington Post*, 1º jun. 1972; *The New York Times*, 1º jun. 1972).

A disputa pela hierarquia dos critérios (Boltanski & Chiapello, 2005) sob os quais se deveria avaliar o *agribusiness* teria, décadas mais tarde, desdobramentos bastante importantes tanto para os agentes do agronegócio no Brasil quanto para as minorias rurais, como veremos.

Das cinco narrativas críticas, não alcançaria proeminência na esfera pública aquela que contestava a associação do *agribusiness* à "luta contra a fome". Peter Henig (1967), em artigo publicado no *Report on the Americas*, do North American Congress on Latin America [Congresso norte-americano sobre a América Latina] (Nacla),[32] reprovou a proximidade entre o governo e as empresas do setor. Ele criticava a First Agribusiness Conference

---

[31] Instituições públicas de ensino superior vinculadas aos estados da federação, a exemplo de Cornell e Purdue.

[32] Entidade sem fins lucrativos criada em 1965 para democratizar informações sobre a política exterior dos Estados Unidos na América Latina.

como representação de um *"lobbying* da fome", que atuaria com o propósito de abrir enormes potenciais de lucro para as empresas dos Estados Unidos no exterior, tendo como efeito a reorganização — para pior — da produção agrícola de outros países.

Em 1976, surgiu um livro que ganharia destaque nos círculos críticos ao *agribusiness*, intitulado O *mercado da fome: as verdadeiras razões da fome no mundo*. Na obra, Susan George procurava implodir o uso da voz passiva empregada reiteradamente na esfera pública internacional para aludir à fome. Para a autora, era preciso nomear os atores que seriam responsáveis por ela.

De acordo com a análise, o *agribusiness* norte-americano destruía sistemas alimentares e preferências dos consumidores — com o alastramento de produtos comestíveis e bebidas açucaradas que substituíam dietas tradicionais mais saudáveis e ancoradas em valores locais —, além de desestabilizar padrões de emprego e estruturas comunitárias nos países em desenvolvimento. Nos Estados Unidos, o grande ônus estaria nos *family farmers*, pois os novos arranjos envolvidos com a agropecuária a montante e a jusante criariam uma série de desincentivos à sobrevivência dos pequenos produtores, resultando em concentração fundiária.

Ainda nos anos 1970, o historiador Roger Burbach e a jornalista Patricia Flynn tinham voltado a atenção para a relação das indústrias norte-americanas com a América Latina. Morando no Chile durante boa parte dessa década, Burbach havia vivenciado a adoção de um modelo mais propício às corporações relacionadas ao *agribusiness* a partir do golpe de Estado que derrubara Salvador Allende em 1973. Por ter sido criado em uma *family farm* em Wisconsin, nos Estados Unidos, ele tinha sensibilidade para os efeitos dessas grandes empresas sobre os produtores agrícolas do país.

Após longa pesquisa, Burbach e Flynn publicaram, em 1980, *Agribusiness in the Americas* [*Agribusiness* nas Américas], em que analisavam as estratégias e os impactos de tal atuação corporativa na América Latina. Os autores criticavam a retórica de que o *agribusiness* norte-americano significaria a resolução dos problemas mundiais da fome, argumentando que

> a realidade é que o *agribusiness*, longe de ser a solução, apenas agrava o problema da fome. Isso porque dele advêm não apenas a modernização da agricultura mas a transferência de um modelo de desenvolvimento econômico e de relações sociais para o Terceiro Mundo — o modelo capitalista de produção. Dessa forma, o *agribusiness* apenas exacerba as desigualdades sociais que, como argumentamos anteriormente, são as causas reais da fome. (Burbach & Flynn, 1980, p. 13)

Análises como as de Burbach e Flynn não entraram em debate público mais amplo. A questão é que, enquanto a engrenagem privado-estatal do *agribusiness* conseguia inserir sua agenda internacional na esfera pública — conectando-se a redes amplas de atores, incluindo aqueles com elevado poder político e econômico —, os trabalhos críticos à sua atuação ficavam circunscritos a arenas subalternas.

De fato, não há indícios sólidos de que a articulação entre *agribusiness* e governo na chamada "guerra contra a fome" tenha recebido, nas décadas de 1960 e 1970, muitas críticas na arena dominante da esfera pública. Ambos os principais partidos políticos dos Estados Unidos, o Democrata e o Republicano, concordavam com ela, acompanhados pelos principais órgãos de comunicação do país.

Usos positivados

Todavia, o crescimento das críticas ancoradas na associação do *agribusiness* com as corporações não significava que o termo deixara de ser mobilizado de forma positiva na década de 1970. Em escolas de negócios, nas empresas, em eventos internacionais e em alguns segmentos da mídia, esse agenciamento continuou ganhando espaço.

Henry Heinz II, por exemplo, empresário cofundador do Agribusiness Council, reforçava o discurso liberal de que o desenvolvimento tecnológico teria engendrado uma revolução na quantidade e na qualidade dos alimentos. Entretanto, segundo a narrativa defendida pelas corporações, a grande expansão na produção havia trazido problemas que os agricultores não tinham como resolver, criando um contexto no qual eles precisavam das indústrias.

Conectando tal diagnóstico ao idioma da "guerra contra a fome", ele advogava que o papel desempenhado pelas empresas do *agribusiness* seria a única forma de converter a produção agrícola de todos os agricultores em meios efetivos para alimentar a crescente população mundial (*Mouse River Farmers Press*, 8 nov. 1973).

Em Roma, durante a Conferência Mundial sobre Alimentação, promovida em 1974 pela Organização das Nações Unidas para Alimentação e Agricultura (FAO), as corporações fizeram-se notar. Queriam ter certeza de que seriam incluídas nos planos de ação em países com alta prevalência de insegurança alimentar e/ou baixa produção agrícola, pois, segundo afirmavam, somente elas teriam o conhecimento para superar essa situação (*The Washington Post*, 17 nov. 1973). No entanto, sua principal vitória nesse evento internacional esteve relacionada à manutenção da perspectiva de que o aspecto central para a diminuição da desnutrição no mundo seria o aumento da produção de commodities, em um ambiente de ressurgimento de argumentos neomalthusianos.

Ademais, a influência da Escola de Negócios de Harvard não ficara restrita à criação da noção, à formulação de um aparato de legitimação (Boltanski & Chiapello, 2005, p. 15)[33] e à congregação de corporações que atuariam em conjunto diante da inflexão na política alimentar exterior dos Estados Unidos. Não que isso fosse pouco, mas cabe salientar que a escola se consolidou como o principal centro acadêmico irradiador dessa ideia ao longo das décadas, tendo decisiva influência nos rumos que o agronegócio viria a adquirir no Brasil.

No âmbito do Moffett Program, Davis havia passado a oferecer a disciplina Agriculture and Business já em setembro de 1955, com o apoio de Goldberg (2017a), que me relatou que apenas cinco alunos participaram naquele ano.

Em 1956, o anúncio do programa na escola era o seguinte: "O Programa em Agricultura e Negócios combina pesquisa, ensino e cooperação com administração, para avaliar problemas críticos selecionados que estão afetando a agricultura e os negócios relacionados (*agribusiness*) à luz de uma política nacional de *agribusiness*" (Harvard Business School, 1956).

Em 1959, John Davis deixou Harvard para trabalhar na Agência das Nações Unidas de Assistência aos Refugiados Palestinos. A cátedra Moffett ficou sob responsabilidade de Henry B. Arthur, que, com o professor assistente Goldberg, passou a oferecer a disciplina Agricultural Businesses. Na década de 1960, houve uma diversificação das atividades

---

[33] Com base nesses autores, entende-se tal aparato como conjunto de proposições que, fundamentando o imaginário relacionado ao *agribusiness*, contribui para a legitimação de agentes e para a eficácia política de pleitos ao Estado (Pompeia, 2020a).

relacionadas ao *agribusiness*, com os dois professores dividindo-se entre elas no Master of Business Administration (MBA) oferecido na escola.

Após as disciplinas regulares de MBA começarem a ganhar popularidade na instituição, criou-se, em 1961, um evento voltado especificamente aos executivos, o Harvard Agribusiness Seminar [Seminário de *agribusiness* de Harvard]. Goldberg (2017a) argumenta que, convidado para criar o evento naquele ano, teve como desafio convencer dirigentes das corporações a aceitarem fazer parte de um encontro "vertical", no qual atores de funções a montante e a jusante da agropecuária estariam dialogando e negociando.

A proposta fundante do seminário, defendeu Goldberg em entrevista (Gill, 2013), era de que os executivos estivessem em um ambiente no qual pudessem pensar de forma mais criativa sobre os planejamentos estratégicos das respectivas áreas. Encorajava-se que esse processo se desse sob a referência sistêmica da noção de *agribusiness*, e cada participante deveria fazer propostas levando em conta a totalidade da cadeia produtiva de que participava.

Para essas situações, Goldberg havia desagregado a perspectiva totalizadora de *agribusiness* (Davis, 1955, 1956; Davis & Goldberg, 1957) em sistemas de commodities, como os da soja, do trigo e da laranja, que abrangeriam

> todos os participantes envolvidos na produção, processamento e comercialização de um determinado produto agropecuário. Um sistema como esse inclui fornecedores de insumos para a fazenda, operações de armazenamento, processadores, atacadistas e varejistas envolvidos no fluxo de uma commodity, dos insumos iniciais ao consumidor final. Ele também inclui todas as instituições que afetam e coordenam as sucessivas etapas de um fluxo de commodity,

como o governo, os mercados futuros e as associações comerciais. (Goldberg, 1968, p. 3)

Metodologicamente, como primeiro passo do seminário, decidiu-se pela utilização do método do caso, clássico na Escola de Negócios de Harvard. De acordo com a explicação fornecida ao autor pelo atual coordenador do evento (Bell, 2017), nessa metodologia alguns exemplos reais de desafios empresariais e governamentais são selecionados e disponibilizados aos participantes para leitura prévia. A etapa seguinte é a divisão em pequenos grupos, nos quais se estimulam discussões espontâneas acerca das causas dos problemas e de suas possíveis soluções. Completa o processo a discussão formal com todos os presentes. De acordo com Goldberg (Gill, 2013, p. 205),

> por sentirmos que — conceitual e operacionalmente — os setores privado, público e das ONGs tinham de pensar sistemicamente, nós deveríamos fornecer casos para que cada uma dessas partes componentes, em cada nível do sistema, pudesse compreender não somente como se inseririam, mas também entender a forma como se relacionavam com todos os outros setores desse sistema de commodity.

Com essas características, incentivavam-se predisposições para que os diferentes segmentos se aproximassem e passassem a negociar de maneira mais bem fundamentada. Para além do diálogo intersetorial de ordem técnica e estratégica, os principais desdobramentos práticos do seminário eram as maiores possibilidades para a criação de alianças corporativas.

Não por outras razões, o Harvard Agribusiness Seminar viraria referência internacional para processadores e distribuidores de produtos alimentícios, grandes redes de supermercados, prestadores de serviços, fabricantes e distribuidores de insumos e equipamentos agrícolas, firmas financiadoras, instituições educacionais e empresas de tecnologia. Na história do seminário, pode-se destacar a participação de corporações como Coca-Cola, Cargill, Bunge, Monsanto, John Deere, Nestlé, McDonald's, Walmart, incluindo corporações brasileiras — como JBS e BRF —, além de instituições internacionais, a exemplo da FAO e do Banco Mundial (Harvard Agribusiness Seminar, 2016; Bell, 2017).

2
Complexos agroindustriais no Brasil

A noção de *agribusiness* apareceu na esfera pública brasileira nas décadas de 1950 e 1960 e foi notada primeiramente por entidades controladas pela agricultura patronal,[34] como demonstram os exemplos da Sociedade Rural Brasileira (SRB) e da Confederação Nacional da Agricultura (CNA) — atual Confederação da Agricultura e Pecuária do Brasil. No primeiro caso, houve alusão à noção sistêmica a fim de demandar maior apoio à agropecuária; no segundo, o uso se deu para enfatizar que a agricultura poderia ser bem mais abrangente do que se imaginara anteriormente.

Em 10 de setembro de 1957, durante um fórum de debates promovido pela Federação das Indústrias do Estado de São Paulo (Fiesp) e pelo jornal *Correio da Manhã* (11 set.

---

[34] Utiliza-se a expressão "patronal" para marcar, no livro, clivagem fundamental entre diferentes atores ligados à agricultura. É importante ressaltar, contudo, que tal classificação não deve ser apreendida de forma absoluta, pois, entre outras razões, algumas das organizações que são lideradas por interesses patronais também conseguem abranger agentes do heterogêneo público da agricultura familiar, principalmente uma parte daqueles mais bem inseridos nas cadeias de commodities.

1957), Francisco Malta Cardoso — conhecido defensor da política de sustentação dos preços do café e que obtivera destaque público na década de 1940 como secretário de Agricultura do estado de São Paulo e como presidente da SRB — usou a ideia de *agribusiness* para criticar o que entendia ser o favorecimento das atividades industriais e terciárias em detrimento da agropecuária pela gestão do presidente Juscelino Kubitschek (1956-1961), do Partido Social Democrático (PSD).[35] Malta alegava que essa seria a principal razão dos problemas econômicos do país, entre os quais citava os déficits nas contas do governo e na balança comercial.

De acordo com o *Correio da Manhã* (11 set. 1957), a posição que prevaleceu ao final dos debates foi a defesa de uma política de desenvolvimento conjugado entre os três setores clássicos da economia (primário, secundário e terciário), os quais estariam crescentemente interligados e interdependentes.

Vale contextualizar que em 1957 estava em processo, no Brasil, a instalação das indústrias de base — siderurgia, petroquímica, borracha, plásticos, química fina e bioquímica —, o que possibilitaria a posterior internalização das unidades de fabricação de máquinas e equipamentos agrícolas, além daquelas de insumos para a agropecuária (Kageyama *et al.*, 1990). Tal etapa de modernização foi caracterizada pela perda de força econômica e política da agricultura, ao passo que a indústria ganhava projeção.

No final de 1964, a CNA, há pouco reconhecida pelo governo federal como entidade sindical representante dos interesses econômicos da agropecuária, anunciou na publicação *Seleções Agrícolas* a novidade da ideia criada em Harvard. De acordo com a confederação, um novo termo havia sido inventado nos Estados Unidos para nomear

---

35 Partido criado nos anos de 1940 e extinto em 1965.

um conjunto de modificações relacionadas à agricultura. *Agribusiness* exprimiria "não só o ato de arar e semear, mas, também, o de adquirir materiais e equipamentos, bem como o de transformar e distribuir os produtos do campo" (*Correio da Manhã*, 14 nov. 1964, p. 12; *Diário Carioca*, 15 nov. 1964, p. 6; *O Globo*, 5 dez. 1964, p. 9).

Nesse sentido, concluía a CNA, o neologismo trataria da crescente interdependência entre a agropecuária e atividades secundárias e terciárias, em um processo que alteraria drasticamente o mundo agrícola norte-americano, com diminuição dos trabalhadores rurais e aumento da produtividade.

Questão agrária e política agrícola

A partir dos anos 1950, houve, no Brasil, um intenso debate relacionado mais diretamente aos temas agrário e agrícola, tratando do caráter do desenvolvimento e da necessidade (ou não) de mudanças estruturais no país. Essa controvérsia foi, no entanto, interrompida pelo golpe civil-militar de 1964.

Entre o final da década de 1950 e o começo da seguinte, movimentações favoráveis à reforma agrária haviam ascendido no país. Dialogando com tais atividades, uma série de analistas passara a tratar mais detidamente do assunto e de aspectos da política agrícola. Esse debate envolveu diversos atores de partidos, das universidades e da igreja, tendo exercido influência importante sobre os planos econômicos lançados nos anos 1960 e nos rumos dos distintos governos que detiveram o poder nesse período.

A disputa central entre esses agentes esteve em torno de qual política pública deveria ser priorizada, a agrária ou a agrícola, com ênfase no público a ser beneficiado. Com base em Graziano da Silva (1980), entende-se que, enquanto a questão agrária está relacionada às transformações nas relações de produção (nos modos como se produz), a questão agrícola diz respeito aos aspectos atrelados às mudanças na produção em si (sobretudo a que e a quanto se produz). Aqueles que advogavam pela precedência da primeira enxergavam as populações rurais subalternas como foco da ação; os que defendiam a segunda tomavam a posição dos grandes e médios empresários.

Destacam-se, do lado da defesa da política agrária, Caio Prado Júnior e Alberto Passos Guimarães, ambos ligados ao Partido Comunista Brasileiro (PCB); do lado da priorização da política agrícola, chama-se a atenção para Antônio Delfim Netto, pesquisador da USP.[36]

Caio Prado Júnior (1979a, 1979b) criticava a concentração da propriedade fundiária no Brasil, argumentando que, além de essa situação condenar milhões de habitantes da área rural a viverem de forma miserável, criava uma superoferta de trabalho no campo, dificultando melhorias na situação dos trabalhadores. Essa concentração seria, por desdobramento, um empecilho para o desenvolvimento econômico e social do país. Para lidar com essa questão, Prado Júnior propunha a combinação da redistribuição fundiária com a extensão de direitos sociais e laborais aos trabalhadores rurais.

Esses seriam objetivos caros ao trabalhador rural e não deveriam ser confundidos com uma perspectiva favorável à agricultura patronal — que consistiria em tratar os problemas influenciados pela concentração de terras como elemento de segunda ordem, advindos apenas dos desafios de política agrícola, que seriam mais importantes para o país —, alertava Prado Júnior.

Segundo Gomes da Silva (1989), muitos anos depois, como se analisará adiante, um dos argumentos elitistas usados durante os debates da Assembleia Constituinte em relação à reforma agrária foi justamente o de inseri-la como elemento menor, condicionada à política agrícola — pensada na linha estratégica de priorização dos grandes empreendimentos no campo.

Alberto Passos Guimarães (1968) argumentava, desde pelo menos o começo da década de 1960, que os latifúndios eram responsáveis pelas péssimas condições de trabalho e pelos salários extremamente baixos no Brasil,

---

[36] Houve vários outros atores relevantes nesse debate, a exemplo de Ignácio Rangel. Para mais detalhes sobre o tema, ver Delgado (2001).

além de implicarem barreira ao aumento da produção e da produtividade (à exceção de algumas culturas), com derivações negativas para o desenvolvimento do mercado interno. Diante desse diagnóstico, a reforma agrária era defendida como a principal solução.

Essas análises guardavam aspectos em comum com o Plano Trienal de Desenvolvimento Econômico e Social, tornado público em dezembro de 1962, sob liderança de Celso Furtado, ministro do Planejamento do presidente João Goulart (1961-1964), do Partido Trabalhista Brasileiro (PTB).

O plano apontava que a concentração fundiária era um obstáculo à racionalidade na exploração agrícola, tornando-a menos apta a responder aos estímulos do desenvolvimento nacional. Embora atentasse para a recente instalação de fábricas de máquinas agrícolas no país (sobretudo a partir de 1961) e para a importância do apoio à criação de infraestrutura de armazenagem, o plano denotava certa reticência em relação aos grandes empreendimentos. Concomitantemente, defendia ação robusta de reforma agrária e apoio aos produtos consumidos no mercado interno (Brasil, 1962).

Desafiando o diagnóstico do Plano Trienal, Delfim Netto (1965a, 1965b) afirmava não ser possível demonstrar que, pela suposta rigidez das respostas da agricultura à demanda por produtos, os preços dos alimentos teriam crescido mais rapidamente que os demais preços da economia.

O professor avaliava que seria contraproducente promover extensa distribuição fundiária em áreas onde a produtividade estivesse satisfatória, sendo mais importante nesses casos — como o de São Paulo — maior apoio aos produtores no domínio da política agrícola. A reforma agrária somente deveria ser considerada prioritária em lugares onde houvesse indícios claros de baixa produtividade. Mesmo nesses locais — como na Zona da Mata nordestina —, ele enfatizava que a referida reforma deveria ser feita paulatina e comedidamente, envolvendo avanços simultâneos nos setores primário e secundário.

Em uma proposta socialmente conservadora e tecnicamente ousada, Delfim Netto colocava maior ênfase nas relações de interdependência entre a agricultura e a indústria. Mais especificamente, atribuía grande relevância a ações estatais que priorizassem (i) a oferta de máquinas e insumos para a agropecuária, (ii) a renda para produtores (fundamentalmente os patronais), (iii) a armazenagem, (iv) o transporte e (v) a pesquisa agropecuária.

De todo modo, o debate entre os campos progressista e conservador foi interrompido em março de 1964 pelo golpe militar, que teve uma de suas razões nos esforços da sociedade civil e do governo pela reforma agrária. Nesse contexto, as proposições de Delfim Netto encontraram ambiente propício para se tornarem políticas públicas.

Após o governo de transição de Castello Branco (1964-1967), foi lançado, em junho de 1967, o Programa Estratégico de Desenvolvimento (PED), que planejava o fortalecimento do crédito rural, o estímulo à intensificação do uso de insumos e máquinas e à modernização das funções de armazenamento, transporte, agroindustrialização e comercialização. Como ministro da Fazenda do governo de Artur da Costa e Silva (1967-1969), Delfim Netto teve centralidade no desenho e na operacionalização dessa estratégia (Brasil, 1967).

É importante considerar que o PED tinha vários aspectos do planejamento agrícola que estavam em consonância com os anseios do governo dos Estados Unidos. A despeito de a política exterior de Costa e Silva ser nacionalista (Bandeira, 1989), havia afinidades entre as orientações estratégicas dos governos das duas nações que permitiam notáveis concordâncias.

Em abril de 1967, poucos meses antes do lançamento do PED, os chefes de Estado dos países das Américas haviam se reunido em Punta del Este, no Uruguai, em um encontro da Organização dos Estados Americanos (OEA).

Sob liderança de Lyndon Johnson, a declaração final conjunta dos presidentes falava do empenho a ser adotado para (i) melhorar os sistemas de crédito, (ii) apoiar a criação de indústrias de fertilizantes, pesticidas e máquinas e (iii) promover avanços nas funções de beneficiamento, comercialização, armazenamento, transporte e distribuição de produtos advindos da agropecuária (Organização dos Estados Americanos, 1967).

Em razão de incentivos fiscais do governo brasileiro, corporações norte-americanas e de outros países — em especial as relacionadas com funções a montante da agropecuária — moviam-se para transferir unidades industriais, a maioria delas obsoleta, para o Brasil (Graziano da Silva, 1996). Paralelamente, haveria crescente abertura a capitais estrangeiros que investiam em áreas a jusante da agropecuária; no país, eles frequentemente atuariam de forma associada a agentes nacionais (Sorj, 2008).

Foi a partir dessa época que a noção de *agribusiness* começou a ser mobilizada com maior frequência no Brasil. Os principais promotores do termo foram governo, entidades privadas e universidades norte-americanas.

Exportação da ideia

Com efeito, a partir do final da década de 1960 e começo da seguinte, algumas organizações, especialmente dos Estados Unidos, passaram a divulgar a noção de *agribusiness* no Brasil. Esse destaque deve ser atribuído ao Agribusiness Council e à International Basic Economy Corporation [Corporação internacional de economia básica] (Ibec), cabendo menções, em menor medida, à Latin American Agribusiness Development Corporation [Corporação latino-americana de desenvolvimento do *agribusiness*] (*Jornal do Brasil*, 23 maio 1970; 13 dez. 1973).

Aproximadamente dez anos depois, outras entidades fariam uso do termo na cena pública brasileira, como a Tate and Lyle Agribusiness Limited (*Jornal do Brasil*, 19 out. 1979), especializada no refino de açúcar, e a Multinational Agribusiness System Incorporated, que chegou ao país para atuar com políticas de transferência de tecnologia (*Jornal do Commercio*, 3 maio 1979; *O Estado de S. Paulo*, 19 maio 1979).

Pouco tempo após ser criado pela articulação do governo dos Estados Unidos e algumas de suas corporações, a fim de atuar no âmbito da "guerra contra a fome", o Agribusiness Council escolheu o Brasil como um dos locais com maior potencial para operação. Líderes desse consórcio fizeram uma série de visitas ao país durante os anos 1960 e 1970, oferecendo assessoria técnica e pesquisando empreendimentos para investir.[37]

---

[37] Diversas reportagens trataram do assunto, entre 1969 e 1973, em *O Globo* (2 nov. 1969, 4 maio 1970, 26 mar. 1973, 18 abr. 1973], *O Estado de S. Paulo* (3 dez. 1972, 30 mar. 1973) e *Jornal do Brasil* (26 nov. 1969, 27 nov. 1972, 4 dez. 1972), entre outros periódicos.

Apoiado na narrativa de luta contra a fome e a desnutrição no mundo, o conselho surgiu na esfera pública brasileira vinculado a questões alimentares. Não por acaso, as primeiras menções relacionadas ao Agribusiness Council no país deram-se justamente no contexto do assessoramento no Congresso Latino-Americano de Alimentação e Desenvolvimento, evento preparatório para o Segundo Congresso Mundial de Alimentos — realizado pela FAO em junho de 1970, na Holanda. Conforme descrito em documento da Assembleia Legislativa do Estado de São Paulo (1969), o objetivo do evento, coerente com interesses do fórum norte-americano, era:

> Examinar as relações entre o desenvolvimento da agricultura, particularmente no setor alimentar, e o desenvolvimento socioeconômico dos países da região, focalizando especificamente a importância da livre empresa na solução de problema alimentar dos povos do continente.

Na década de 1970, o Agribusiness Council desenvolveria uma relação mais próxima com Minas Gerais, estado que então aumentava o oferecimento de crédito às empresas agropecuárias e estimulava investimentos privados na área mineira da Superintendência do Desenvolvimento do Nordeste (Sudene). Nesse processo, o órgão dos Estados Unidos passou a ser parceiro importante.

Também nesse caso, a linha de promoção da atuação ancorava-se no discurso da alimentação. Segundo *O Globo* (26 mar. 1973, p. 5),

> o objetivo básico do Agribusiness Council é estimular e incentivar o desenvolvimento de empreendimentos agroindustriais em países em desenvolvimento, com vistas ao encaminhamento de soluções para os problemas de abastecimento mundial de alimentos, através da identificação de

oportunidades de investimento para o setor privado americano no exterior.

Nessa direção, o Council colocava-se como um agente especializado na perspectiva sistêmica do *agribusiness*:

> Nós tentamos relacionar as oportunidades com investidores potenciais. Mais do que isso, quando solicitados, nós assessoramos com prazer governos e agências dos países em desenvolvimento que estão tentando estruturar projetos atrativos de *agribusiness*. Nós tentamos orientar seus planejadores no sentido de uma abordagem de desenvolvimento integrado para a agricultura. (The Agribusiness Council, 1975, p. 100)

Segundo Alysson Paolinelli (2017), secretário de Agricultura de Minas Gerais entre 1971 e 1974, o Agribusiness Council ajudou o governo do estado a criar um plano de desenvolvimento integrado para a agricultura. Um dos primeiros passos adotados foi o de agregar todas as áreas. Eram quase cinquenta órgãos que atuavam de maneira dispersa, pouco coordenada, com atritos ou duplicidades. O secretário comandou a implantação de um sistema de política agrícola interligado, que também concentrava esforços estratégicos em pesquisa e tecnologia.

A relação entre o Agribusiness Council e o governo mineiro foi tão consistente que evoluiu para uma aliança política. Francisco Afonso Noronha (1975), à época secretário de Indústria, Comércio e Turismo do estado, participou ativamente de um grande evento do Council na Europa, em 1974, quando estimulou investimentos no processo de modernização da agricultura mineira. A entidade enalteceu a atuação desse governo, elogiando-a como exemplo de planejamento e execução de atividades fundamentais para viabilizar investimentos externos no *agribusiness* (The Agribusiness Council, 1975).

Além de Minas Gerais, governos de outros estados, como Espírito Santo e Rio Grande do Norte, procuraram aproximação com a organização público-privada originada na Casa Branca (*Jornal do Commercio*, 6 fev. 1973; *O Poti*, 9 set. 1973).

Paolinelli levou a experiência (e as relações) que teve no estado para o governo federal ao se tornar ministro da Agricultura (1974-1979). Nos anos de 1975 e 1976, viajou para os Estados Unidos, onde se encontrou com o então secretário de Agricultura, Earl Butz, contatou o Agribusiness Council para tratar de investimentos em tecnologia e capital na agricultura brasileira e propôs à John Deere a instalação de uma fábrica no Brasil (Paolinelli, 2017; Paolinelli *apud* Welch, 2014; *Diário do Paraná*, 14 out. 1975).[38] Além disso, Paolinelli aproveitava essas viagens para estabelecer acordos de formação de quadros técnicos de alto nível, estratégia central para a consolidação da Empresa Brasileira de Pesquisa Agropecuária (Embrapa).

Já a Ibec, criada por Nelson Rockefeller e seus irmãos em 1946, era uma *holding* com operações no Brasil. Entre os empreendimentos, destacava-se o controle acionário da Agroceres, empresa de genética vegetal fundada em 1945 por cinco sócios, entre eles Antônio Secundino de São José, pai de Ney Bittencourt de Araújo — personagem essencial para a construção de um projeto político-econômico de *agribusiness* no Brasil, tema que será examinado em detalhes neste livro.

---

[38] Com efeito, essa indústria de tratores e máquinas começaria a atuar diretamente no Brasil poucos anos mais tarde, em 1979 (Deere, 2017).

Tendo Ray Goldberg como *external advisor* [consultor externo], a Ibec mobilizava a noção de *agribusiness* com alguma intensidade: o setor em que a Agroceres estava inserida era chamado de Agribusiness Division; nas comunicações internas entre a controladora norte-americana e a empresa de genética no Brasil, também se costumava agenciar o termo (Castro, 1988; Grynszpan, 2012).

Assumindo posição de maior destaque na Agroceres a partir do final dos anos 1960, Bittencourt de Araújo começara a ouvir e a se interessar pela concepção intersetorial. Influenciado por esse ambiente, o então diretor-superintendente da empresa passou a divulgar a ideia no Brasil já no início nos anos 1970 (Castro, 1988; Pinazza, 1996).

O governo dos Estados Unidos foi também promotor da noção de *agribusiness* por aqui. O Nutrition and Agribusiness Group [Grupo de nutrição e agronegócio], inserido no USDA, esteve no Brasil no começo da década de 1970, juntamente à Usaid, assessorando a Associação Brasileira das Indústrias da Alimentação (Abia) — posteriormente Associação Brasileira da Indústria de Alimentos — na estratégia dessa entidade de aumentar a produção de alimentos proteicos e promovê-los de forma mais eficiente no mercado (*Folha de S. Paulo*, 24 out. 1972).

Essa movimentação provavelmente influenciou o primeiro uso da noção de *agribusiness* por um agente público de alto escalão do governo federal brasileiro. Um dia após o começo do evento da entidade das indústrias de alimentação com o Nutrition and Agribusiness Group, Paulo Yokota, diretor do Banco Central do Brasil encarregado da regulamentação e administração do crédito rural, realizou uma coletiva à imprensa para anunciar o programa Corredores de Exportação.

Yokota afirmava então que o programa trazia investimentos japoneses para os complexos rodo-ferro-portuários, o que acabaria "criando as bases para o desenvolvimento de uma nova atividade no país: a [sic] *agrobusiness*"**39** (*O Estado de S. Paulo*, 25 out. 1972, p. 1).

O agora ex-diretor do Banco Central explica que, à época, o Planalto planejava adequar a infraestrutura de transportes ao novo cenário produtivo:

> Ocorrendo o aumento da produção de cereais como milho e soja, havia que se tratar de sua colocação competitiva no mercado internacional. Para tanto, criamos, com a colaboração japonesa, o chamado projeto Corredores de Exportação. Até então, o grosso da exportação brasileira de produtos agrícolas, como o café, era feito em sacarias. Foram criados silos no meio rural, providenciados vagões graneleiros, moegas para recebimento rápido de cereais, correias transportadoras para carregar os navios. Ao mesmo tempo, havia a necessidade de abastecimento de insumos agrícolas, como sementes selecionadas, calcários, fertilizantes, defensivos, que em parte serviam como cargas de retorno, criando uma série de atividades que poderiam ser denominadas *agrobusiness*. (Yokota, 2016, entrevista)

Como mencionado anteriormente, algumas universidades foram importantes para "exportar" o termo ao Brasil. A Escola de Negócios de Harvard, especialmente, teve efeito direto sobre Bittencourt de Araújo. Convidado por Goldberg (2017a), que o conhecia da *holding* dos irmãos Rockefeller, o empresário brasileiro começou a frequentar

---

39 *Agribusiness* seria por vezes substituído por *agrobusiness* no Brasil (mais frequentemente na imprensa que nas universidades). O novo termo surgiu nos Estados Unidos como variação gráfica da noção original, sem diferença de sentido. Seu uso, que parece ter começado com um artigo de Lester R. Brown (1968), diretor do USDA, não ganharia, entretanto, muito destaque na esfera pública norte-americana.

o seminário de *agribusiness* em Boston, em 1976. A partir de então, ele se tornaria, definitivamente, um entusiasta e um propagador da noção.

É importante levar em consideração que o ambiente de contatos do seminário propiciou a Bittencourt de Araújo atuar em duas direções fundamentais: de um lado, para diversificar a atuação da empresa que dirigia, já que a entrada de corporações como a Cargill no mercado brasileiro de sementes, em meados da década de 1960, havia intensificado a competição; de outro, para avançar no esforço de retomada do controle acionário da Agroceres, o que ocorreu, definitivamente, em 1981, com apoio do governo brasileiro (Castro, 1988).

Por meio de negociações no seminário em Boston, a Agroceres firmou *joint-venture* [empreendimento conjunto] com a Pig Improvement Company (PIC), especializada em suínos, passando a trabalhar no Brasil no ramo de genética animal, além do vegetal. Como o acordo se dava de forma independente da Ibec, esse foi um passo importante para a referida retomada (Castro, 1988).[40]

Outro exemplo de influência universitária norte-americana na divulgação da concepção de *agribusiness* no Brasil foi o de Marco Aurélio de Alcântara. Colunista do *Diário de Pernambuco*, além de fazendeiro, ele passou a ser propagador da noção após uma delegação de empresários no Nordeste entrar em contato com cientistas da área de açúcar de centros de pesquisa norte-americanos, como a Universidade do Estado da Louisiana. Entre 1969 e 1978, Alcântara usou a categoria com frequência em sua coluna do jornal, na qual

---

[40] Anos depois dessa *joint-venture*, Bittencourt de Araújo aproximou-se, no seminário de Harvard, da Ross Breeders, empresa do ramo de frangos (Zylbersztajn *et al.*, 1995), e de Tony de Boon, que viria a fundar, no Brasil, o Rabobank, especializado em serviços financeiros para o *agribusiness* (Wedekin, 2017).

tratava do desenvolvimento rural no Nordeste, aludindo à importância dos avanços técnicos a montante, tratando de culturas agropecuárias promissoras para a região e mencionando as funções a jusante. Em grande medida, por conta de Alcântara, o *Diário de Pernambuco* utilizou o termo em 43 ocasiões no período assinalado (Hemeroteca Digital da Biblioteca Nacional, 2017).

Descolamentos do sentido original

A partir da segunda metade da década de 1970, a noção de *agribusiness* começou a ser utilizada com maior frequência na esfera pública brasileira. Puderam ser percebidos dois eixos principais de mobilização do termo: um com acepção positiva e outro com características críticas, e ambos se distanciavam do seu pressuposto original.

Na academia, uma abordagem mais sistêmica e positivada da concepção, abrangendo as relações entre a agricultura e segmentos da indústria e dos serviços, apareceu pela primeira vez na dissertação de mestrado do jesuíta Roque Lauschner. Baseando-se em *A Concept of Agribusiness*, de Davis e Goldberg (1957), Lauschner finalizou sua pesquisa em 1974, na Universidade do Chile, com o título *Agro-industria y desarrollo económico* [Agroindústria e desenvolvimento econômico]. O trabalho chamava a atenção para a necessidade de os gestores públicos passarem a tratar dos desafios da política agrícola, levando em consideração não só a agricultura mas todas as funções relacionadas a ela.

Como tradução para *agribusiness*, Lauschner (1974, p. 7) utilizou a expressão "complexo agrícola", pouco adequada, dado que não continha a devida alusão à intersetorialidade. Voltando ao Rio Grande do Sul após a conclusão do trabalho, ele teve atuação relevante na organização cooperativa de produtores gaúchos e no aumento da percepção sobre a importância de as associações agropecuárias agregarem funções secundárias e terciárias para se desenvolverem no novo cenário econômico de verticalizações.

Em jornais e revistas, as caracterizações mais pontuais de *agribusiness* atribuíam outros sentidos ao termo. Na revista *Veja* (12 abr. 1978, 28 jun. 1978), anunciantes contratando executivos passaram a usar a categoria tanto para tratar de mudanças na base técnica da agricultura quanto para nomear corporações. Nos jornais, a noção também começava a ganhar algum espaço, com acepções positivadas (*Diário de Natal*, 27 nov. 1974; *Jornal do Brasil*, 2 mar. 1978, 28 maio 1978, 15 jul. 1980), na maioria das vezes para tratar de negócios relacionados à agricultura ou, ainda, de empresas ligadas à agroindustrialização. Em 19 de outubro de 1977, por exemplo, o *Diário de Pernambuco* anunciou que uma delegação brasileira atuava no Conselho Empresarial Brasil-Estados Unidos em busca de oportunidades em *agribusiness*.

O uso da expressão para remeter às agroindústrias também teve contribuição por parte do governo federal. Visitando uma fábrica de conservas e doces no Nordeste, o então ministro do Interior, Mário Andreazza (1979-1985), apontou no empreendimento um exemplo de *agribusiness* na região (*Diário de Pernambuco*, 20 dez. 1980, p. A20).

De outro lado, as análises críticas dividiam-se, grosso modo, em abordagens de intelectuais — tanto das universidades quanto de partidos — e de jornalistas. Vale salientar que havia definições distintas atribuídas ao termo nesses dois principais grupos.

Entre os intelectuais, Alberto Passos Guimarães (1975) seguiu-se a Lauschner ao se inspirar na ideia de *agribusiness* e desenvolver análises a partir de uma perspectiva sistêmica, mas de forma crítica. Ao fazê-lo, no semanário *Opinião*, ele citou Davis e Goldberg para tratar da integração técnico-produtiva que constituíra, no Brasil, o complexo agroindustrial (CAI). Em 1976, Passos Guimarães (p. 8) escreveu outro artigo sobre o tema explicando que "os dois conjuntos de indústrias, um a montante e outro a jusante da produção agrícola, são os que compõem, com a agricultura, o complexo agroindustrial".

A expressão "complexo agroindustrial" já era usada no Brasil há décadas, principalmente para aludir às unidades de produção e processamento de cana-de-açúcar (acervo histórico do jornal *O Estado de S. Paulo*, 2017). A novidade era a acoplagem à visão intersetorial trazida pela noção de *agribusiness*. A partir de então, o conceito de CAI começaria a ser paulatinamente usado por intelectuais como instrumento de análise da crescente relação da agropecuária com agentes especializados dos setores secundário e terciário.[41]

A noção de CAI seria fundamental para que passassem a ser percebidos, mais claramente, os resultados de ações — com destaque para a política de crédito rural subsidiado — dos governos militares nas relações da agropecuária com funções a montante e a jusante. Tais ações haviam garantido estímulo à intensificação do uso de insumos e máquinas, por um lado, e à modernização das funções de armazenamento, agroindustrialização, transporte e comercialização, por outro.

Com a instalação, a partir da década de 1960, das indústrias de insumos e máquinas no Brasil, foram criadas condições favoráveis para a maior integração da agricultura com as funções especializadas que se relacionavam a ela, porque essa nova configuração liberava o setor, em

---

[41] Os termos "agroindústria" e "agroindustrial" também foram usados na esfera pública brasileira na tentativa de aludir a *agribusiness*, embora essa não fosse a finalidade exclusiva das aplicações. Como exemplos daquela associação, citam-se: reportagem do *Jornal do Brasil* (30 mar. 1973) apontando que o Agribusiness Council viria ao Brasil para tratar de investimentos na agroindústria; a tradução do livro de Burbach e Flynn (1980), *Agribusiness in the Americas*, como *Agroindústria nas Américas*; e o relato, por *O Estado de S. Paulo* (9 dez. 1990), do evento de *agribusiness* com a presença de Ray Goldberg como relacionado à "atividade agroindustrial".

crescente medida, de dificuldades cambiais e outros problemas relacionados à importação (Kageyama *et al.*, 1990).

Em 1982, Passos Guimarães lançou um livro no qual aprofundaria as análises do CAI, afastando-se, a partir de então, da noção de *agribusiness* e de menções aos criadores do termo, e baseando-se mais firmemente nas análises de Louis Malassis.[42] Esse afastamento fazia sentido, já que o autor tecia uma análise crítica da constituição do CAI, tanto pelas relações que se impunham envolvendo a agricultura — sua dependência em relação a dois conjuntos de indústrias, um a montante e outro a jusante — quanto pelos efeitos sociais negativos, com destaque para a argumentação da manutenção das relações arcaicas de trabalho.

O conceito de CAI adquiriu certa notoriedade entre intelectuais nas décadas de 1980 e 1990, sobretudo entre os economistas rurais, sendo necessário apontar, brevemente, suas diversas perspectivas. Um deles, Geraldo Müller (1989), também aludiu à formulação de *agribusiness* de Davis e Goldberg para tratar do complexo agroindustrial, elogiando-a como novidade sistêmica, mas chamando a

---

[42] Inspirado nos pesquisadores da Escola de Negócios de Harvard e no economista François Perroux, Louis Malassis foi um dos principais autores a desenvolver, na França, estudos sobre as relações intersetoriais da agricultura (Malassis, 1975, 1979). A despeito de o CAI ter obtido maior proeminência na esfera pública brasileira, porém, distintos conceitos propondo rompimento com perspectivas monossetoriais dos estudos da economia rural surgiram nos anos 1970 e 1980 — como o de sistema agroalimentar (Graziano da Silva, 1996; Belik, 2007). Cumpre mencionar, adicionalmente, que outros intelectuais se destacaram nesse período com análises não compartimentadas na área, a exemplo de Tamás Szmrecsányi (Ramos, 2007). Sobre semelhanças e diferenças entre as distintas noções, ver Graziano da Silva (1996) e Zylbersztajn (1995).

atenção para a importância da contextualização de seu uso no Brasil, dado que somente a minoria dos produtores havia sido incorporada à lógica industrial. Kageyama *et al.* (1990), além de atribuírem maior atenção à participação do governo no processo de modernização da base técnica de parte da agropecuária, desagregaram a análise em distintos CAIs, abordados pelos diferentes graus de relações intersetoriais.

Acerca da caracterização do(s) complexo(s), é importante assinalar que, enquanto Passos Guimarães entendera que o CAI se constituiria pela integração técnico-produtiva, Delgado propunha que o essencial para sua conformação seria um movimento posterior: a integração de capitais, com predomínio do financeiro (Graziano da Silva, 1996). Por outro lado, o uso do conceito como ferramenta de análise do processo de subordinação da agropecuária às indústrias no Brasil aproximava os autores.

Na mídia, as críticas acompanhavam, em outra direção, o processo de atribuição de acepção negativa a *agribusiness* na esfera pública norte-americana, conforme apresentado no Capítulo 1. As reprovações ao termo estavam concentradas nos colunistas internacionais que, por dever de profissão, liam sistematicamente os principais jornais dos Estados Unidos. Possivelmente, pela censura existente à época no Brasil, essas críticas tendiam a mirar efeitos negativos do *agribusiness* em outros países, como no Irã e no México.

O exemplo clássico foi o de Paulo Francis, que, morando nos Estados Unidos e em contato constante com as contestações às corporações do *agribusiness* que circulavam no *New York Times* e no *Washington Post*, fazia críticas com alguma frequência, mobilizando o termo em colunas na *Tribuna da Imprensa* (6 mar. 1975, 7 ago. 1975, 2 jan. 1979) e na *Folha de S. Paulo* (31 dez. 1976, 5 jan. 1977, 13 out. 1978, 17 out. 1978, 31 out. 1978, 16 fev. 1979, 27 fev. 1979,

4 mar. 1979, 23 jun. 1980, 25 abr. 1981, 22 jun. 1980, 31 dez. 1981).

Francis identificava a noção criada por Davis e Goldberg com as multinacionais, as grandes empresas de exportação e o latifúndio, opondo-a aos camponeses. Além disso, denunciava experiências de países que haviam tomado a decisão de promover uma abertura pouco criteriosa às empresas dos Estados Unidos, afirmando, por exemplo, que a Revolução Iraniana (1979) teria sido deflagrada por massas camponesas expulsas do campo pelo *agribusiness*.

Com o processo de deterioração da política de crédito rural subsidiado durante a década de 1980 (Graziano da Silva, 1996; Belik, 2001), começaram a surgir críticas ao *agribusiness* na mídia brasileira. Dada a diminuição de apoio governamental aos CAIs no país, agudizavam-se os conflitos distributivos em seu interior.

Ao mesmo tempo, conforme o governo militar perdia força, ampliavam-se as possibilidades de contestações na esfera pública. De parte do colunista Sebastião Lobo, houve, em paralelo às análises internacionais, reprovação ao Projeto Jari, uma grande unidade de produção de celulose às margens do Rio Jari, entre o Pará e o Amapá (Couto, 2018). Na visão do articulista, essa era uma situação que representava com precisão o homem do campo marginalizado pelo *agribusiness* (*Tribuna da Imprensa*, 21 mar. 1980, 4 jul. 1980, 2-3 jan. 1982).

As críticas mobilizadas por meio da ideia de *agribusiness* no cenário brasileiro obtiveram grande ímpeto em estados onde havia maior articulação entre produtores agropecuários — especialmente os cooperativados. Era o caso do Paraná, onde esses atores faziam chegar à mídia críticas a agentes a montante e a jusante da agricultura. No *Diário do Paraná* (22 jun. 1980), começou-se a falar em cooperativas sendo manipuladas pelas corporações do *agrobusiness*.

Nesse sentido, certamente não foi por acaso que o senador paranaense Leite Chaves, do Partido do Movimento Democrático Brasileiro (PMDB), nacionalista e apoiador da reforma agrária, passou a criticar o estímulo do governo a alianças com as "grandes do *agrobusiness*" (Departamento Intersindical de Assessoria Parlamentar, 2018; *Diário do Paraná*, 17 mar. 1981, p. 2). Nesses exemplos, o sentido de *agribusiness* remetia às grandes indústrias ligadas à agropecuária, como prevalecia na mídia dos Estados Unidos, e não àquele atribuído por Davis ao lançar o neologismo.

Antes de concluir o capítulo, cumpre salientar dois desdobramentos do processo de modernização da agricultura no período. De um lado, ele foi motor de notável aumento da produtividade e da produção agrícola — inclusive para o mercado interno (Graziano da Silva, 2014). De outro lado, não se pode esquecer que ele implicou uma série de efeitos extremamente prejudiciais a minorias — como desterritorializações de grupos étnicos, expropriação de terras de agricultores e aumento da taxa de exploração dos trabalhadores rurais (Graziano da Silva, 1982; Palmeira, 1989; Carneiro da Cunha, 2012). Por essa razão, o processo ficou conhecido pelos analistas sociais como "modernização conservadora".

3
Projeto político-econômico

No começo dos anos 1980, a ideia de *agribusiness* encontrava-se em disputa, com acepções positivas e negativas, mas, de modo geral, distantes dos significados que haviam sido criados em Harvard. Tal situação mudaria gradualmente a partir da metade dessa mesma década, com o trabalho perseverante de um grupo de assessores da Agroceres, sob liderança de Bittencourt de Araújo, então presidente da empresa.

Esse grupo resgatou a concepção original de Davis e Goldberg. Por meio dessa categoria e das narrativas históricas a ela atreladas, foi possível desenhar um projeto político-econômico de *agribusiness* no Brasil que futuramente teria importantíssimas consequências socioambientais, políticas e econômicas no país.

Disputas na Constituinte

Conforme já comentado, em meados da década de 1980, com o cenário de crise fiscal no Brasil, o crédito rural subsidiado, principal elemento catalisador do processo de constituição dos complexos agroindustriais, perdera vitalidade. Concomitantemente, a questão agrária vinha — com o fim da ditadura — retomando relevo.

Em 1984, tinha sido fundado o Movimento dos Trabalhadores Rurais Sem Terra (MST) e, em abril de 1985, foi criado o Ministério da Reforma e do Desenvolvimento Agrário (Mirad). Também em 1985, em outubro, foi elaborado o Plano Nacional de Reforma Agrária (PNRA) — que previa, originalmente, assentar 1,4 milhão de famílias até 1989 (Brasil, 1985).

Duas décadas após o golpe militar, a ascensão de movimentações para responder à questão agrária causava bastante preocupação às elites. À época, os atores patronais encontravam-se fragmentados para tratar de temas políticos amplos e transversais, como a referida questão. Com a consolidação dos CAIs, seu *lobbying* havia se especializado em interesses de cada cadeia (Graziano da Silva, 1996, 2014; Bruno, 2015). Dessa forma, inexistia um núcleo abrangente capaz de elaborar e transmitir um discurso unificado do conjunto dos complexos e organizar a atuação nas disputas fundiárias.

A CNA estava, em larga medida, fragilizada, situação que era consequência do próprio processo de fragmentação aludido acima. Ampliando tal perda de representatividade estavam a diminuta autonomia em relação ao governo e, consequentemente, a abalada legitimidade perante líderes da agropecuária patronal.

Como mostrou Graziano da Silva (2014), essa ordem de fatores deu impulso à criação da União Democrática Ruralista (UDR) em maio de 1985. Ligada, sobretudo, a pecuaristas — na maioria, da produção extensiva — preocupados com o PNRA, a entidade ganharia terreno com a politização da questão agrária, começando a conquistar representatividade inclusive em setores mais modernos e produtivos.

O discurso da UDR era agressivo — principalmente quanto à defesa da propriedade da terra, tida como valor absoluto (Mendonça, 2008; Bruno, 2015) — e ousado — no que se referia à tentativa de posicionamento de imagem. De acordo com Ronaldo Caiado (1986), o maior líder da entidade, a UDR "mobilizou e mobiliza toda a classe produtora neste país, e vem mostrando competência para isso".

Em reação ao surgimento da UDR, à retomada da questão agrária e ao enfraquecimento da política agrícola, foi criada, em maio de 1986, a Frente Ampla da Agropecuária Brasileira (Faab), liderada por Roberto Rodrigues e Flávio Teles de Menezes, presidentes da Organização das Cooperativas Brasileiras (OCB) e da SRB, respectivamente.

A OCB, fundada em 1969, exercia a representação do sistema cooperativista. Embora abrangesse um conjunto heterogêneo de atores, a organização tinha comando de agentes econômicos relacionados aos sistemas agroalimentares, em diferentes escalas. Robusta financeiramente, notabilizara-se pela proeminência política, o que se desdobrava, entre outras consequências, em destacada capacidade de influência sobre o Estado (Lamounier, 1994; Mendonça, 2008).

Já a SRB era bem mais antiga que a OCB: foi fundada em São Paulo, em 1919, sobretudo por representantes da cafeicultura. Com o passar das décadas e o gradual declínio do poder dos empresários desse produto, a entidade passou a ser mais influenciada por outros interesses, a exemplo de grandes pecuaristas — em sua maioria concentrados em São Paulo, a despeito de investirem fortemente em outros estados, como o Paraná. Teles de Menezes era um dos líderes dessa nova fase.

Mantida por doações voluntárias, a SRB tinha bem menos recursos financeiros do que a CNA e menor capacidade de mobilização e inserção política que a OCB. Por essas razões, a SRB, também conhecida como Rural, dependia da inserção de líderes em arenas dominantes da esfera pública, assim como de capacidade técnica (Lamounier, 1994; Mendonça, 2008; Rodrigues, 2017a).

Além de Rodrigues e Teles de Menezes, que participaram das movimentações na Constituinte na condição de articuladores políticos e convidados para audiências, cabe destacar outro integrante da Faab: Alysson Paolinelli. O ex-ministro da Agricultura, então deputado constituinte pelo Partido da Frente Liberal (PFL) de Minas Gerais,[43] tornou-se um dos líderes do agrupamento multipartidário, formado logo na sequência da instalação da assembleia, que posteriormente seria conhecido como bancada ruralista. Além disso, foi por meio de Paolinelli que os líderes da Frente Ampla da Agropecuária Brasileira passariam a controlar a CNA, a partir do final de 1987.

Uma ação significativa da Faab ocorreu como *lobbying* para a tentativa de recuperação de instrumentos da política agrícola que tiveram destaque no período entre 1967 e 1979. O núcleo pressionava o governo reclamando da queda de renda na agropecuária, do aumento dos custos de insumos e de máquinas, e da política de controle dos preços de alimentos. Nessa atuação sobre o Estado, a entidade disputava espaço com a UDR, que tinha posicionamentos mais radicalizados (acervo histórico do jornal *O Estado de S. Paulo*, 2017).

A animosidade entre a Faab e a UDR foi, contudo, muito bem racionalizada quando se tratou de fazer contraposição,

---

[43] Em 2007, o PFL passou a se chamar Democratas (DEM).

no âmbito da Constituinte, aos anseios sociais por redistribuição agrária no país.[44] De fato, as duas agiram conjuntamente nessa direção, pressionando e assessorando parlamentares na elaboração de estratégias contrárias aos planos das representações progressistas — como a Associação Brasileira de Reforma Agrária (Abra), a Confederação Nacional dos Trabalhadores na Agricultura (Contag), a Comissão Pastoral da Terra (CPT) e a Conferência Nacional dos Bispos do Brasil (CNBB) (Assembleia Nacional Constituinte, 1988; Gomes da Silva, 1989).

No ambiente de discussões da Subcomissão da Política Agrícola e Fundiária e da Reforma Agrária da Constituinte, o tema agrário teve muito mais proeminência do que o agrícola. Um dado quantitativo contribui para corroborar tal afirmação: na referida subcomissão, a expressão "reforma agrária" foi usada 1.478 vezes, em forte contraste com menções a "crédito rural" (utilizado em 36 ocasiões), "seguro" (33), "insumos" (33), "comercialização" (29) e "preços mínimos" (12) (Assembleia Nacional Constituinte, 1988).[45]

Conforme me relatou Paolinelli, o fator determinante para essa ênfase foi a decisão da Faab (em articulação com a UDR e a bancada parlamentar) de executar uma estratégia principal de resistência, na Constituinte, aos pleitos pela reforma agrária.

---

44 Conforme analisou José Gomes da Silva (1989), a Constituição Federal promulgada em 1988 representou um retrocesso para as frentes progressistas que requeriam uma redistribuição de terras rápida e ampla.

45 O termo *"agribusiness"* foi mencionado em apenas três ocasiões e "complexo(s) agroindustrial(is)", em nenhuma. Os cálculos foram realizados pelo autor utilizando sistema informacional de contagem de termos a partir da transcrição da totalidade dos debates ocorridos na Subcomissão da Política Agrícola e Fundiária e da Reforma Agrária.

Assim, a política agrícola foi, por um lado, instrumentalizada pelo campo conservador para defender limites à referida reforma — o que ocorreu, dentre outras táticas, pelo argumento de que a amplitude da reforma agrária deveria estar limitada pela possibilidade de existência de apoio agrícola aos novos assentamentos (Assembleia Nacional Constituinte, 1988). Essa operação retórica da agropecuária patronal não era novidade no campo político nacional, como Caio Prado Júnior (1979a, 1979b) já indicara na década de 1960.

Por outro lado, a Faab trabalhou para garantir a inclusão de itens fundamentais de política agrícola na Constituição — prevendo a ulterior elaboração de lei específica sobre o tema — e, paralelamente, pressionou o governo de José Sarney (1985-1990) com pleitos referentes a melhorias das condições de crédito e dos preços mínimos, entre outras reivindicações (Frente Ampla da Agropecuária Brasileira, 1987a).

Em atuação no âmbito da Constituinte, a Faab chegou, ainda que de maneira incipiente, a um resultado inovador: a aproximação política de associações que tinham representatividade na agricultura — como a CNA e a SRB — com algumas entidades de segmentos a montante e a jusante da agropecuária. Principal líder da Frente Ampla, Roberto Rodrigues enfatizou, em diferentes oportunidades, os méritos dessa convergência intersetorial, caracterizando-a como embrião de uma articulação política do *agribusiness* no Brasil:

> A Frente teve uma característica única: foi a primeira vez que o setor convocou para as discussões de política agrícola entidades que não eram agrícolas, como a Anda [Associação Nacional para Difusão de Adubos], Andef [Associação Nacional de Defesa Vegetal], Abrasem [Associação Brasileira de Sementes e Mudas], Abiove [Associação Brasileira das

Indústrias de Óleos Vegetais], Abia, Febraban [Federação Brasileira de Bancos]. Na verdade, a Frente Ampla, que era algo informal, se constituiu na semente de uma organização de *agribusiness* no Brasil. (*Agroanalysis*, ago. 1996, p. 1)

A Faab, certamente, teve méritos na promoção de reuniões da agricultura patronal com representações industriais e de serviços. É importante considerar, porém, que tal aproximação também respondia a movimentações de ordem econômica. Isso ocorria porque a crise do modelo público de crédito rural vinha, paulatinamente, transformando atores a montante e a jusante em financiadores da agricultura, e também porque as verticalizações nos complexos ampliavam os interesses diretos de agentes industriais e financeiros no mercado de terras.

A despeito dos referidos encontros intersetoriais, o comando na definição e condução das pautas estava, indubitavelmente, com a agropecuária patronal. De fato, a participação das entidades representantes das duas pontas era subalterna na Faab: só esporadicamente apareciam na esfera pública ao lado de organizações como a SRB. Tampouco havia, na agremiação, propostas de maior coordenação entre as cadeias produtivas, e raramente se agenciavam noções que poderiam ajudar nesse sentido — como *agribusiness* ou CAI.

Existia ainda a vocalização pública, por integrantes da Faab, de conflitos distributivos nos complexos. Reclamava-se controle sobre os preços dos insumos agropecuários e criticavam-se empresas processadoras por forçarem a redução de valores de itens agrícolas (Frente Ampla da Agropecuária Brasileira, 1987b).

Embora a Frente Ampla fosse antes uma entidade informal da agropecuária que do *agribusiness*, o ambiente de diálogo intersetorial que havia criado se mostraria fundamental para engendrar as condições políticas para a fundação da Associação Brasileira de Agribusiness (Abag).

Conforme será analisado no próximo capítulo, foi do encontro da Faab — enfraquecida e sem direção estratégica clara após a Constituinte — com o projeto político-econômico de *agribusiness* da Agroceres que foram dadas as condições para a fundação da Abag, entidade formal que surgiu com o desafio ambicioso de coordenar e administrar os interesses do amplo perímetro abarcado na noção de *agribusiness*: agropecuária e todas as suas relações intersetoriais.

O grupo da Agroceres

Em meados da década de 1980, alguns assessores da Agroceres, com destaque para Ivan Wedekin (2017) e Luiz Antonio Pinazza (2013; 2017), começaram a desempenhar um papel mais ativo na divulgação da noção de *agribusiness*. Ambos eram formados na Escola Superior de Agricultura "Luiz de Queiroz" (Esalq), da USP, na qual — assim como em outras escolas de agronomia do país — as abordagens pedagógicas ficavam bastante restritas ao setor primário. Por outro lado, eles haviam trabalhado na revista *Agroanalysis* no final da década de 1970, que apresentava, desde o início, análises com perspectivas sistêmicas da agricultura.[46]

Tanto Wedekin quanto Pinazza participaram dos seminários em Boston durante a segunda metade da década de 1980. Os dois tinham conhecido a abordagem de *agribusiness* por meio de contato direto com Ray Goldberg e percebiam no chefe, Bittencourt de Araújo, a determinação em torná-la mais reconhecida no Brasil.

Foi Pinazza quem escreveu, em 1986, um dos primeiros textos públicos do grupo agenciando a categoria, com a finalidade de apresentá-la em um seminário. Intitulado "Aspectos do *agribusiness* no Brasil", o artigo foi um passo firme da Agroceres na mobilização dessa noção.

A característica fundamental do texto era a filiação à ideia original de *agribusiness*, em identificação com as primeiras pesquisas sobre o tema na década de 1950 — particularmente, Davis e Goldberg (1957). Esse vínculo trazia uma primeira tentativa organizada de afastamento das formulações associadas ao conceito de complexo(s) agroindustrial(is). De fato, CAI, além de ter se tornado

---

[46] Para mais detalhes sobre as trajetórias profissionais de Wedekin e Pinazza, ver Grynszpan (2016).

uma unidade de análise predominantemente acadêmica, fazia menos sentido ao grupo da Agroceres — como explicam dois dos membros, Wedekin (2017) e Zylberstajn (2017) — porque suas teorizações estavam centradas na análise crítica da subordinação da agricultura às indústrias a montante e a jusante.

Reproduzindo explicações históricas construídas em Harvard, Pinazza mobilizava uma narrativa fundamentada em determinismo tecnológico que ignorava hierarquias e conflitos distributivos que se impunham com o processo de constituição das cadeias produtivas vinculadas a atividades agropecuárias no Brasil. Argumentava que

> a agricultura moderna exige crescente especialização do produtor nas operações de cultivo e criação. Por outro lado, as funções de armazenar, processar e distribuir alimentos, bem como de suprimentos de insumos e fatores de produção, gradativamente, ficam mais especializadas, passando a ser desenvolvidas por organizações além da fazenda. É exatamente dentro desse cenário que o conceito do *agribusiness* passa a ser um importante instrumento, para facilitar o entendimento de como o setor agrícola atua. (Pinazza, 1986, p. 16)

Wedekin, por seu turno, teria destaque no uso da estratégia — iniciada por Davis (1955) — de atrelar a categoria a um aparato de legitimação (Boltanski & Chiapello, 2005). Ele foi um dos pioneiros da divulgação, no Brasil, do primeiro pilar da tecnologia estatística do *agribusiness*: a participação do subconjunto da economia no PIB. No 1º Debate Agrofolha, em outubro de 1988, ele afirmou: "Estamos montando no Brasil uma agricultura industrial, capitalista e moderna, que tornou o *agribusiness* o maior negócio do país e que já representa 35% do PIB" (*Folha de S. Paulo*, 25 out. 1988, p. 4-5). No ano seguinte, Wedekin repetiria o argumento, enfatizando que o *agribusiness* brasileiro corresponderia a um terço do PIB (*Folha de S. Paulo*, 26 abr. 1989).

Os cálculos relacionados ao PIB tinham implicações importantes para contestar os "pesos" setoriais que as contas nacionais identificavam, pois a segmentação oficial da economia em três blocos resultava em participação relativa inferior da agricultura (Brugnaro & Bacha, 2009).

Ao anunciar o que seria o "tamanho" real do *agribusiness* (como noção agregada) na renda gerada na economia nacional — muito superior ao da agricultura tomada separadamente —, a Agroceres esperava obter maior legitimidade perante a opinião pública, para si e para o campo político em que atuava. Com isso, almejava maior potencial de convencimento e pressão sobre o governo.

Posteriormente, o agenciamento de números sobre a participação do agronegócio no PIB se constituiria como um dos elementos-chave de conquista de legitimidade pelos variados atores que haviam feito aposta política naquela categoria.

Esses anúncios macroeconômicos eram operados na esfera pública com base em convenções coletivas do bem comum, como se beneficiassem toda a população. Nesse sentido, tinham grande poder de justificação.[47] Perspectivas conservadoras utilizavam-nos para argumentar que tais benefícios destinados supostamente para "todo mundo"

---

47 Características de arenas de disputas por justiça (Boltanski & Chiapello, 2005; Boltanski & Thévenot, 2006), as justificações estão situadas — no sentido aqui proposto — em contextos nos quais atores criticados necessitam de fundamentos para suas posições. Para fazerem-no com eficácia, tais agentes precisam ancorar as narrativas em determinadas regras comuns de aceitabilidade — que seriam lógicas de justificação —, além de defender quais delas são mais apropriadas a cada contexto.

— ou para o "Brasil" — superariam os problemas causados por cadeias que constituiriam o *agribusiness*.

Contudo, foi Ney Bittencourt de Araújo quem começou a esboçar, com fundamento na noção intersetorial, um projeto mais bem-acabado. Em *O Globo* (26 jul. 1989, p. 4), ele destacou a "interdependência entre insumos-agricultor-indústrias de processamento e distribuição" que configuraria o *agribusiness*. Para o então presidente da Agroceres, a ação política por meio da categoria teria dois interlocutores fundamentais: o empresariado e o governo federal.

A abordagem de *agribusiness* poderia auxiliar, segundo defendia, na promoção do desenvolvimento mais harmônico do conjunto de relacionamentos tecnológicos, mercadológicos e negociais existentes entre a agricultura e atores industriais. E seria justamente da análise desses contornos que deveria ser criada a estratégia macroeconômica do Estado para o conjunto desses agentes.

O trabalho da Agroceres seria bem-sucedido em chamar a atenção para a ideia de *agribusiness* e influenciar sua instrumentalização positivada por diversos atores e para diferentes finalidades. O jornal *O Estado de S. Paulo*, por exemplo, promoveu o Seminário de Marketing Agrícola — Agribusiness 88. O anúncio do evento exclamava ter chegado o momento de abarcar "o entendimento do mercado como um todo, de todo o seu fluxo, de todo o seu *mix*. A visão sem distorções de todo o espectro de produção, comercialização e comunicação de bens e serviços dirigidos ao mercado agrícola" (*O Estado de S. Paulo*, 3 maio 1988, p. 14). A Agroceres estava presente no evento: José Luiz Tejon Megido, gerente de marketing da empresa, foi responsável pela palestra "Comunicação rural a partir do Agribusiness".

Por sua vez, o professor Guilherme Leite da Silva Dias, da Faculdade de Economia, Administração e

Contabilidade (FEA) da USP, afirmou: "Cada vez mais as empresas de *agribusiness* vão precisar de alguém que saiba relacionar macroeconomia com a intermediação financeira de produtos agrícolas" (*O Estado de S. Paulo*, 28 dez. 1989, p. 7).

Na mesma reportagem, a jornalista Marina Makiyama escreveu que o economista agrícola era cada vez mais procurado para trabalhar com o *agribusiness*, que representaria parte considerável do PIB. Não haveria, contudo — e essa seria uma demanda dos empresários —, escolas preparadas para formar esse tipo de profissional.

Ainda em 1989, agentes financeiros passaram a se interessar pela categoria. Nesse ano, a Bolsa de Mercadorias e Futuros (BM&F)[48] e a Ordem dos Economistas de São Paulo lançaram o prêmio Os Mercados Futuros na Lei Agrícola e a Expansão do Agribusiness, para estimular análises técnicas que pudessem subsidiar a discussão da Lei Agrícola no Congresso (*Folha de S. Paulo*, 26 abr. 1989, p. 12-3).

---

48 Atualmente componente da B3.

Contexto neoliberal

Se, na década de 1980, o modelo de financiamento público da agricultura vinha sendo inviabilizado, sobretudo em função da crise fiscal, no começo dos anos 1990 o processo de diminuição de apoio do Estado à agropecuária seria aprofundado com evidente decisão política.

Influenciado pelo neoliberalismo, o governo do presidente Fernando Collor de Mello (1990-1992), do Partido da Reconstrução Nacional (PRN), tinha como meta "administrar o recuo da ingerência governamental direta sobre o setor agrícola", conforme estabelecido nas *Diretrizes de Política Econômica para a Agricultura*, documento da Casa Civil (Hoffmann, 1989). Em 1990, primeiro ano da gestão de Collor, os recursos para o crédito rural equivaliam a menos de um quarto do que haviam totalizado em 1979 (Banco Central do Brasil, 2012b).

Em tal contexto político, a demanda por tecnologia a montante da agropecuária, de parte dos produtores rurais, continuava instável, aprofundando-se, consequentemente, as dificuldades de empresas responsáveis por essas funções no mercado interno. As vendas nacionais de máquinas agrícolas haviam caído acentuadamente: em julho (mês de pico) de 1979, foram 7.802 máquinas vendidas; em julho de 1990, diminuíram para 4.352 unidades (Associação Nacional dos Fabricantes de Veículos Automotores, 2017).

O consumo aparente de fertilizantes tinha passado de aproximadamente dez milhões de toneladas em 1987 para cerca de oito milhões de toneladas em 1989 (*Agroanalysis*, dez. 1994). A indústria de sementes apresentava variações díspares: enquanto a soja e o trigo, em 1989, estavam em um patamar melhor que em 1981, o milho tinha apresentado resultado pior: foram 158 mil toneladas de sementes produzidas em 1981, e 118 mil em 1988 (Bittencourt de Araújo, Wedekin & Pinazza, 1990, p. 183).

Em março de 1990, o lançamento do Plano Collor I agudizou esse cenário. Ele criou uma defasagem entre as correções dos preços mínimos e do crédito rural, reteve recursos financeiros e usou a importação de produtos agropecuários como mecanismo para controle inflacionário (Lamounier, 1994), o que enfraqueceu ainda mais a demanda interna por insumos e máquinas.

Foi nesse momento histórico que o grupo da Agroceres decidiu concentrar esforços para elaborar uma estratégia caracterizada por três ações principais: a realização de um evento internacional, o lançamento de um livro e a fundação de um centro na USP. Com essa tríplice ação, a empresa influenciaria o primeiro grande salto de reconhecimento da categoria *"agribusiness"* na esfera pública nacional, concatenando a ela um projeto político-econômico mais bem estruturado.

Lançamento do projeto

O ensejo para essas ações veio com o aniversário de 45 anos da Agroceres (Pinazza, 2013), data para a qual se programaram um encontro internacional e o lançamento de um livro. No dia seguinte ao encontro, um segundo evento, realizado no Instituto de Estudos Avançados (IEA) da USP, contribuiria decisivamente para que um programa de *agribusiness* fosse posteriormente criado na universidade, relatou Decio Zylbersztajn (2017), professor da FEA-USP e à época assessor da empresa. Aqui se repetia a história ocorrida nos Estados Unidos na década de 1950: a utilização de uma instituição acadêmica de prestígio para servir como base ao agenciamento da nova perspectiva.

O grupo da Agroceres imaginou que seria fundamental lançar o livro sobre o *agribusiness* em uma ocasião que mostrasse autoridade em relação ao assunto. Para isso, Bittencourt de Araújo convenceu Goldberg a participar do encontro internacional e tirou grande proveito dessa visita. O economista de Harvard foi usado como instrumento autenticador para as iniciativas da empresa, participou tanto da solenidade quanto do seminário, além de ter se envolvido com outros eventos menores (Goldberg, 2017a).

Realizado no dia 6 de dezembro de 1990, com apoio do jornal *O Estado de S. Paulo*, o Encontro Internacional de Agribusiness contou com a presença de aproximadamente quinhentas pessoas (Wedekin, 2017). Nele, Goldberg defendeu a importância de o governo dar tratamento fiscal, financeiro e comercial adequado ao *agribusiness*, sob pena de o desenvolvimento econômico do país ficar comprometido, o que poderia ameaçar o bem-estar da população. O *agribusiness*, dizia, seria responsável pela metade dos empregos no mundo (*O Estado de S. Paulo*, 7 dez. 1990).

Além disso, Goldberg conjecturou que, no futuro, (i) as corporações multinacionais seriam indispensáveis no atendimento às demandas globais por alimentos, e (ii) o Estado deixaria de ter qualquer atuação relevante na área.

Com tais colocações, ele recuperava a narrativa liberal original acoplada à noção de *agribusiness* (Davis, 1955, 1956), embora ele próprio já a houvesse matizado (Goldberg, 1966). Outra vez, ficava patente uma das contradições nos discursos sobre *agribusiness*: instrumentalizar as propostas sobre a atuação do Estado de acordo com as conveniências do momento.

Nada mais adequado que aquele evento, portanto, para o lançamento da obra de Bittencourt de Araújo, Wedekin e Pinazza (1990), *Complexo agroindustrial: o "agribusiness" brasileiro*, editada pela própria Agroceres.

Em entrevista concedida ao autor, Wedekin (2017) afirmou que foi ele quem teve a iniciativa de realizá-la. Ele e Decio Zylbersztajn haviam visitado Goldberg em Boston, de onde trouxeram quinze casos empíricos discutidos nos seminários daquela escola (Wedekin, 2012).

Espelhando *A Concept of Agribusiness* (Davis & Goldberg, 1957) e escrito em linguagem matematizada e acessível, o trabalho de Bittencourt de Araújo, Wedekin e Pinazza (1990) é a apresentação mais bem delineada do projeto político-econômico mobilizado por meio da noção no Brasil do início dos anos 1990. O eixo central da obra foi a defesa da adoção, no país, de uma perspectiva intersetorial vinculada à agricultura, que seria, de acordo com o grupo da Agroceres, instrumental para promover uma melhor percepção das relações entre a agropecuária e as funções a ela conectadas.

Para isso, os autores argumentaram ser fundamental difundir um novo ferramental analítico — a "disciplina do *agribusiness*" —, que encorajaria a adoção de uma visão mais ampla e sistêmica daquelas relações. Tal olhar não existia no país, argumentavam: "Tanto isto é verdade que não há uma palavra em português para descrever o inter-relacionamento destas funções", escreveram, do mesmo modo que Davis havia feito em 1955 (Bittencourt de Araújo, Wedekin & Pinazza, 1990, p. XII).

É importante considerar que se tratava, em particular, da promoção do uso de uma acepção específica de *agribusiness*, pois, como mostrado anteriormente, havia muitos sentidos atribuídos a essa palavra na esfera pública brasileira, além de outros termos com perspectivas sistêmicas para a agricultura.

Esse fundamento, assentado nas formulações originais do termo, permitia replicar a narrativa histórica da aproximação entre a agricultura e as indústrias de uma maneira que convinha às empresas, como a Agroceres. Essa narrativa tinha dois elementos essenciais: determinismo tecnológico e complementariedade na relação entre os setores.

A especialização das funções "dentro da porteira" (agropecuária em si), "antes da porteira" (a montante) e "depois da porteira" (a jusante) era explicada, seguindo a linha de raciocínio da obra seminal de Davis e Goldberg (1957), como consequência do desenvolvimento tecnológico, o que se adequava — ao menos em termos retóricos — ao predomínio neoliberal da época. "As mudanças provocadas pelo processo de desenvolvimento (gerando rápida urbanização), combinadas com a revolução tecnológica, estreitaram as funções da fazenda. [...] O moderno agricultor é um especialista, confinado às operações de cultivo e criação" (Bittencourt de Araújo, Wedekin & Pinazza, 1990, p. XII).

Como expunham os autores do livro, as funções transferidas para "fora da fazenda" haviam se tornado extremamente especializadas: a montante, citavam-se máquinas, combustíveis, fertilizantes, suplementos para ração, medicamentos, sementes, agrotóxicos, entre outros itens, além de serviços bancários, técnicos, de pesquisa e informação; a jusante, mencionavam-se armazenamento, transporte, processamento, industrialização e distribuição.

O discurso sobre a especialização decorrente dos avanços tecnológicos desdobrava-se na sugestão de que haveria complementariedade de interesses no *agribusiness*. Essa ideia de interdependência foi importante na tarefa de criar fundamentos para melhor administrar conflitos distributivos intersetoriais nas cadeias produtivas. Somava-se a isso o pouco relevo que os autores davam para as consequências das verticalizações, que se ampliavam nos sistemas agroalimentares.

Ademais, tal idioma de complementariedade seria indispensável para a promoção de convergência política entre as cadeias, ou seja, para esforços de construção institucional que abrangessem as representações dos principais complexos.

Paralelamente, o livro anunciava a estimativa da participação agregada do *agribusiness* na economia nacional. Tal quantificação macroeconômica tinha uma função política evidente, que consistia em dotar de substância a afirmação dos autores de que o *agribusiness* — segundo eles, pouco percebido e valorizado — seria o "maior negócio do país", responsável por aproximadamente 35% do PIB (Bittencourt de Araújo, Wedekin & Pinazza, 1990, p. XVI-XVII).

O aparato de legitimação apresentado era composto por uma dimensão mais propriamente discursiva, baseada em ideias-chave como eficiência, tecnologia e produtividade. Mobilizando essas ideias, os autores buscavam distanciamento de termos como "latifúndio" — e de entidades como a UDR.

Essa estratégia também prevaleceria nos primeiros anos da Abag, conformando uma postura inicial de crítica ao latifúndio improdutivo e de tímido apoio à reforma agrária, assunto que será tratado à frente (Associação Brasileira de Agribusiness, 1993, 1994).

É fundamental ter em conta que a crítica da associação seria, sobretudo, à improdutividade, e não à concentração fundiária no Brasil, a qual, aliás, era — e continua a ser — elemento central da competitividade das principais cadeias produtivas relacionadas à agropecuária e às florestas plantadas.

Por meio das diferentes formas de justificação — números e ideias —, os autores argumentavam que o *agribusiness* deveria ser colocado em posição de destaque no conjunto de estratégias para o desenvolvimento econômico e social brasileiro.

Bittencourt de Araújo, Wedekin e Pinazza (1990) também fizeram análises e propostas relativas a diferentes grupos de produtores agropecuários. Haveria, segundo eles, um segmento moderno, que seria produtivamente eficiente, e outro, tradicional, muito pequeno ou muito grande, só que pouco eficiente.

> A agricultura comercial é um polo dinâmico que incorpora tecnologias avançadas, ganhos sistemáticos de produtividade e articula a produção agroindustrial com o desenvolvimento urbano. A agricultura de baixa renda é um núcleo estagnado, que utiliza tecnologia tradicional e produz à base de unidades familiares independentes, ou, às vezes, articuladas com a propriedade latifundiária. (Bittencourt de Araújo, Wedekin & Pinazza, 1990, p. XII)

Como propostas práticas, os agrônomos sinalizavam dois tipos de encaminhamentos para os produtores de baixa renda — emulando a proposta de Davis (1956). A parte mais bem desenvolvida ou, pelo menos, com capacidade produtiva razoável (cujos critérios não foram claramente especificados) deveria receber auxílio para aumentar a produtividade e a se inserir, por meio de incorporação de tecnologias, no *agribusiness*.

No entanto, Bittencourt de Araújo, Wedekin e Pinazza (1990) apontavam que esse não seria um caminho possível para todas as famílias. Uma vez que a tendência, argumentavam, seria a continuidade do aumento da concentração fundiária, caberia a parte delas procurar trabalho fora das unidades produtivas.

Por último, vale chamar a atenção para a mobilização do conceito de complexo agroindustrial no livro da Agroceres, que, como atesta o título da obra, os autores levavam em consideração, embora enfatizassem que ele não seria a tradução correta para a noção de Davis e Goldberg. A inclusão de CAI na obra ocorreu porque a estratégia dos autores tinha como um dos principais interlocutores a academia, onde esse conceito prevalecia.

Nos primeiros trabalhos, portanto, Bittencourt de Araújo, Wedekin e Pinazza acolheram a ideia de CAI ao lado daquela de *agribusiness*. Conforme a noção foi ganhando projeção na esfera pública, os autores gradativamente deixaram de dar relevo àquele conceito. Esse afastamento ficaria caracterizado no livro seguinte de Bittencourt de Araújo, *Segurança alimentar: uma abordagem de agribusiness* (Associação Brasileira de Agribusiness, 1993).

Primeiros resultados

O encontro e o lançamento do livro conseguiram influenciar decisivamente o reconhecimento da categoria *"agribusiness"*. Em 18 de dezembro de 1990, menos de duas semanas após o evento com a presença de Ray Goldberg, a *Folha de S. Paulo* criou uma seção com o título *"Agrobusiness"*, que contribuiu para popularizar o termo (ainda que com uma variação, com o "o" no lugar do "i").

A visão intersetorial que o grupo da Agroceres propunha, contudo, não ganhou adequada relevância nessa parte do jornal, pois nela eram mais escassas as menções a segmentos "antes" e "depois da porteira", e às relações entre eles e a agropecuária (acervo histórico da *Folha de S. Paulo*, 2017).

Algumas empresas verticalizadas passaram a defender a ideia com maior convicção, mobilizando narrativas laudatórias. Boris Tabacof, diretor-superintendente da Bahia Sul Celulose,[49] defendeu que ao menos 40% do PIB estariam relacionados ao *agribusiness*. De acordo com ele, além de apresentar vantagens competitivas no mercado internacional, esse subconjunto da economia ajudaria a conter o êxodo rural, incentivaria a descentralização da indústria e produziria alimentos menos custosos e em maior quantidade.

A esses argumentos, que não eram mais novidade na esfera pública, Tabacof acrescentou que o *agribusiness* ajudaria a "ecologia". No âmbito das discussões de preparação para a Conferência das Nações Unidas sobre o Meio Ambiente e o Desenvolvimento (Eco-92), ele afirmou que a indústria florestal conciliava desenvolvimento com preservação (*O Estado de S. Paulo*, 26 mar. 1991, p. 28).

Grandes cooperativas agrícolas também tomavam apreço pelo termo. Minoru Takano, superintendente da Cooperativa Agrícola de Cotia, passara a sustentar, com fundamento da noção de *agribusiness*, a necessidade de as cooperativas verticalizarem suas atividades (*O Estado de S. Paulo*, 3 jul. 1991). No 30º Congresso Brasileiro de Economia e Sociologia Rural, realizado em agosto de 1992, Takano apresentou o trabalho "O *agribusiness* e sua interação com a agricultura", no qual, citando Bittencourt de Araújo, dizia: "A sobrevivência da agricultura dependerá da integração do setor agrícola com os

---

[49] Empresa resultante de *joint-venture* entre a Companhia Suzano Papel e Celulose e a então Companhia Vale do Rio Doce.

demais segmentos que o cercam, e da agregação de valor" (Takano, 1992, p. 96).

Outros atores industriais acompanharam o movimento, com diferentes intenções. A Abia passou a mobilizar a categoria (*Jornal do Commercio do Amazonas*, 17 maio 1991; *O Estado de S. Paulo*, 10 out. 1991); a Fiesp organizou o Seminário de Agribusiness, em junho de 1991 (*Folha de S. Paulo*, 2 jul. 1991); e o Banco Nacional e a Bolsa de Cereais de São Paulo lançaram, em consonância com a perspectiva abrangente proposta pela noção, o Agribusiness Card, serviço de pregões eletrônicos que permitia o acesso direto de distintos atores das cadeias produtivas — como produtores, armazenadores, distribuidores, agroindústrias e supermercados — aos computadores da bolsa (*O Estado de S. Paulo*, 7 ago. 1991; *Folha de S. Paulo*, 30 jul. 1991).

Além de Elisio Contini, que havia contribuído decisivamente nos cálculos do PIB para o livro da Agroceres, outros pesquisadores da Embrapa começaram a mobilizar o termo (*Folha de S. Paulo*, 6 ago. 1991), assim como apareciam mais professores universitários que o faziam, a exemplo de Elizabeth Farina (Farina & Zylbersztajn, 1992), na FEA-USP, e de Evaristo Marzabal Neves (*Folha de S. Paulo*, 4 maio 1992), diretor da Esalq-USP.

Programa acadêmico

Enquanto o encontro internacional e o livro tinham desempenhado a função de convencer a opinião pública e influenciar o governo a reconhecer a importância do *agribusiness*, o terceiro elemento da estratégia da Agroceres — a criação de um programa de *agribusiness* na USP — era centrado nas ações empresariais, tendo como objetivo atuar sobre as relações entre as (e dentro das) organizações privadas.

Por essa razão, o livro e o programa universitário estavam baseados em obras diferentes da Escola de Negócios de Harvard. Se a obra do grupo da Agroceres remetia aos trabalhos de Davis e Goldberg da década de 1950, que tratavam, fundamentalmente, de divulgar e medir o *agribusiness* como uma totalidade em relação à economia norte-americana, o programa resgatava a segunda fase das análises de Goldberg — da década de 1960, especificamente *Agribusiness coordination: a systems approach to the wheat, soybean, and Florida orange economics* [Coordenação de *agribusiness*: uma abordagem sistêmica às economias do trigo, da soja e da laranja da Flórida] (1968).

Como mencionado anteriormente, Goldberg contribuiu, com o seu prestígio e o de sua universidade, para criar um ambiente propício na USP à fundação do Programa de Estudos dos Negócios do Sistema Agroindustrial (Pensa) — atualmente intitulado Centro de Conhecimento em Agronegócios —, no qual Wedekin e Pinazza, entre outros, atuariam sob a coordenação de Decio Zylbersztajn.

Em entrevista ao autor, Zylbersztajn (2017) disse que o seminário a que assistiu em Boston foi fundamental em sua trajetória. Quando se tornou professor do Departamento de Administração da FEA-USP, entrou determinado a montar um programa semelhante àquele que existia em Harvard. Bittencourt de Araújo percebia a importância da iniciativa em uma universidade prestigiada, e patrocinou o Pensa nos primeiros anos. O presidente da Agroceres também compôs o primeiro conselho do programa, juntamente a Goldberg e ao presidente da Batavo,[50] entre outros líderes empresariais (Zylbersztajn *et al.*, 1993).

O Pensa foi lançado no Conselho Universitário da USP em 6 de junho de 1991, registrado no Conselho Nacional de Desenvolvimento Científico e Tecnológico (CNPq) e abrigado na Fundação Instituto de Administração (FIA), ligada à USP, com vistas à realização de contratos com o setor privado.

Seu objetivo era, além de agir sobre as estratégias das empresas, formar mão de obra especializada para o *agribusiness*. Na época do lançamento do programa, Zylbersztajn argumentou que

> a sofisticação da indústria do suco de laranja e do complexo da soja, por exemplo, arrecada cerca de cinco bilhões de dólares em divisas com exportações e necessita de profissionais experientes, com uma visão clara não só de economia rural e administração, mas do mercado de commodities. (*O Estado de S. Paulo*, 26 jun. 1991, p. 8)

O professor justificava o programa como um elemento fortalecedor do tripé universitário: "Constatamos, também, que a associação entre universidade e empresa pode ser uma realidade, mais do que retórica. É através desta experiência que estamos buscando cumprir as funções de ensino, pesquisa e extensão, metas e pilares da USP" (Zylbersztajn *et al.*, 1993 [texto de orelha]).

Reproduzindo o modelo do seminário liderado por Goldberg, os coordenadores do Pensa usavam o método

---

[50] Nascida como cooperativa de lácteos, a Batavo é, atualmente, propriedade do grupo francês Lactalis.

do caso para abordar problemas envolvendo as empresas e as cooperativas brasileiras, com foco na análise das interligações das cadeias — "antes", "dentro" e "depois da porteira". Resumidamente, o seminário consistia em reunir empresários em hotéis e analisar com eles meia dezena de casos reais (Zylbersztajn *et al.*, 1993; Zylbersztajn, 2017).

Para além do programa, o pesquisador passou a trabalhar como consultor de organizações privadas, utilizando a abordagem baseada na noção de *agribusiness* para reorientar o planejamento estratégico das empresas.

O Pensa completava o plano exitoso do grupo da Agroceres de legitimar a categoria *"agribusiness"* na esfera pública brasileira.[51] Entre 1990 e 1991, houve aumento de 630% no número de páginas utilizando o termo nos jornais *O Estado de S. Paulo*, *O Globo* e *Folha de S. Paulo*, conforme se pode notar na tabela 3.

---

[51] Para as quantificações do uso da noção na esfera pública brasileira, consideraram-se, em relação à mídia, os jornais *O Estado de S. Paulo*, *O Globo* e *Folha de S. Paulo*; no que se refere às universidades, elegeu-se, após pesquisa comparativa, o Dedalus, da USP, maior repositório acadêmico do país sobre o tema.

Tabela 3 — Quantidade de páginas de *O Estado de S. Paulo*, *O Globo* e *Folha de S. Paulo* mencionando *agribusiness* ou *agrobusiness* (1964-1991).

Ano	Total
1964	1
1969	1
1970	1
1972	2
1973	5
1975	1
1977	1
1979	6
1980	1
1981	8
1985	1
1986	1
1987	4
1988	18
1989	8
1990	14
1991	103

Fontes: acervos históricos de *O Estado de S. Paulo*, *O Globo* e *Folha de S. Paulo*, maio 2016 (elaboração do autor).

Obstáculos políticos

A despeito da crescente aceitação da categoria e de elementos do projeto desenhado pela Agroceres, o governo Collor aprofundaria a retirada de apoio estatal à agropecuária e às funções relacionadas a ela. Somando-se a isso, o Tratado de Assunção — assinado em março de 1991 —, com programação para criação de um Mercado Comum do Sul (Mercosul), preocupava agentes ligados à agropecuária.

O ministro da Agricultura e Reforma Agrária de Collor, Antônio Cabrera Mano Filho (1990-1992), mobilizou o termo com o objetivo de justificar a orientação neoliberal oficial. Ele instrumentalizou, para fins do governo, a narrativa de autonomia frente ao Estado, empregada por atores do *agribusiness*.

Cabrera enfatizou o discurso — lançado por John Davis — de que a coordenação e a promoção das cadeias produtivas seriam iniciativas empreendidas sobretudo pelos agentes privados: "O produtor tem que ser um *agribusiness*, sentando à mesa com todos os setores para definir o que vai fazer. O que adianta o produtor ser bom se o açougue é ruim?" (*O Globo*, 22 jan. 1991, p. 23). As maiores provocações eram, incontestavelmente, endereçadas a representantes de funções "antes" e "depois da porteira":

> Cabe, agora, à iniciativa privada assumir uma nova posição. No complexo *agribusiness*, as empresas — que se beneficiam e contribuem para o desenvolvimento agropecuário, produzindo e distribuindo insumos, máquinas e equipamentos, e outras, que atuam comprando, industrializando e vendendo a produção rural — não podem cruzar os braços e esperar que o governo e os produtores façam tudo, resolvam tudo sozinhos. (*O Globo*, 22 dez. 1991, p. 6)

Obstinado, Bittencourt de Araújo continuaria a defender seu projeto:

> A sociedade brasileira precisa se conscientizar de que está no *agribusiness* — na cadeia de alimentos e fibras — nossa alternativa de crescimento sustentado, nossa principal alavanca de integração competitiva com a economia internacional e nosso grande instrumento de distribuição de renda. (*Folha de S. Paulo*, 15 dez. 1992, p. 2)

Preocupado com a orientação do governo, o presidente da Agroceres reforçava alguns pilares do aparato de legitimação do *agribusiness*. Ele falava de crescimento econômico, para ressaltar a participação das cadeias no PIB, e de integração internacional competitiva, para remeter à importância delas na balança comercial (*Folha de S. Paulo*, 15 dez. 1992).

Foi nesse contexto — entre desencontros com agentes governamentais e insistência sobre as possibilidades políticas de agenciamento da categoria — que a criação de uma entidade formal agrupando diversas representações da agropecuária e de segmentos relacionados a ela, já aventada desde pelo menos o começo da década de 1990, finalmente tomou corpo.

4
Uma associação de *agribusiness*

Os planos de criação de uma organização formal do *agribusiness* no Brasil tiveram origem no início da década de 1990, quando a atuação da Faab perdia intensidade após a vitória contra a reforma agrária na Assembleia Constituinte. Gradativamente, as entidades que haviam liderado essa movimentação patronal — OCB, SRB e CNA — passaram a se distanciar (Rodrigues, 2017a). Além disso, as frágeis conexões políticas construídas na Frente Ampla com representantes das funções a montante e a jusante da agropecuária assumiam, por vezes, caráter conflitivo, por causa de disputas distributivas que eram agudizadas pelo quase desmoronamento da política agrícola.

Esse movimento ocorria em ambiente de promoção de abertura comercial, que exigia rearticulação política da agricultura patronal. Roberto Rodrigues, então presidente da OCB, liderou a reação a esse cenário.[52] Em evento de comemoração do aniversário da Sociedade Nacional de Agricultura (SNA),[53] no começo de 1990, ele anunciou que a OCB, a CNA, a SRB, além da própria SNA, que

---

[52] Para mais informações sobre a trajetória de Roberto Rodrigues, ver Grynszpan (2016).
[53] Entidade patronal da agropecuária criada em 1897, no Rio de Janeiro. Sobre a SNA, ver Mendonça (2005).

compunham a enfraquecida Faab, criariam um "Instituto Superior de Estudos Agrícolas" (*Jornal do Brasil*, 17 jan. 1990, p. 14).

A motivação era a falta de base acadêmica que provesse os agentes patronais com fundamentos e justificações a sustentarem trabalho político de agregação, em torno de objetivos compartilhados, de agentes de segmentos ligados à agropecuária com aqueles que exerciam atividades industriais e terciárias. Ao lado do centro de estudos, planejava-se dar origem a uma empresa que explorasse estratégias nas exportações de commodities.

Com base nessa proposta, seria criada, ainda em 1990, a Eximcoop S/A Exportadora e Importadora de Cooperativas Brasileiras, para intermediar atividades de comércio exterior de parte das grandes cooperativas agrícolas (Grynszpan, 2016). Tratava-se, a esse respeito, de disputas com *tradings* multinacionais, como Cargill e Bunge.

A categoria *"agribusiness"* passaria a interessar a Rodrigues justamente nesse contexto. Bittencourt de Araújo tinha se aproximado da Faab ao final da Constituinte (Rodrigues, 2017a).[54] O diálogo entre ele e Rodrigues evoluíra a partir de então, com destaque para a contribuição financeira da OCB à publicação de *Complexo agroindustrial: o "agribusiness" brasileiro*.

Começara a ficar evidente para Rodrigues que o plano político-econômico proposto pela Agroceres poderia oferecer fundamentação conceitual adequada para a reorganização, em bases mais bem consolidadas, de atores da agricultura patronal e de segmentos a montante e a jusante e, ademais, para sua reinserção política, já que, em março de 1991, deixaria a presidência da OCB (*O Estado de S. Paulo*, 5 mar. 1991, 27 mar. 1991).

---

54 A Agroceres chegou a ceder Ivan Wedekin para ajudar nos trabalhos da Faab na Constituinte (Wedekin, 2012).

Após mencionar diferentes propostas que envolviam atores da Faab, Rodrigues finalmente anunciou, em fevereiro de 1991, dois meses após o Encontro Internacional de Agribusiness, que se estava preparando a primeira "associação nacional de *agribusiness*", agregando produtores de máquinas, insumos, armazéns, produtores rurais, entre outros atores (*Folha de S. Paulo*, 12 fev. 1991, p. 2).

Fundação e justificações

A decisão definitiva de criar uma organização intersetorial foi tomada na fazenda de Rodrigues, no interior de São Paulo, com a presença do grupo da Agroceres (Rodrigues, 2017a; Wedekin, 2017). No dia 10 de março de 1993, a Abag seria oficialmente fundada (Associação Brasileira do Agronegócio, 2013). Como apontou Rodrigues, diferentemente da Faab, que era um agrupamento informal, foi decidido que a nova associação teria maior institucionalidade, com sede, orçamento e estatuto (embora se deva ressaltar que, nos primeiros meses, a Abag operou no espaço da SRB, até que Bittencourt de Araújo decidiu retirá-la de lá).

Pela liderança na elaboração e na promoção do projeto político-econômico de *agribusiness*, Bittencourt de Araújo tornou-se presidente da entidade. No conselho administrativo, a associação contava com empresas de agrotóxicos (Monsanto), fertilizantes, sementes, agropecuária, alimentos (com destaque para a Nestlé e a Sadia), várias das grandes cooperativas agroindustriais, uma rede de supermercados (Sendas), uma empresa de comércio e exportação (Quintella), bolsas, bancos, a Embrapa, o jornal *O Estado de S. Paulo* e representantes acadêmicos (Câmara dos Deputados, 1993). A única entidade nacional ou de âmbito regional na primeira composição do conselho era a Abiove, representando *tradings* de óleos vegetais.

Neste momento, é indispensável uma breve explicação de ordem metodológica, válida para todo o texto. Como este livro pretende oferecer uma comparação dos diferentes perímetros representativos dos núcleos intersetoriais que seriam criados a partir dos anos 1990, foram consideradas, nos cálculos, associações nacionais e regionais. Assim, por terem menor representatividade, entidades estaduais e empresas não foram contabilizadas (informações sobre elas serão inseridas apenas nos casos em que forem estratégicas para a análise, como naquele da própria da Abag).

Identificadas as associações nacionais e regionais, houve uma segunda orientação: determinar, em cada nucleação intersetorial, a presença relativa de representações dos dois segmentos que têm sido mais assíduos em fóruns políticos do campo do agronegócio, a saber, aqueles vinculados a atividades primárias e industriais.[55] Portanto, não se abrangeram atores terciários nas quantificações. De toda forma, nos órgãos em que tais agentes relacionados a comércio e serviços tenham influência razoável, sua inserção será devidamente identificada.

As aspas serão usadas, em algumas páginas, quando for necessário ressaltar que a separação setorial empregada é aproximativa, pois há casos tanto de entidades com atuação proeminente no setor primário, que também acumulam funções secundárias — como a OCB —, quanto de associações industriais cujos integrantes atuam, verticalmente, na agricultura — a exemplo da União da Indústria de Cana-de-Açúcar (Unica).

Retornando-se à Abag, é essencial apontar que, apesar de apresentar conjunto notável de empresas no conselho (incluindo as cooperativas), a dificuldade em atrair associações nacionais era indício de que a organização não tinha sido recebida como uma inovação institucional a liderar a ação política no campo.

---

[55] Se atores vinculados a atividades terciárias — entre eles os financeiros — detêm, por um lado, participação central nas cadeias produtivas, as associações nacionais que os representam têm sido, por outro lado, marcadamente minoritárias em núcleos políticos do campo do agronegócio.

No dia 6 de maio de 1993, aproximadamente dois meses após a criação formal da Abag, foi realizada no Congresso Nacional a cerimônia de posse da diretoria e do conselho da entidade (Associação Brasileira do Agronegócio, 2013). Na ocasião, Bittencourt de Araújo afirmou:

> Reconhecendo que a sociedade brasileira e o governo não têm aplicado à cadeia de alimentos e fibras a visão sistêmica que o aperfeiçoamento e desenvolvimento exigem; reconhecendo que essa miopia tem, nos últimos anos, deteriorado a capacidade e eficiência do sistema; e reconhecendo que o desenvolvimento sustentado do Brasil começa, necessariamente, pela segurança alimentar e, consequentemente, pelo fortalecimento da cadeia de alimentos e fibras, um grupo de empresas, de todos os segmentos do *agribusiness* — produtores de insumos, agricultores (principalmente através de suas cooperativas), processadores, indústrias de alimentos e fibras, *tradings*, distribuidores e áreas de apoio financeiro, acadêmico e de comunicação —, aliado a entidades e lideranças do sistema, decidiu fundar a Associação Brasileira de Agribusiness — Abag. (Bittencourt de Araújo, 2013, p. 12)

Como se pode perceber, o presidente da organização acrescentava à narrativa legitimadora do *agribusiness* um elemento social, operador de sensibilidades, que estava em destaque no Brasil naquele momento. A questão da segurança alimentar ganhara maior importância na esfera pública internacional no início da década de 1990.

A Conferência Internacional sobre Nutrição, realizada conjuntamente pela FAO e pela Organização Mundial da Saúde (OMS) no final de 1992, trazia na declaração final — baseada na concepção de que o acesso ao alimento seria um direito individual — a orientação para eliminar a fome e reduzir todas as formas de desnutrição. Aos governos nacionais caberia garantir esse direito por meio de planejamento, priorização orçamentária e implementação de políticas de promoção da segurança alimentar das populações (Organização das Nações Unidas, 1992a).

A partir dessa época, a questão alimentar adquiriria maior proeminência na esfera pública brasileira. Logo antes da virada de 1992 para o ano seguinte, o Partido dos Trabalhadores (PT) anunciou que entregaria um plano de luta contra a fome ao presidente Itamar Franco (1992-1995), do PMDB (*O Globo*, 28 dez. 1992). Prevendo a distribuição gratuita de alimentos para populações em insegurança alimentar, a utilização de vale-refeições e o apoio a pequenos agricultores, a proposta dialogava com o que se passava a exigir dos Estados nacionais no âmbito da Organização das Nações Unidas. Itamar Franco não titubeou, incorporando-a no plano de governo (*Folha de S. Paulo*, 5 fev. 1993).

Concomitantemente, a sociedade civil ampliava, sob liderança do sociólogo e ativista Herbert José de Souza, o Betinho, mobilizações em relação ao tema. Betinho dizia, à época, que já sentia "uma consciência crescente no governo e na sociedade em relação ao problema", e pedia urgência nas ações, salientando que "quem tem fome, tem pressa" (*O Globo*, 17 fev. 1993, p. 4). No dia 24 de abril de 1993, ele e outras pessoas célebres lançaram uma campanha para dar impulso ao movimento, a Ação da Cidadania Contra a Fome, a Miséria e Pela Vida (Ação da Cidadania, 2016).

O tema seria destaque no livro *Segurança alimentar: uma abordagem de agribusiness* (Associação Brasileira de Agribusiness, 1993), que a Abag apresentou em São Paulo em junho de 1993, quando do início de suas operações. De fato, o trabalho aprofundava a adesão da entidade ao discurso de luta pela segurança alimentar.

Defendia-se, então, ser esse desafio a principal "responsabilidade social" da entidade:

> A história dos países desenvolvidos revela que foi a adoção de uma política de segurança alimentar que lhes assegurou crescimento econômico com demanda sustentada, dando-lhes estabilidade e melhor distribuição dos frutos do progresso material e melhor qualidade de vida. Não se diga que eles o fizeram porque são ricos. A verdade é o contrário. Eles tornaram-se ricos porque assim o fizeram. (Associação Brasileira de Agribusiness, 1993, p. 10)

Ancorada nessa justificação, a obra chamava atenção para dois elementos centrais do projeto de *agribusiness*: o pleito por investimento governamental, de um lado, e por diminuição de tributos, de outro. O atendimento a essa dupla reivindicação daria sustentação à ampliação da produção agropecuária, seguia o argumento: "Não se implementa uma política de segurança alimentar sem alimentos" (Associação Brasileira de Agribusiness, 1993, p. 21).

A jornalistas, Bittencourt de Araújo defendeu que haveria impostos excessivos e subsídios insatisfatórios. De acordo com ele, tal situação implicaria, entre outras consequências, um conjunto de dificuldades a jusante da agropecuária: "Da porteira para dentro a realidade é uma; da porteira para fora, é outra" (*Jornal do Commercio*, 7 maio 1993, p. 11).

Essas argumentações coadunavam-se com o posicionamento público de Roberto Rodrigues, que, paralelamente, enfatizava a importância da política alimentar no Brasil. A justificativa era de que, ao prover maior apoio à produção agropecuária — reduzindo tributos, por exemplo —, o Estado daria passos importantes para diminuir a prevalência de desnutrição no país e, consequentemente, promoveria estabilidade social e econômica (*Folha de S. Paulo*, 12 jan. 1993).

Voltando à obra da Abag, percebe-se que, por outro lado, ela atribuía importância à dimensão do acesso como problema a ser enfrentado no combate à insegurança alimentar — conforme Amartya Sen (1981a, 1981b) já havia demonstrado de forma peremptória. Essa consideração ficava patente na definição adotada no texto: "Segurança alimentar quer dizer precisamente o acesso assegurado a cada família à quantidade necessária de alimentos para garantir uma dieta adequada a todos os seus membros para uma vida saudável" (Associação Brasileira de Agribusiness, 1993, p. 21). Ademais, é importante reconhecer que Bittencourt de Araújo teve participação ativa (e elogiada por Betinho) no então chamado Conselho Nacional de Segurança Alimentar (Consea) — posteriormente Conselho Nacional de Segurança Alimentar e Nutricional —, criado em 1993 por Itamar Franco (Peliano, 1996; Souza, 1996).

Combinando as duas ordens de argumento descritas acima — ligadas à oferta e ao acesso —, a Abag sugeria a criação de um pacto nacional para apoiar (i) uma política de aumento do poder real de compra dos salários; (ii) ações relacionadas à merenda escolar e a vales para compra de comida; (iii) a redução de custos de comercialização e distribuição de alimentos — incluindo a diminuição dos impostos; e (iv) a melhoria da infraestrutura e logística para as cadeias.

Para além da relação com a questão alimentar, a entidade manifestava objetivos extremamente audaciosos, como se pode notar em uma entrevista de Bittencourt de Araújo a *O Estado de S. Paulo* (13 jun. 1993, p. 9):

> A Abag nasce com uma visão e com uma missão. A visão é de que a vocação, a capacitação e os recursos brasileiros do *agribusiness* podem, se adequadamente administrados, contribuir decisivamente para vencer os quatro desafios da sociedade brasileira: o desenvolvimento sustentado, a integração à economia internacional, a melhor distribuição de renda e a proteção ao ambiente. A missão, difícil

e ambiciosa, é sistêmica e se encadeia em múltiplas tarefas. A primeira e maior delas é conscientizar os segmentos formadores de opinião e decisórios do país — os políticos, os empresários, os sindicatos, os acadêmicos, os líderes de comunicação — para a importância e a complexidade do sistema de *agribusiness*.

O empresário procurava lastrear essa ambição reforçando que o *agribusiness* seria o maior negócio do Brasil, pois representaria 40% do PIB, mais de 40% das exportações e seria o principal empregador do país (Associação Brasileira de Agribusiness, 1993).

Cabe ressaltar que a associação nascera superestimando a capacidade política de que dispunha. Argumentava ser "representante de um amplo leque produtivo nacional" (Associação Brasileira de Agribusiness, 1994), embora congregasse, à época, apenas algumas empresas. Simultaneamente, procurava legitimar-se por meio de números macroeconômicos que diziam respeito à noção de *agribusiness* que, como ideia totalizadora, abrangia muito mais funções agroalimentares do que a associação conseguira arregimentar (Pompeia, 2020a).

Ainda de acordo com o livro da Abag, o *agribusiness* representaria um novo sistema, com conceitos e métodos de análise inovadores, os quais demandariam inflexão na atuação dos agentes privados e estatais. À entidade, que pretendia posicionar-se como líder nesse processo, não caberia fazer a defesa de segmentos específicos. A tarefa anunciada seria trabalhar no que unisse as cadeias, com foco na racionalização de problemas transversais — como instabilidade de preços e renda, deficiências no ensino e na pesquisa, falhas de coordenação entre agentes privados, baixa capacidade de gestão e políticas públicas mal planejadas.

A associação tornou-se, desde o começo, referência no agenciamento da categoria e no avanço do projeto político-econômico nela ancorado. Para Luiz Antonio Pinazza e Regis Alimandro (1999, p. XIII), tratava-se de "fazer proselitismo sadio, destinado a erradicar uma mentalidade isolacionista e infecunda, para substituí-la, no planejamento público e privado, por uma nova cultura, a da solidariedade efetiva".

Mesmo que a ideia de solidariedade fosse inapropriada para esse contexto, os dois autores sublinhavam aspecto relevante: o de quebra de paradigma monossetorial para tratamento dos temas agrícolas. No entanto, havia um segundo elemento, fundamental, não enunciado claramente: a construção de *lobbying* para beneficiar as empresas que compunham a entidade.

De parte das indústrias presentes na associação intersetorial, destacava-se, entre outros temas, apreensão com a capacidade de competição no mercado internacional, que se alterava rapidamente. Segundo o vice-presidente da Abag, Alex Fontana, representante da Sadia na entidade, uma das mais internacionalizadas indústrias de alimentos do país,

> a Abag tentará dissolver os gargalos do setor agroindustrial, atuando em várias frentes, como a área de tributação, de infraestrutura, de mercado internacional, onde o país produz sem subsídios e importa com impostos, competindo com países que têm subsídios e não têm a produção destinada à exportação taxada internamente. Os alimentos chegam a pagar 40% em impostos, quando computadas as cargas tributárias das diversas etapas da produção. (*Correio Braziliense*, 6 maio 1993, p. 14)[56]

[56] A fala de Fontana no *Correio Braziliense* foi identificada em Giffoni Pinto (2010, p. 62).

Quando da fundação da entidade, houve a decisão dos conselheiros em manter a categoria na grafia original em inglês, evitando-se tentativas de tradução (*Jornal do Commercio*, 7 maio 1993). Essa foi a principal razão pela qual, na maior parte da década de 1990, o termo "*agribusiness*" prevaleceu na esfera pública brasileira.

O termo "agronegócio", embora já utilizado no Brasil desde os anos 1960, somente obteria destaque quando o projeto de *agribusiness* começou a ser aceito pela cúpula do governo federal, o que será discutido no capítulo seguinte.

Atuação política

Emprestando para si o prestígio de líderes e empresas que a compunham, a Abag passou a atuar com algum destaque público. Ainda em 1993, a associação realizou um seminário sobre aumento da produção de alimentos e promoveu um encontro para discutir problemas relacionados ao transporte de commodities. Segundo Bittencourt de Araújo, a ineficiência em infraestrutura seria a principal responsável pelas dificuldades de competitividade dos produtos agrícolas (*Jornal do Brasil*, 12 abr. 1993; *O Globo*, 20 jun. 1993; *O Estado de S. Paulo*, 1º set. 1993).

A entidade também criticou o volume de recursos para o crédito. Estava acompanhada, nessa reivindicação, pelo Sindicato da Indústria de Fertilizantes de São Paulo e pela Associação Nacional dos Exportadores de Cereais (Anec) para afirmar que, além do mais, a burocracia na liberação de financiamento estaria retardando o plantio das safras (*O Estado de S. Paulo*, 24 ago. 1994).

No primeiro semestre de 1994, a Abag participou de um processo de avaliação da Secretaria de Agricultura de São Paulo. Um dos diagnósticos ao final do processo indicava desintegração das áreas da secretaria, e propunha um modelo de gestão mais sistêmico em seu lugar (*O Estado de S. Paulo*, 4 maio 1994). Havia, ademais, um olhar estratégico da entidade com relação às possibilidades das exportações, em especial quanto ao potencial futuro da demanda da China (*O Estado de S. Paulo*, 1º jan. 1994).

Também em 1994, a organização presidida por Bittencourt de Araújo criou uma estratégia de apresentação direta de propostas aos candidatos à presidência da República, traço que se tornaria marcante da atuação de distintas representações do campo do agronegócio nas décadas seguintes. Em *Um panorama do agribusiness no Brasil: documento para os candidatos à presidência da República* (Associação Brasileira de Agribusiness, 1994), sobressaía-se já de início a reivindicação de que os líderes desse subconjunto da economia fossem inseridos no planejamento estratégico do governo federal. Quanto à estrutura administrativa federal, propunha-se que o Ministério da Agricultura e do Abastecimento — posteriormente Ministério da Agricultura, Pecuária e Abastecimento (Mapa) — estivesse mais bem articulado com outros ministérios.

Em seguida, a entidade propunha o revigoramento da política agrícola, com solicitações de mais recursos para custeio e comercialização das safras, melhorias nas taxas de juros e aumento das possiblidades de financiamento privado, além de avanços nas políticas de preços mínimos, de informações de safras, de pesquisa e de seguro agrícola. Outro aspecto era a ênfase no comércio exterior, com proposições como a desvalorização da moeda e a extinção de tributos para itens exportados.

Na carta, a Abag sinalizava, embora sem muita ênfase, apoio à política de reforma agrária, repetindo posição já externada no ano anterior (Associação Brasileira de Agribusiness, 1993). Tal sinalização operava clivagem com o posicionamento predominante nas organizações nacionais lideradas pela agricultura patronal.

Efetivamente, agentes como CNA e SRB — tradicionalmente contrários a anseios por redistribuição de terras — não detinham hegemonia sobre as decisões da Abag. Além disso, Bittencourt de Araújo considerava a reforma como socialmente importante, sendo uma das razões dessa consideração a possibilidade de ela aliviar tensões no campo (Xavier, 1996). Outro fator era que as ações do MST ainda não haviam adquirido maior ímpeto e publicidade, o que ocorreria a partir de 1995 (Banco de Dados da Luta pela Terra, 2015; Pompeia, 2009). Finalmente, é possível que a proximidade com acadêmicos progressistas nos primeiros anos da associação também tenha influenciado esse posicionamento (Associação Brasileira de Agribusiness, 1993, 1994).[57]

Além disso, foram sugeridas, no texto aos presidenciáveis, uma política agrícola específica para os produtores não patronais e propostas sociais para o campo — com incentivo à universalização da habitação e da educação rurais.

Também se podia notar uma forte convergência entre interesses de atores da agropecuária e daqueles de indústrias a montante, e algum teor conflitivo entre atores do setor "primário" e representantes de funções a jusante (Associação Brasileira de Agribusiness, 1994). Isso porque se enfatizava a necessidade de mudanças normativas no que tangia às sementes e aos agrotóxicos, e solicitava-se isenção de impostos para aquisição de máquinas agrícolas, mas se requeria apoio para a construção de armazéns nas fazendas e a montagem de frigoríficos públicos — que ajudariam a promover melhores preços para os produtores nas disputas distributivas com as indústrias processadoras de carne.

O fato de os agentes de insumos e máquinas dependerem da renda crescente da agropecuária (pois, caso contrário, a demanda por seus produtos potencialmente decresce no mercado interno) e de os atores patronais contarem com os produtos para aumentar a produtividade criava sinergias para o entendimento político entre esses dois segmentos do *agribusiness*, embora as relações entre eles também sofressem com embates. Contudo, as divergências eram de fato mais complicadas na relação entre a

---

[57] O documento aos candidatos à presidência da República tinha sido redigido por Ana Célia Castro.

agropecuária e as indústrias a jusante, pouco dependentes da adequada remuneração dos produtores rurais.

A propósito, a conexão estratégica entre os agentes "antes" e "dentro da porteira" ganharia notável impulso com a criação de uma feira dinâmica, que cumpriria tarefas tanto econômicas — de divulgação e venda de novas tecnologias — quanto políticas.

Feira dinâmica

A aproximação entre representações patronais da agropecuária e segmentos a montante acabou gerando a Agrishow. Criada em 1994, essa feira se consolidou, posteriormente, como importante espaço de contato entre indústrias e produtores rurais inseridos nas cadeias produtivas.

A inspiração para a Agrishow viera da Expo Dinâmica 92, feira amparada pela SRB e pela Sociedade Rural do Paraná, e organizada por Brasílio de Araújo Neto, ex-secretário de Agricultura desse estado, em uma fazenda de sua propriedade próxima a Londrina.

A Expo Dinâmica, por sua vez, foi inspirada no Farm Progress Show, dos Estados Unidos, e caracterizava-se pela possibilidade de as empresas de insumos e máquinas demonstrarem o uso de seus produtos ao vivo, por vezes diretamente em áreas plantadas com commodities (*O Estado de S. Paulo*, 20 mar. 1992; *Agroanalysis*, maio 2013).

Motivado pela iniciativa de Araújo Neto, Roberto Rodrigues — à época secretário de Agricultura do estado de São Paulo — firmou convênio com a Abag para montar uma feira dinâmica em terreno público do município de Ribeirão Preto. Para isso, houve patrocínio do Banco do Brasil e apoio de entidades do *agribusiness*, como a Anda, a Andef, a Associação Brasileira da Indústria de Máquinas e Equipamentos (Abimaq), a Associação Nacional dos Fabricantes de Veículos Automotores (Anfavea) e a SRB (*O Estado de S. Paulo*, 4 maio 1994; 5 maio 1994; Pinazza, 2013; *Agroanalysis*, maio 2013).

Para justificar os gastos do governo com a feira, foi apresentado na mídia um argumento de ordem estatística: "O *agribusiness* responde por mais de um terço do Produto Interno Nacional, emprega 40% da força de trabalho e significa 40% do valor das exportações" (*O Estado de S.*

Paulo, 15 abr. 1994, p. B12). A despeito do auxílio estatal, Bittencourt de Araújo procurou explicar a existência da feira enfatizando que se estavam "organizando todos os elementos da cadeia do *agribusiness* que estiveram bastante desunidos por causa do Estado paternalista que resolvia todos os problemas" (*O Estado de S. Paulo*, 5 maio 1994, p. B15).

A Agrishow contribuiu para construir uma relação robusta entre aquelas entidades que passaram a ser as organizadoras anuais do evento: a Abag, a Abimaq, a Anda, a SRB e a Federação da Agricultura e Pecuária do Estado de São Paulo (Faesp) (Agrishow, 2017).

Ao mesmo tempo, conforme conquistava legitimidade, a feira passou a ser um lócus de diálogo entre agentes privados do *agribusiness* e deles com políticos de primeiro escalão do governo federal, como presidentes da República.

Por fim, a Agrishow serviu de estímulo para um processo notável de expansão de feiras ligadas ao *agribusiness* nas décadas que se seguiram.

Comunicação interna

No final da primeira metade da década de 1990, a Abag trabalhou para promover o fortalecimento de ferramentas de comunicação estratégica. Bittencourt de Araújo percebia a necessidade de um veículo para divulgar as perspectivas da entidade, compartilhar informações e apresentar análises técnicas mais qualificadas sobre relações intersetoriais ligadas à agropecuária.

A publicação que havia tratado do desenvolvimento da agricultura com melhor desenvoltura era a *Agroanalysis*. No entanto, essa revista havia deixado de ser editada durante o governo Collor devido à retirada de apoio oficial (novamente, importante notar o apoio estatal como fator indispensável aos agentes patronais da agropecuária).

Liderando um grupo de empresários interessados em custear o relançamento da revista, Bittencourt de Araújo visitou Julian Chacel, um dos fundadores da publicação, na Fundação Getúlio Vargas (FGV) do Rio de Janeiro. No encontro, em 1994, contou a Chacel sobre a sustentação política e financeira inicial que o referido grupo aportaria para que a publicação voltasse a ser produzida (Alimandro, 1996; Pinazza, 2012). O esforço rendeu resultados. Em setembro daquele ano, a *Agroanalysis* começava a segunda fase, sob influência editorial de técnicos e pesquisadores ligados ao *agribusiness*.[58]

Não fortuitamente, a seção "Panorama Agropecuário" — da primeira fase da *Agroanalysis* — foi substituída por "Conjuntura do Agribusiness". Aliás, logo nas edições iniciais do relançamento da revista houve uma série de mobilizações da categoria *"agribusiness"*, incluindo artigos

---

[58] Sobre a *Agroanalysis* e a participação de Roberto Rodrigues na revista, ver Lerrer (2016).

de acadêmicos como Marcos Jank, então orientando de doutorado de Decio Zylbersztajn na FEA-USP.

Se todo o empreendimento institucional liderado pela Abag fora passo relevante para a aproximação política entre agentes de diferentes setores da economia, além de ter conseguido operar alianças público-privadas em âmbito estadual, o Executivo federal ainda não se convencera da relevância do *agribusiness*. Seria somente na segunda metade da década de 1990 que isso começaria a mudar, como será examinado no próximo capítulo.

5
Inflexões nas relações público-privadas e complexificação do campo intersetorial

A noção de *agribusiness* teve projeção crescente na esfera pública brasileira ao longo da primeira metade da década de 1990, sobretudo em função dos trabalhos da Agroceres e da Abag. Entre 1990 e 1995, o agenciamento da categoria na mídia e na academia teve, definitivamente, um salto, como mostram as tabelas 4 e 5.

Não obstante, os líderes do Executivo federal que governaram nesse período não entendiam como relevante a insistência de parte dos atores privados para que a agricultura fosse considerada não de forma isolada, mas em suas relações com segmentos da indústria e dos serviços. Ao mesmo tempo, as políticas para as cadeias produtivas ligadas à agropecuária não eram prioridade para esses mandatários.

Itamar Franco tinha dispensado pouca atenção às solicitações dos agentes patronais ligados a tais cadeias. Quanto a Fernando Henrique Cardoso, do Partido da Social Democracia Brasileira (PSDB), embora um dos cinco pilares da campanha vitoriosa que o levaria à presidência da República em 1995 — na qual permaneceu até 2002 — tivesse sido a agricultura, ele não a considerava estratégica (Cardoso, 2016).

Tabela 4 — Quantidade de páginas de *O Estado de S. Paulo*, *O Globo* e *Folha de S. Paulo* mencionando *agribusiness*, *agrobusiness*, agronegócio ou agronegócios (1990-1995).

Ano	Total
1990	14
1991	103
1992	62
1993	135
1994	117
1995	151

Fontes: acervos de *O Estado de S. Paulo*, *O Globo* e *Folha de S. Paulo*, 2017 (elaboração do autor).

Tabela 5 — Produção científica (livros, artigos, conferências, resenhas, teses e dissertações) utilizando os termos *agribusiness*, *agrobusiness*, agronegócio ou agronegócios (1990-1995).

Ano	Total
1990	1
1991	0
1992	7
1993	22
1994	12
1995	27

Fonte: Dedalus-USP, out. 2016-abr. 2017 (elaboração do autor).

Início da alteração do tratamento estatal

Tal atitude em relação à agropecuária — atores proeminentes do Executivo ainda não adotavam, como mencionado anteriormente, a ideia intersetorial de *agribusiness* — começou a mudar na segunda metade da década de 1990. Em parte pelas políticas desenhadas no âmbito do Plano Real, a balança comercial brasileira havia se tornado deficitária a partir de 1995, e o desequilíbrio continou a aumentar em 1996 (Ministério da Agricultura, Pecuária e Abastecimento, 2016b).

Na ocasião, agentes estatais passaram a atentar para os crescentes saldos comerciais da agricultura (Braun, 2004). Concomitantemente, o setor primário como um todo tinha aumentado a participação relativa nas exportações, passando de 26%, em 1993, para 30%, em 1995 (*Revista de Política Agrícola*, abr.-jun. 2014).

Em decorrência dessa percepção, o governo FHC alteraria — ainda que de forma paulatina e comedida — sua relação com a agropecuária. Já no começo de 1996, Luiz Felipe Lampreia, ministro das Relações Exteriores (1995-2001), declarou que a exportação de commodities seria a prioridade do país (*Folha de S. Paulo*, 10 mar. 1996).

O próprio presidente tratou publicamente dos fundamentos dessa inflexão: "É preciso admitir que mudaram as condições e as variáveis macroeconômicas que determinam e condicionam as políticas passíveis de serem aplicadas no campo". E completou: "O Brasil esqueceu que, realmente, a agricultura está inserida nesse novo mundo. A agricultura não é o passado, é o futuro" (Cardoso, 1998, p. 7).

Nesse movimento, a categoria seria, aos poucos, adotada por agentes estatais — ainda que a dimensão intersetorial não se manifestasse de modo evidente nessas mobilizações.[59] Arlindo Porto, ministro da Agricultura (1996-1998), dizia que a análise das variáveis macroeconômicas estava influenciando o governo a reconhecer a importância do *agribusiness* (*O Estado de S. Paulo*, 26 maio 1997, p. B7). A mesma reportagem trouxe esta consideração: "Único setor da economia com saldo positivo e crescente na balança comercial, o *agribusiness* é, hoje, a 'menina dos olhos' da equipe econômica".

De acordo com FHC,

> a agricultura e o agronegócio nacional têm amplas possibilidades de desenvolvimento e crescimento no cenário internacional, particularmente a partir do funcionamento da Organização Mundial do Comércio e da nova regulação que dela se está originando. O setor agropecuário, desde a produção até a comercialização final, apresenta excelentes perspectivas de ganhos de participação nos mercados mundiais. Hoje, as exportações brasileiras são ainda muito modestas ante a demanda internacional. Existe um enorme espaço a ser conquistado pelo setor privado e é isto que o meu governo quer apoiar, de modo a reduzir custos, aumentar a produtividade, eliminar barreiras e impedir a competição desleal. O Brasil, com o maior potencial de expansão de área agricultável do mundo, com certeza saberá aproveitar as novas oportunidades. (Cardoso, 1998, p. 5)

Uma política externa assertiva no incentivo às exportações de commodities era reivindicação de empresas vinculadas à Abag (Associação Brasileira de Agribusiness, 1994), sobretudo daquelas que desempenhavam funções a jusante — a exemplo da Sadia. A propósito, em 1993,

---

[59] Não deixa de ser irônico o fato de a perspectiva intersetorial adquirir tração política oficial por auxílio fundamental de números monossetorias.

ano de lançamento da entidade intersetorial, Bittencourt de Araújo e Pinazza haviam publicado, pela editora Globo, o livro *Agricultura na virada do século XX: visão de agribusiness*. Nele, os autores argumentaram que os países mais ricos requeriam a abertura de mercados no Brasil em áreas dos setores secundário e terciário nas quais eram mais competitivos, mas continuavam protegendo demasiadamente seus produtos de origem agrícola. Seria fundamental, pois,

> promover ações mais coordenadas, em parceria com todas as associações que representam os vários segmentos do *agribusiness* brasileiro, para promover um maior apoio logístico, político e de informações ao nosso Ministério de Relações Exteriores, para que a questão do protecionismo se constitua em prioridade real de nossa Política Externa. (Bittencourt de Araújo & Pinazza, 1993, p. 15)

Com a consolidação da modificação no posicionamento do governo, o ministro Lampreia passaria a criticar com mais ênfase a proteção dos mercados europeu e norte-americano contra as commodities agropecuárias exportadas pelo país: "O Brasil tem no *agribusiness* um de seus principais polos de desenvolvimento, e essa concorrência limita as exportações nacionais" (*O Estado de S. Paulo*, 4 nov. 1998, p. B6).

Em visita à Agrishow, em 1997, Fernando Henrique Cardoso propôs a líderes políticos do *agribusiness* que, "juntos, e reafirmo que, juntos, nós vamos encontrar os caminhos viáveis para transformar o Brasil realmente num grande celeiro para o mundo" (Cardoso, 1998, p. 8).

Fundamento importante do discurso do país como "celeiro" estava na ideia — falaciosa — de infinitude de terras disponíveis a serem exploradas no território nacional, que implicava ignorar os direitos de povos indígenas

(Carneiro da Cunha, 2012), comunidades quilombolas e outros grupos tradicionais, bem como a importância de florestas biodiversas.

Anteriormente, já se havia mobilizado a noção de Davis e Goldberg para promover essa ideia. Para o então diretor da Esalq-USP, Evaristo Marzabal Alves, por exemplo, a vocação do país seria o *agribusiness*, pois "o maior patrimônio nacional é a terra, contemplada com as benesses da mãe natureza que premiou as dimensões continentais do Brasil com possibilidades quase infinitas de explorações agropecuárias, abrigadas sob os climas tropical e temperado" (*Folha de S. Paulo*, 10 mar. 1996, p. 2-3).

Embora FHC fosse mais ponderado, associando incorporações fundiárias a ganhos de produtividade na agricultura, o Ministério da Agricultura fundamentava a narrativa de provimento exterior de alimentos principalmente na existência de novas áreas a serem exploradas. O então secretário-executivo da pasta, Ailton Barcelos Fernandes, afirmou que "o Brasil dispõe de oitenta milhões de hectares agricultáveis nos cerrados, ainda virgens e por serem explorados, que representam um potencial para aumentar em nove vezes a produção de soja e milho" (Fernandes, 1998a, p. 12).[60]

Simultaneamente, o novo presidente da Abag, Luiz Alberto Garcia (1996-1999) — que havia assumido a entidade com o falecimento de Bittencourt de Araújo —, reforçava entendimento similar, defendendo, no 1º Congresso de Agribusiness, organizado em 1997 pela SNA, que 64% das terras brasileiras teriam potencial para serem usadas pela agricultura (Garcia, 1997).

Naquele mesmo ano, muitos territórios indígenas — como Marãiwatsédé, no Mato Grosso — encontravam-se

---

[60] Para análise sobre a finitude dos ecossistemas, ver Abramovay (2012).

invadidos por não índios e passavam por intenso desmatamento. Na visão neocolonialista que o Ministério da Agricultura e a Abag então avançavam, seriam áreas inexploradas disponíveis para inserção no circuito das commodities.

Fórum Nacional
da Agricultura

A fala de FHC na Agrishow enfatizara o advérbio "juntos" não por acaso. O presidente da República havia criado o Fórum Nacional da Agricultura (FNA), espaço de articulação privado-estatal, congregando diversos atores do nascente campo político do *agribusiness* — e, ressalte-se, não somente da agropecuária patronal. De modo distinto da Abag — que, aliás, apresentava vácuo de liderança em função do falecimento de Bittencourt de Araújo —, o FNA agregaria um conjunto consideravelmente mais representativo desse domínio intersetorial.

Instalado em 5 de setembro de 1996, o fórum tinha dois coordenadores, um estatal e outro privado, e 34 grupos temáticos, metade deles voltados às cadeias produtivas e a outra parte direcionada a temas transversais — como crédito, defesa, comercialização, tributação, cesta básica, insumos à produção e agricultura familiar (Ministério da Agricultura e do Abastecimento, 1998). Ao criar o espaço, o governo aproximava de si parte relevante das diversas representações das cadeias ligadas à agropecuária, constituindo um canal de manifestações ao mesmo tempo político e técnico:

> O FNA foi criado como um instrumento para sistematizar o pensamento estratégico voltado para o aprimoramento do agronegócio nacional, órgão do qual possam sair propostas que tenham abrangência geográfica e representatividade dos interesses dos agentes econômicos, consumidores e trabalhadores. O objetivo é a remoção de obstáculos à inserção no cada vez mais competitivo mercado mundial e o melhor atendimento do nosso cada vez mais exigente consumidor. É preciso encontrar fórmulas que permitam um melhor aproveitamento do extraordinário potencial de crescimento ainda não

explorado na agricultura. O Fórum ilustra, ainda, o empenho do meu governo em mudar o modo de encarar alguns dos temas fundamentais do Brasil. (Cardoso, 1998, p. 6)

O FNA era presidido pelo ministro da Agricultura e tinha como coordenador dos agentes estatais o secretário-executivo desse ministério. Roberto Rodrigues liderava os atores privados. Essa era uma primeira diferença marcante em relação à Abag, na qual predominavam empresas: o protagonismo político dividido entre representantes privados e estatais.

Integrava a comissão organizadora um conjunto de entidades cuja representatividade era muito mais abrangente do que aquela das empresas inseridas na Abag: Abia, CNA, SRB, OCB, Conselho Nacional do Café (CNC) e Fiesp, além de uma representação terciária, a Febraban (Ministério da Agricultura e do Abastecimento, 1998).

Novidade influenciada pelo governo era a participação, no fórum, da Contag e da Federação dos Trabalhadores na Agricultura Familiar do Estado de São Paulo (Fetaesp). Contudo, como se mostrará por meio da análise da carta de reivindicações entregue ao presidente da República, a influência dessas organizações não patronais não fora suficiente para evitar o conservadorismo político na questão agrária, embora possa ter contribuído para as proposições relativas à agricultura familiar.

Completava o rol de associações nacionais do FNA a própria Abag, inserida ombro a ombro com outras organizações do agronegócio. Tal situação era mais um indício de que a entidade de *agribusiness* era considerada como agente complementar nesse heterogêneo campo de representações, e não como protagonista.

Abstraindo-se das organizações "terciárias" e, portanto, focando aquelas vinculadas predominantemente a atividades primárias ou industriais, percebe-se que o

FNA abrangia oito entidades nacionais ou regionais. Para efeitos de comparação, a Abag tivera apenas uma no conselho inicial (Câmara dos Deputados, 1993; Ministério da Agricultura e do Abastecimento, 1998).

Ademais, continuando com esse subconjunto primário-secundário, cinco (62,5%) das associações do fórum eram da "agropecuária", ante três (37,5%) das "indústrias" (elaboração própria com base em Ministério da Agricultura e do Abastecimento, 1998). Esse fato criava condições para Rodrigues afirmar: "O elo principal da cadeia produtiva é o produtor rural porque dele depende o sucesso dos produtores de insumos e das agroindústrias. Assim, é evidente a necessidade de reorganização institucional do agronegócio nacional com foco no produtor rural" (Ministério da Agricultura e do Abastecimento, 1998, p. 20).

Tanto em razão da liderança de Rodrigues quanto pela predominância relativa, a agricultura patronal controlaria a orientação política no fórum — diferentemente do que ocorrera no âmbito da Abag (Associação Brasileira de Agribusiness, 1993, 1994) —, implicando posicionamento programático mais conservador quando comparado ao da entidade criada por Bittencourt de Araújo.

Após dois anos de trabalho, o fórum entregou à presidência da República, em 2 de setembro de 1998, a carta resultante das discussões, intitulada "Dez bandeiras do agronegócio". Os motivos para a implementação eram, sobretudo, projeções de ampliação das exportações, da oferta interna de alimentos, da geração de renda e da criação de empregos (Ministério da Agricultura e do Abastecimento, 1998).[61] O documento-síntese também

---

[61] A taxa de desemprego então crescia no país, tendo passado de 6,1%, em 1995, para 9%, em 1998 (Brasil, 2017).

reforçava o uso de estatísticas macroeconômicas no domínio intersetorial do *agribusiness*, defendendo que:

> O agronegócio brasileiro movimentou, no ano passado, 320 bilhões de dólares, cerca de 40% do produto interno bruto nacional. Nele, estão envolvidas atividades que abrangem desde o plantio até a estocagem e distribuição, passando pela produção de máquinas e implementos agrícolas. O setor também é um grande gerador de divisas. A balança comercial agrícola no ano passado proporcionou um superávit de 11,8 bilhões de dólares. A contribuição do agronegócio foi fundamental para a geração de emprego e renda para a economia brasileira. (Ministério da Agricultura e do Abastecimento, 1998, p. 23)

As "dez bandeiras" anunciadas eram as seguintes (Ministério da Agricultura e do Abastecimento, 1998, p. 22):

(i) Financiamento do agronegócio;
(ii) Modernização da comercialização interna e externa;
(iii) Desoneração e simplificação tributária;
(iv) Redução do custo Brasil;
(v) Desenvolvimento tecnológico;
(vi) Modernização da defesa agropecuária;
(vii) Sustentabilidade da agricultura;
(viii) Pequeno produtor em regime de agricultura familiar;
(ix) Política fundiária;
(x) Coordenação institucional do agronegócio.

A carta encorajava a repressão às "invasões" de terras e questionava a legislação trabalhista — em parte por reação à criação, em junho de 1995, do Grupo Executivo de Repressão ao Trabalho Forçado, bem como à atuação dessa equipe.

Em outra direção, o documento incentivava política agrícola específica para a agricultura familiar, com apoio ao recém-nascido Programa Nacional de Fortalecimento da Agricultura Familiar (Pronaf), e à cooperativização e agroindustrialização (Ministério da Agricultura e do Abastecimento, 1998).

O FNA atribuía bastante relevo à política exterior, com demandas de melhor promoção comercial, redução de barreiras, proteção comercial contra dumping e subsídios na origem, participação direta de agentes privados do agronegócio nas negociações internacionais, e formação, no âmbito da administração pública, de especialistas em *agribusiness*.

Paralelamente aos pleitos relacionados à política agrícola (crédito, preços mínimos, seguro agrícola, defesa e assistência técnica) e às demandas em infraestrutura, notava-se, no documento, articulação entre interesses da agropecuária com representantes de funções a montante e a jusante.

Na convergência com segmentos a montante — os quais não haviam integrado a comissão organizadora no fórum, mas coordenado o grupo temático relacionado às funções "antes da porteira" —, essa aliança podia ser verificada nas propostas de alteração de regulações relacionadas aos insumos agropecuários e naquelas de desoneração e simplificação da incidência tributária sobre máquinas, equipamentos e implementos agrícolas. Na confluência com indústrias a jusante, o FNA solicitava redução de tributos sobre a cesta básica e desonerações para produtos utilizados pelas agroindústrias (Ministério da Agricultura e do Abastecimento, 1998).

O fórum também resgatava proposta da Agroceres ligada à educação pública: a adequação da formação das universidades às necessidades técnicas e gerenciais das empresas. Ao mesmo tempo, insistia na institucionalização de espaço permanente de discussão e articulação entre os atores públicos e privados relacionados ao agronegócio.

Em diário publicado anos depois, Fernando Henrique Cardoso (2016, p. 686) escreveu: "Participei da cerimônia de entrega de propostas do Fórum Nacional da Agricultura, havia muita vibração, foi uma coisa importante. Os jornais quase não noticiaram, mas é um grande acordo de vários segmentos da agricultura a respeito da política agrícola e agrária".

Agenciamentos oficiais

No mesmo dia em que o FNA apresentou as "Dez bandeiras do agronegócio", o presidente criou, por decreto, o Conselho do Agronegócio (Consagro). O órgão reunia, de forma paritária, atores do Executivo e das entidades privadas para auxiliar o governo a "implementar os mecanismos, as diretrizes e as respectivas estratégias competitivas do agronegócio brasileiro, no médio e longo prazos, a partir das propostas do Fórum Nacional da Agricultura" (Brasil, 1998).

O Consagro estabelecia um dispositivo de interação sistemática e (idealmente) perene entre agentes públicos e privados. Ele foi relevante para a discussão de estratégias de aumento das exportações de commodities agropecuárias, acolhendo negociações entre ministros de diferentes áreas, como Agricultura, Casa Civil, Desenvolvimento, Indústria e Comércio Exterior, e Transportes. Essa relação entre diferentes pastas sinalizava tratamento estatal, mesmo que inicial, baseado no projeto intersetorial desenhado pela Agroceres.

De sua parte, o Ministério da Agricultura passou a agenciar a categoria "agronegócio" para demandar maior orçamento e melhor coordenação com outros ministérios. O diretor de Planejamento Agrícola da Secretaria de Política Agrícola (SPA) da pasta, Antônio Lício (1998, p. 113), argumentou que "esse novo conceito — agronegócio ou *agribusiness* — tem implicações profundas na organização econômica de uma nação, muito além do que pode parecer uma simples formulação conceitual de setores da economia". Assim, ele dava voz, na Esplanada, a um dos argumentos essenciais do grupo da Agroceres.

Ainda no mesmo ano, o secretário-executivo do Ministério da Agricultura, Ailton Barcelos Fernandes, escreveu o artigo "Crescendo aproveitando as oportunidades ou como obter uma nova liderança exportadora através do agronegócio", no qual afirmou que, para o agronegócio,

> o setor agrícola não é visto como uma atividade estanque, cujo valor adicionado representa apenas uma pequena parcela do produto interno bruto (PIB), que decresce com o desenvolvimento econômico. Nele, o setor agrícola é visto como o centro dinâmico de um conjunto de atividades que presentemente representa mais de 40% do PIB (cerca de 321,2 bilhões de dólares) e é responsável pelo emprego da maior parte da população economicamente ativa do Brasil. (Fernandes, 1998b, p. 61)

Fernandes acrescentou, na mídia, que o agronegócio não poderia ser tratado "como atividade estanque, de segunda linha". Deveria "desfrutar de prestígio político" que equivalesse à sua participação na economia (*O Estado de S. Paulo*, 9 fev. 1999, p. B2). Ou seja, pretendia-se, por meio de reconfigurações estatísticas ancoradas na noção, conquistar maior acesso, pelo ministério, a recursos públicos.

A mobilização da categoria "agronegócio" por agentes estatais também exerceria influência sobre a Embrapa. Além de, externamente, operar para legitimar maior dotação orçamentária à empresa de pesquisa agropecuária, o agenciamento teve pelo menos dois resultados internos.

A perspectiva intersetorial contribuiu para incentivar a racionalização do escopo de atuação da Embrapa. Como exemplos de pesquisas "antes da porteira", citavam-se, à época, recursos genéticos, biotecnologia e automação agropecuária. "Dentro da porteira", mencionavam-se produção animal, produção de frutas e hortaliças. Finalmente, "depois da porteira", apontavam-se pós-colheita, transformação e preservação de produtos agrícolas (Portugal & Contini, 1998).

Além disso — e de forma politicamente mais relevante —, o emprego da categoria mostrou-se estratégico para justificar o aprofundamento do foco da empresa nos agentes patronais. "A Embrapa existe para viabilizar soluções para o agronegócio brasileiro", escreveram o então presidente Alberto Duque Portugal (1995-2003) e o pesquisador Elisio Contini (1998, p. 138). Em recente entrevista de Portugal (2017) para este autor, ele afirmou que, à época, entendia-se "agronegócio" por produtores que teriam maior capacidade de resposta às pesquisas, pois a empresa privilegiava política de "tecnologia de resultado".

Ao operar uma seleção entre produtores a serem priorizados pela Embrapa e aqueles a ficarem em segundo plano, a ideia dessa "tecnologia de resultado" guardava correspondência com os critérios avançados por Davis (1956) ao criar a noção de *agribusiness*. Tais parâmetros elitistas foram, aliás, replicados no projeto político-econômico desenhado pelo grupo da Agroceres (Bittencourt de Araújo, Wedekin & Pinazza, 1990).

Em 1998, de 263 projetos voltados a programas "dentro da porteira", apenas 21 — aproximadamente 8% do total — eram direcionados à agricultura familiar, incluindo nesse número assentamentos da reforma agrária (Portugal & Contini, 1998). Não fortuitamente, foi nessa época que a Embrapa passou a atuar de forma mais próxima às multinacionais de sementes e agrotóxicos (Delgado, 2012).

Agronegócio: ideia traduzida

Cabe aqui uma breve explicação sobre o processo de passagem da preponderância, na esfera pública brasileira, dos termos ingleses *agribusiness* e *agrobusiness* para agronegócio(s).

A palavra "agronegócio" tinha aparecido pela primeira vez em língua espanhola, em meados dos anos 1960, na área de sociologia da Universidade Nacional Autônoma do México, mas era pouco utilizada naquele país durante os anos 1990, quando começou a despertar mais adesões no Brasil (Congreso Nacional de Sociología, 1964; *Revista Mexicana de Sociología*, 1965).

Por aqui, o primeiro uso público, ao que tudo indica, ocorreu em matéria da revista *Veja* (19 fev. 1969): "Soja, bom agronegócio". Era o anúncio do Saci, refrigerante de soja da Coca-Cola criado no país em 1967. A corporação aproveitava o clima da política norte-americana de "guerra contra a fome", que tinha como uma das justificativas centrais a invenção de produtos mais nutritivos, o que, obviamente, não era o caso da bebida.

Porém, as grafias em inglês prevaleceram no Brasil até o governo federal adotar a categoria, no final dos anos 1990, em meio às mudanças na orientação estratégica oficial empreendidas durante a gestão de FHC.

Ao organizar um seminário para discutir as exportações de commodities, em 1997, o Ministério das Relações Exteriores exigiu o uso da tradução "agronegócio", contrariamente ao que queriam os empresários — muitos dos quais tinham decidido, quando da criação da Abag, que se deveria manter o termo em grafia inglesa.

Bastante crítico ao uso de estrangeirismos, o Itamaraty nomeou o evento como "Seminário Agronegócio de Exportação" (*Jornal do Brasil*, 2 nov. 1997, p. 16). Igualmente, quando outros agentes do alto escalão do governo federal começaram a mobilizar a noção, parte considerável deles o fazia por meio da versão aportuguesada.

A adoção pelo Executivo da categoria traduzida influenciaria o agenciamento em outros espaços. Em discursos na Câmara dos Deputados, "agronegócio(s)" alcançaria predominância em 1997; nas universidades, em 1998; por fim, na mídia, em 2000 (acervo histórico da Câmara dos Deputados, 2017; acervos de *O Estado de S. Paulo*, *O Globo* e *Folha de S. Paulo*, 2017; Dedalus-USP, 2016-2017).

Crescentes mobilizações da categoria na esfera pública

Como havia ocorrido nos Estados Unidos entre o final da década de 1960 e começo da seguinte, a adoção da noção por agentes oficiais seria fundamental para o avanço de seu uso em distintas dimensões da esfera pública, como a academia, a mídia e o Legislativo.

O ano de 1999 foi, quando comparado aos anteriores, de grande mobilização da categoria nas universidades, como mostra a tabela 6.

Tabela 6 — Produção científica (livros, artigos, conferências, resenhas, teses e dissertações) utilizando a noção de *agribusiness*, *agrobusiness*, agronegócio ou agronegócios (1986-1999).

Ano	Agribusiness	Agrobusiness	Agronegócio	Agronegócios	Total
1986	0	0	0	0	0
1987	0	0	0	0	0
1988	0	0	0	0	0
1989	0	0	0	0	0
1990	1	0	0	0	1
1991	0	0	0	0	0
1992	7	0	0	0	7
1993	20	2	0	0	22
1994	12	0	0	0	12
1995	25	2	0	0	27
1996	27	1	0	0	28
1997	29	0	1	4	34
1998	21	0	27	4	52
1999	26	1	78	11	116

Fonte: Dedalus-USP, out. 2016-abr. 2017 (elaboração do autor).

Por sinal, o crescimento das mobilizações de perspectivas inspiradas na noção de *agribusiness* na academia não havia ficado atrelado ao Programa de Estudos dos Negócios do Sistema Agroindustrial, da USP. Fundamentada na abordagem da economia alimentar francesa — de autores como Malassis — e em graduações norte-americanas com metodologias intersetoriais, a Universidade Federal de São Carlos (UFSCar) lançou, em 1993, o curso de engenharia de produção agroindustrial.

Anunciada como a única do tipo no Brasil, a graduação era dividida nos módulos manufatura de insumos, produção agropecuária, processamento, distribuição e comercialização (*Folha de S. Paulo*, 8 fev. 1993, 31 jan. 1995). Na própria UFSCar se conformaria, em 1994, um núcleo de pesquisa sobre o *agribusiness*, o Grupo de Estudos e Pesquisas Agroindustriais (Gepai) (Batalha, 2017).[62]

Se existia a abordagem sistêmica do *agribusiness*, tanto no âmbito da faculdade de administração da USP quanto na de engenharia da UFSCar, havia sido criada uma segunda vertente acadêmica influenciada pela noção. Ela se materializava em cursos de agronomia e economia agrícola. Nesses casos, *agribusiness* tinha outro sentido, indicando, principalmente, o alargamento das funções do profissional a trabalhar nesse ramo (Neves, 2017; Marques, 2017).

Foi sobretudo com essa segunda acepção que o termo adentrou na Esalq-USP, que em 1994 estabeleceu uma área com enfoque em economia e administração agroindustrial. Naquele ano, Pedro Valentim Marques, professor,

---

[62] Existiam, ainda, outros centros de engenharia de alimentos que conduziam, à época, pesquisas sobre as relações da agricultura com funções secundárias e terciárias, a exemplo das universidades federais de Minas Gerais, Rio Grande do Sul e Santa Catarina (Zylbersztajn, 1999).

e Luiz Caffagni, produtor rural e pós-graduando, escreveram em *O Estado de S. Paulo* (23 nov. 1994, p. G2) sobre as mudanças curriculares implementadas na escola: "Para atender às necessidades do *agribusiness*, tornou-se necessária a presença de um engenheiro agrônomo que alie forte conhecimento de mercado à sólida formação técnica de produção". Entre conhecimentos relacionados ao novo perfil, os pesquisadores destacavam estatística, computação, administração, planejamento, marketing, comércio internacional e análise financeira.

Em 1998, a instituição criou o curso de graduação em economia agroindustrial (hoje extinto), anunciado na *Folha de S. Paulo* com a manchete "*Agrobusiness* vira curso na Esalq-USP". De acordo com o professor Carlos Bacha, um dos idealizadores desse bacharelado, a iniciativa ocorrera em razão da falta de profissionais especializados. Conforme mencionou, "estamos formando um profissional preparado para lidar com áreas como importação e exportação, planejamento operacional, mercados de commodities, entre outras. A demanda do mercado para esses profissionais será maior do que a oferta" (*Folha de S. Paulo*, 22 set. 1998, p. 12-3).

Na metade final da década de 1990, as escolas privadas passariam a oferecer formações de *agribusiness* fundamentadas na segunda acepção da palavra, com destaque para a FGV.

Ao mesmo tempo que aconteciam as referidas inflexões de ordem acadêmica, ocorria grande aumento do agenciamento da categoria na mídia, como mostra a tabela 7. Além do notável uso em reportagens e colunas dos principais jornais do país, haveria editoriais dedicando-se a mobilizá-la.

Tabela 7 — Quantidade de páginas de *O Estado de S. Paulo*, *O Globo* e *Folha de S. Paulo* mencionando *agribusiness*, *agrobusiness*, agronegócio ou agronegócios (1986-1999).

Ano	*Agribusiness*	*Agrobusiness*	Agronegócios	Agronegócio	Total
1986	1	0	0	0	1
1987	3	1	0	0	4
1988	18	0	0	0	18
1989	7	1	0	0	8
1990	11	3	0	0	14
1991	25	78	0	0	103
1992	11	51	0	0	62
1993	58	75	1	1	135
1994	58	55	1	3	117
1995	86	56	0	9	151
1996	62	51	1	8	122
1997	108	48	2	17	175
1998	115	83	10	26	234
1999	162	70	75	134	441

Fonte: acervos de *O Estado de S. Paulo*, *O Globo* e *Folha de S. Paulo*, 2017 (elaboração do autor).

Em 1998, o editorial de *O Estado de S. Paulo* (8 set. 1998) sublinhou potencialidades do agronegócio ao anunciar os resultados do FNA. No ano seguinte, o jornal faria mais editoriais elogiosos. Em "O superávit do agronegócio", por exemplo, afirmava-se que "nenhum setor tem contribuído tanto quanto o agronegócio para a recuperação das contas externas" (*O Estado de S. Paulo*, 26 dez. 1999, p. A3). Associado formalmente à Abag, o *Estadão* era, ademais, o principal meio de comunicação a divulgar manifestações políticas de líderes patronais.

Com o crescimento das exportações de commodities ao longo da década de 2000, *O Globo* e a *Folha de S. Paulo* atribuiriam, paulatinamente, maior ênfase à divulgação dos potenciais macroeconômicos da soma das cadeias produtivas de alimentos, fibras e energias renováveis.

Na Câmara dos Deputados, houve um primeiro ímpeto no agenciamento da ideia de agronegócio em 1999, como apresentado na tabela 8. Até então, os deputados da chamada bancada ruralista pouco a utilizavam.

Tabela 8 — Discursos no âmbito da Câmara dos Deputados citando *agribusiness*, *agrobusiness*, agronegócio ou agronegócios (1986-1999).

Ano	Agribusiness	Agrobusiness	Agronegócio	Agronegócios	Total
1986	0	0	0	0	0
1987	0	0	0	0	0
1988	0	0	0	0	0
1989	0	0	0	0	0
1990	0	0	0	0	0
1991	0	0	0	0	0
1992	0	0	0	0	0
1993	7	0	0	0	7
1994	2	2	0	0	4
1995	0	0	0	0	0
1996	0	0	0	0	0
1997	0	0	0	4	4
1998	0	0	0	0	0
1999	0	0	18	4	22

Fonte: acervo histórico da Câmara dos Deputados, 2017 (elaboração do autor).

Na década de 1990, as pautas da bancada ruralista haviam permanecido predominantemente marcadas por duas dimensões patrimonialistas: (i) barganhas com o governo relacionadas a dívidas; e (ii) defesa obstinada da propriedade rural contra a reforma agrária e outras movimentações que afetavam, especialmente, latifúndios improdutivos — como o aumento do Imposto Territorial Rural (ITR) e a atualização dos índices de produtividade (Lamounier, 1994; Vigna, 2001; Bruno, 2015).

Com tais ênfases, o núcleo parlamentar se articulou, nos anos 1990, sobretudo com representações da agricultura patronal — primeiramente, com a UDR, e, então, com a CNA —, ao passo que desenvolveu, por outro lado, relações assistemáticas com agentes secundários e terciários relacionados aos complexos agroindustriais.

Ainda que a bancada tenha tido participação relevante no FNA — um fórum, a propósito, liderado pela agropecuária —, teve aproximações inconsistentes com a Abag, e pouco se interessou, na década, pela categoria intersetorial.

Desdobramentos materiais

A ampliação dos agenciamentos da categoria evidenciava e ao mesmo tempo incentivava um conjunto de consequências materiais. Com efeito, entre 1996 e 2000, ocorreram algumas ações do Estado brasileiro que respondiam diretamente a pleitos de agentes políticos do campo do agronegócio. A primeira foi a lei complementar sancionada pelo presidente FHC uma semana após a criação do FNA — em setembro de 1996 —, atendendo ao pleito feito pela Abag (Associação Brasileira de Agribusiness, 1994) e que seria fortalecido pelas representações a comporem o fórum (Ministério da Agricultura e do Abastecimento, 1998).

A Lei Kandir, como ficou conhecida, estabeleceu o fim da cobrança do Imposto sobre Circulação de Mercadorias e Serviços (ICMS) em cima de exportações de produtos primários, o que desonerou os produtores das principais commodities vendidas ao exterior, com resultados relevantes nas duas pontas das cadeias.

Em seguida, observa-se que o volume de crédito agrícola, que havia caído em 1996, quando comparado ao ano anterior, teve aumentos expressivos já em 1997 e 1998, de acordo com o que também pleiteavam a Abag e o FNA, afora outras representações do campo. Em termos mais específicos, houve crescimento de 58,1% no volume de recursos oferecidos no crédito rural público quando cotejados os anos de 1996 e 1998 (Banco Central do Brasil, 2012b).

Além disso, no final de 1997, o chamado Convênio 100 — acordado no âmbito do Conselho Nacional de Política Fazendária (Confaz), em resposta a outra demanda do FNA (Ministério da Agricultura e do Abastecimento, 1998) — reduziu a base de cálculo do ICMS nas saídas interestaduais de insumos agropecuários.

Em 1999, no início do segundo mandato de FHC (1999-2002), promoveu-se brusca desvalorização do real, o que contribuiu para aumentar a competitividade externa das cadeias tomadas em conjunto, embora trouxesse complicações para agentes que dependiam diretamente da importação de insumos agropecuários.

Ressalte-se que a depreciação cambial era demanda da Abag desde 1994, mas a efetivação dela passara por várias outras mediações e fatores não relacionados ao campo do agronegócio. Ainda em 1999, ocorreu extensa renegociação de dívidas — sobretudo da agricultura patronal — por pressão da bancada ruralista, principalmente.

Em 2000, foi criado o Programa de Modernização da Frota de Tratores Agrícolas e Implementos Associados e Colheitadeiras (Moderfrota), com objetivo de financiar, a juros subsidiados, a aquisição e a renovação desse maquinário (Brasil, 2000).

No mesmo ano também deve ser destacada a Medida Provisória estabelecendo que imóveis ocupados não seriam objeto de vistoria por dois anos após a saída dos manifestantes — eficiente mecanismo contra ações dos movimentos sociais de luta pela terra. Por fim, houve, no começo dos anos 2000, a recuperação dos investimentos em infraestrutura e logística (Delgado, 2012), que tanto a Abag quanto o FNA haviam pleiteado.

Em resposta às propostas desses dois núcleos por uma política exterior mais ativa (Associação Brasileira de Agribusiness, 1994; Ministério da Agricultura e do Abastecimento, 1998), amparadas nos saldos comerciais das commodities agropecuárias, o governo federal criou, em fevereiro de 1999, a Agência de Desenvolvimento do Agronegócio, cujo propósito era potencializar as exportações de commodities. Essa agência, contudo, não chegou a adquirir muita relevância.

Outra articulação, de iniciativa privada, teve maior notoriedade na época. Em preparação ao encontro de Seattle da Organização Mundial do Comércio (OMC), que ocorreria no final de 1999, a Abag, a CNA e a OCB criaram o Fórum Permanente de Negociações Agrícolas Internacionais. Esse bloco foi responsável por preparar estudos — como no caso em que se apresentaram cálculos sobre as perdas econômicas, no Brasil, resultantes de subsídios, tarifas alfandegárias e barreiras sanitárias de outros países — e contribuir para o esforço de unificação de reivindicações dos heterogêneos agentes privados e para a construção de argumentos a defendê-las.

O governo brasileiro foi receptivo ao referido trio, como se pode notar pela delegação que esteve em Seattle: três ministros, nove deputados, quinze diplomatas e onze representantes privados do agronegócio (Rodrigues, 2008, p. 223). O fórum continuaria a atuar em outras ocasiões de discussão de comércio exterior.

Em síntese, a entrada da categoria "agronegócio" para o vocabulário do governo federal simbolizava e aprofundava a adesão política a diferentes pleitos dos líderes empresariais. Entretanto, é fundamental considerar que o governo FHC tinha uma atitude hesitante perante esses agentes, e que o pacto de economia política que estabelecera com eles (Delgado, 2012) teve avanços e recuos relevantes na gestão.

Embora tenha atendido a algumas reivindicações contidas nas "Dez bandeiras do agronegócio", a maioria delas foi ignorada. A oferta de crédito rural, vinda de trajetória ascendente, parou de crescer entre 1998 e 2000 (Banco Central do Brasil, 2012b). Após um primeiro semestre promissor, entre o final de 1998 e o início de 1999, o Conselho do Agronegócio começara a perder prioridade na agenda governamental, o que reabria vazio de representação para temas transversais — aqueles que diziam respeito a grande número de cadeias produtivas.

Uma reconfiguração acentuada do mercado global de commodities alteraria essa hesitação, ao passo que aprofundaria a fragmentação política no campo.

6
Boom das commodities, engenharias institucionais e competições

A alta dos preços das principais commodities agropecuárias, iniciada em meados de 2001, implicou um conjunto de mudanças profundas no campo do agronegócio. O boom era influenciado, em grande medida, pelo crescimento da demanda por esses produtos em países como a China. Do lado da oferta, havia um relativo esgotamento da capacidade de crescimento da produção em países tradicionalmente exportadores desses produtos, a exemplo dos Estados Unidos (Banco Central do Brasil, 2012a).

Em consonância com esse cenário, agentes no Brasil passaram a elevar a produção e a venda de commodities agrícolas no mercado internacional. Um par de tabelas fornece algumas evidências de tais elevações: a 9 mostra o crescimento da produção, a partir do ano safra 1999/2000, de duas das culturas que mais se destacaram no contexto (soja e milho); a 10 apresenta a curva de aumento do valor das exportações do agronegócio em geral, começando pelo ano 2000.

Tabela 9 — Produção de soja e milho no Brasil em milhares de toneladas (1999-2015).

Ano	Soja	Milho
1999/2000	32.344,6	31.640,5
2000/2001	38.431,8	42.289,7
2001/2002	41.916,9	35.280,7
2002/2003	52.017,5	47.410,9
2003/2004	49.792,7	42.128,5
2004/2005	52.304,6	34.976,9
2005/2006	55.027,1	42.514,9
2006/2007	58.391,8	51.369,7
2007/2008	60.017,7	58.652,2
2008/2009	57.165,5	51.003,9
2009/2010	68.688,2	56.018
2010/2011	75.324,3	57.407
2011/2012	66.383	72.979,8
2012/2013	81.499,4	81.505,7
2013/2014	86.120,8	80.052
2014/2015	96.228	84.672,4

Fonte: Companhia Nacional de Abastecimento, 2016.

Em função (i) do grande reordenamento no comércio global de commodities agropecuárias, (ii) da capacidade — fundamentada em estratégia privada-estatal — de aumento da produção no Brasil, (iii) das potencialidades das exportações daqueles produtos para o balanço de pagamentos do país e (iv) da consolidação de um aparato de

Tabela 10 — Exportações brasileiras relacionadas ao agronegócio em bilhões de dólares (2000-2015).

Ano	Exportações
2000	20.605
2001	23.866
2002	24.846
2003	30.653
2004	39.035
2005	43.623
2006	49.471
2007	58.431
2008	71.837
2009	64.786
2010	76.442
2011	94.968
2012	95.814
2013	99.968
2014	96.748
2015	88.224

Fonte: Ministério da Agricultura, Pecuária e Abastecimento, 2016b.

legitimação, entre outros fatores, agentes do agronegócio passaram a contar com situação crescentemente favorável ao atendimento de pleitos caros aos principais complexos agroindustriais. Esse cenário desencadeou notável processo de reengenharia institucional e ampliou competições no campo do agronegócio.

Mudanças na Abag

Depois de liderar a participação do setor privado no FNA, Roberto Rodrigues assumiu a presidência da Abag no começo de 1999. No início dos anos 2000, a Abag paulatinamente se posicionaria, impulsionada pela habilidade de seu presidente, como interlocutora privilegiada do governo federal. Consequentemente, a entidade por vezes eclipsou a CNA, que tentaria reagir.

Dez anos após ser fundada, a Abag tinha, entre os membros, três associações nacionais ou regionais dos setores "primário" e "secundário": duas (66,7%) delas — Andef e Unica — estavam ligadas predominantemente a funções industriais, enquanto uma (33,3%) — Associação Brasileira da Batata (Abba) — relacionava-se diretamente à "agropecuária" (elaboração própria com base em Associação Brasileira de Agribusiness, 2003).

Por outro lado, havia na nucleação intersetorial um conjunto relevante de empresas. Representando as corporações de máquinas e insumos para a agricultura, estava presente na Abag a maioria das grandes multinacionais: Bayer, CNH (fusão da Case com a New Holland), DuPont, John Deere, Syngenta e Monsanto (Associação Brasileira de Agribusiness, 2003).

Diferentemente do momento de fundação, quando havia relativo equilíbrio entre empresas a montante nacionais e estrangeiras no conselho administrativo da Abag, em 2003 predominavam corporações multinacionais, o que refletia a crescente internacionalização do agronegócio brasileiro. Por falar nisso, o processo de concentração econômica que acompanhava tal internacionalização era pouco tematizado publicamente pela associação (Bruno, 2010).

Nos segmentos "pós-porteira", havia duas novidades que chamavam atenção: (i) a substituição da Abiove pelas *tradings* Bunge e Cargill — ambas faziam parte daquela associação de óleos vegetais —, que evidenciava o fato de a Abag estar se consolidando, definitivamente, como agrupamento de empresas, e não de entidades; e (ii) a força da representação das usinas de álcool-açúcar, que se desdobrava do crescente papel que essas commodities passavam a desempenhar no mercado internacional (Associação Brasileira de Agribusiness, 2003).

A despeito de o foco dessas corporações estar nas funções a jusante da agropecuária, é importante considerar que se tratava, nos dois casos — *tradings* e usinas —, de indústrias nas quais a verticalização se encontrava muito presente. Ou seja, eram empresas que atuavam em diversas funções ao longo dos complexos e que, portanto, tinham interesse direto no mercado de terras e na política agrícola.

Embora tais corporações verticalizadas fossem, simultaneamente, representantes dos segmentos de alimentação, o amplo leque das indústrias de alimentos, liderado pela Abia, estava sub-representado na Abag — adicionando-se que a Nestlé havia se afastado dela. Tampouco permanecera na associação de *agribusiness* a rede de supermercados que compusera o conselho administrativo original.

Bancos e a BM&F continuariam presentes na entidade, perdendo um pouco da participação relativa. Pode-se destacar, ainda, a entrada da Rede Globo na associação, ao lado de outras empresas de comunicação. As universidades que haviam sido representadas por alguns pesquisadores no conselho administrativo em 1993 não estavam mais presentes em 2003.

Ainda que a Abag continuasse a encontrar dificuldades para envolver o amplo rol de representações que ia da "semente ao prato", era notável o êxito da estratégia de se apresentar como a encarnação do agronegócio — como categoria totalizadora e conjunto das cadeias produtivas ligadas à agropecuária —, o que teve desdobramentos importantes para o peso político que o governo do presidente Luiz Inácio Lula da Silva (2003-2010), do PT, atribuiria a ela. O congresso que promovia anualmente era o elemento primordial para isso.

Pleitos aos presidenciáveis

Em meados de 2002, durante a campanha para as eleições presidenciais, a Abag realizou, com apoio do Ministério da Agricultura, o 1º Congresso Brasileiro de Agribusiness. O evento reuniu um grupo relevante de agentes do agronegócio — como o próprio Roberto Rodrigues; Luiz Fernando Furlan, vice-presidente da Fiesp e presidente do conselho da Sadia; Alberto Portugal, diretor-presidente da Embrapa; o deputado federal Silas Brasileiro (PMDB-MG), da bancada ruralista; e Manoel Felix Cintra Neto, presidente da BM&F (Associação Brasileira de Agribusiness, 2002).

Anteriormente ao congresso, a Abag havia convidado um grupo de pesquisadores e técnicos a contribuir para o planejamento estratégico decenal voltado ao agronegócio. Nele estavam Eduardo Pereira Nunes e Waldir Jesus de Araújo Lobão, ambos do Instituto Brasileiro de Geografia e Estatística (IBGE), Marcos Jank, da Esalq-USP, e José Eli da Veiga, da FEA-USP; entre os técnicos, destacavam-se dois ex-integrantes do grupo da Agroceres, Ivan Wedekin e Luiz Antonio Pinazza.

Durante o evento, os resultados do trabalho desses especialistas foram apresentados e debatidos, o que fundamentou, posteriormente, o "Plano Estratégico para o Agribusiness Brasileiro 2002/2010" (Associação Brasileira de Agribusiness, 2002).

O predomínio, na entidade de *agribusiness*, de empresas ligadas às indústrias não se refletia em pleitos que privilegiassem seus interesses, em detrimento daqueles de segmentos primários da economia. A presidência de Rodrigues operava para que se mantivesse a maior parte das reivindicações em temas de interesse de atores de "dentro da porteira", o que, por certo, não deixava de ser importante para uma parcela das indústrias, muitas delas detentoras de terras.

Na carta política, a Abag estabelecia metas para grãos, carne, café, cana e laranja, argumentando que os benefícios do apoio a essas commodities seriam a melhoria da alimentação dos brasileiros, o crescimento de saldos na balança comercial e aumentos da renda nas áreas rurais e da atividade econômica nas cidades.

Para que se atingissem aquelas metas, foram propostos os "Dez C's da competitividade do *agribusiness*" (Associação Brasileira de Agribusiness, 2002, p. 5-12):

(i) Capital: crédito, financiamento e seguro;
(ii) Infraestrutura e logística;
(iii) Comercialização e comércio exterior;
(iv) Conhecimento tecnológico e comunicação com o consumidor;
(v) Carga fiscal;
(vi) Coordenação institucional de políticas, do setor privado e das ações locais;
(vii) Conservação dos recursos naturais e do meio ambiente;
(viii) *Clustering*: interiorização e desenvolvimento local;
(ix) Cidadania e inclusão social: cesta básica, renda mínima e segurança alimentar;
(x) Capital humano.

Pode-se destacar, nesse plano estratégico, a reivindicação mais incisiva do lugar que o agronegócio — ou seja, a Abag e outras nucleações desse campo — deveria ocupar nas prioridades do Executivo federal, quando comparada aos posicionamentos constantes do documento da Abag aos presidenciáveis de 1994 e do FNA ao governo FHC.

Propunham-se, nessa direção, formalizar prioridade às principais cadeias produtivas na definição orçamentária e prever audiências do Conselho Monetário Nacional (CMN) com líderes do campo antes de serem decididos assuntos que envolvessem os complexos, além da participação direta de agentes privados nas negociações internacionais sobre temas atinentes aos sistemas agroalimentares.

Na questão ambiental, notava-se, pela primeira vez em documento central do campo intersetorial, o questionamento às determinações do Código Florestal; na questão agrária, havia crítica à atuação dos movimentos sociais. Desses dois posicionamentos decorria um novo foco: a intenção de alterar os marcos legais ambiental e agrário. Tal orientação teria consequências essenciais para reconfigurar a organização e a representatividade na arena do agronegócio nos anos 2010, com impactos notáveis sobre o processo político nacional.

Por outro lado, continuava-se a defender a política agrícola para a agricultura familiar, com estímulo (i) a programa de renda mínima prevendo condicionalidades produtivas, (ii) a mecanismos adaptados de crédito e (iii) ao associativismo e cooperativismo. Ao mesmo tempo, reforçavam-se críticas à redistribuição de terras. Essa diferença de posicionamento quanto às questões agrária e agrícola influenciaria os rumos das decisões estatais futuras a respeito desses temas.

As propostas de caráter social para o campo, enfraquecidas no FNA, retornavam com maior força na carta de 2002, com o encorajamento de políticas públicas para saúde, educação e saneamento nas áreas rurais. Ademais, sugeriam-se o aumento do valor real do salário mínimo, programas de alimentação para a população, ampliação da merenda escolar, bolsas e doações emergenciais. Resgatando proposta anterior da própria Abag, essa agenda novamente dialogava com a política de segurança alimentar advogada pelo PT, partido do candidato Luiz Inácio Lula da Silva, que, à época, liderava as pesquisas de intenções de votos (Instituto Datafolha, 2002). Comercialmente estratégico, o apoio às políticas relacionadas à segurança alimentar também visava ao aumento da demanda interna por produtos dos complexos.

Outra novidade da carta política foi a sugestão para que o governo incentivasse relações mais harmônicas entre elos das cadeias produtivas, auxiliando na redução de conflitos e fortalecendo a convergência de interesses de longo prazo. Tratava-se, nesse caso, de uma perspectiva de agronegócio por excelência (Davis, 1955, 1956; Davis & Goldberg, 1957; Bittencourt de Araújo, Wedekin & Pinazza, 1990).

Concomitantemente, solicitava-se maior incentivo à incorporação de tecnologias químicas, mecânicas, biológicas e eletrônicas pelos agentes do agronegócio, o que evidenciava o forte estreitamento político entre interesses "antes" e "dentro da porteira" (Associação Brasileira de Agribusiness, 2002).

Na relação da agropecuária com funções a jusante, notava-se a reedição da demanda do FNA para desoneração da cesta básica, ação que envolvia benefícios diretos para as *tradings* e as usinas por meio de produtos como óleo de soja e açúcar. Havia também pleitos de apoio para promoção das exportações e atuação contra formas de protecionismo no comércio exterior. Em contrapartida, apresentava-se incômodo com agentes intermediários entre a agropecuária patronal e supermercados.

No mais, mantinham-se os reclamos por melhorias nas políticas agrícolas clássicas, como ampliação da oferta de crédito rural e avanços com preços mínimos, seguro agrícola, defesa e pesquisa, além de propostas relacionadas a infraestrutura (transportes, energia, irrigação e armazenamento) e informação.

Feita essa descrição das reinvindicações, é fundamental ter em mente que, a despeito da agregação de agentes no congresso anual da Abag, a fragmentação política continuava a se aprofundar no campo do agronegócio. A propósito, a entidade liderada por Rodrigues padecia de dois grandes problemas de representatividade: (i) não conseguia abranger número relevante de entidades "industriais" na estrutura institucional e (ii) não lograva envolver as organizações nacionais mais relevantes da agricultura patronal.

Rural Brasil

Percebendo a iminente vitória do PT nas eleições presidenciais de 2002, e reagindo à maior proeminência pública da Abag, a CNA decidiu criar o Conselho Superior de Agricultura e Pecuária do Brasil (Rural Brasil).

Inicialmente, o Rural Brasil detinha representatividade próxima à do FNA (que continha oito associações na comissão organizadora): considerando a própria CNA, o conselho agregava seis entidades nacionais, sendo cinco (83,3%) da "agropecuária" e uma (16,7%) da "indústria" (elaboração própria com base em Confederação da Agricultura e Pecuária do Brasil, 2002).

Além da CNA, as entidades eram SRB, Associação Brasileira dos Criadores de Zebu (ABCZ), CNC, OCB e União Brasileira de Avicultura (UBA). Como no caso do FNA, tratava-se de núcleo com predominância política da agropecuária patronal, tanto em função da composição relativa quanto pela liderança institucional que a confederação nacional nele exercia, por meio do presidente, Antônio Ernesto Verna de Salvo (1990-2007).

Certamente, o Rural Brasil não integrava a primeira articulação mais ampla sob nítido predomínio de influentes associações agrícolas desde a constituição da Faab. Ele havia sido precedido, por exemplo, pelo Movimento Nacional de Produtores (MNP), formado em 1997 por CNA, OCB, SRB e ABCZ, para contrapor os esforços crescentes por reforma agrária (Bruno, 2009). No entanto, o empenho institucional era de maior monta em 2002.

Excetuando-se casos pontuais de cooperação, a atuação paralela (e, por vezes, competitiva) da CNA com a Abag era notada desde a fundação da associação de *agribusiness*. No ano em que Bittencourt de Araújo criara a entidade, a confederação organizou um importante documento de reivindicações políticas, a "Carta de Recife", em que também mobilizava a retórica da alimentação para criticar o enfraquecimento da política agrícola (Lamarão & Araújo Pinto, 2020). Com pleitos mais próximos à questão agrária e às dívidas, quando comparados às demandas que a Abag apresentava, a organização sindical também criaria laços mais robustos com a bancada ruralista no decorrer dos anos 1990, conforme mencionado no Capítulo 5.

As diferenças entre as duas representações se traduziriam inclusive no apoio para a construção do aparato estatístico macroeconômico de legitimação do agronegócio. No período de virada para os anos 2000, ambas contrataram serviços para medição do PIB desse subconjunto da economia, mas os números finais apresentavam diferenças razoáveis, como apontaram Heredia, Palmeira e Leite (2010).

Entretanto, a partir desse descompasso, os números compilados pela faculdade de agronomia da USP se consolidariam, em parceria com a CNA, como aqueles a serem utilizados na esfera pública. Por outro lado, a confederação seria relativamente preterida durante o primeiro governo Lula, que considerou a carta política da Abag como o principal documento de pleitos do campo do agronegócio e convidou Roberto Rodrigues a chefiar o Ministério da Agricultura, Pecuária e Abastecimento.

A Abag no Ministério da Agricultura

Na cerimônia de encerramento do 2º Congresso Brasileiro de Agribusiness, em meados de 2003, o então presidente da República afirmou ter pensado, após ser eleito, em "convidar alguém que ninguém do setor tenha qualquer suspeição da ligação, credibilidade e competência com o agronegócio". Aliás, ele afirmava estar orgulhoso desse subconjunto da economia (Associação Brasileira de Agribusiness, 2003, p. 79).

Era a primeira vez que uma liderança proeminente do campo do agronegócio se tornava ministro, ocupando o cargo entre 2003 e 2006. Segundo Lula, "às vezes, gostamos muito de uma pessoa sem conhecer e desgostamos quando conhecemos e, muitas vezes, a gente não gosta de uma pessoa sem conhecer e, quando conhece, gostamos dela" (Associação Brasileira de Agribusiness, 2003, p. 79).

Como secretário de Política Agrícola, Rodrigues indicou Ivan Wedekin, ex-integrante do grupo da Agroceres que havia contribuído de forma substantiva tanto com o projeto político-econômico daquele grupo quanto com os "Dez C's da competitividade do *agribusiness*", da Abag. Em entrevista a este autor, Wedekin (2017) disse que o planejamento estratégico do Ministério da Agricultura tinha como uma das prioridades implementar essa carta política, tornada pública no 1º Congresso Brasileiro de Agribusiness e retomada, reiteradamente, em ocasiões posteriores, como naquela em que ele próprio tratou do documento, em publicação oficial do ministério (Wedekin, 2005, p. 29).

A chegada de Rodrigues à pasta ocorreu ao mesmo tempo que a bancada ruralista adquiria maior relevância no Congresso Nacional — embora a organização desse agrupamento fosse avançar de forma acentuada posteriormente, sobretudo durante os anos 2010 (Pompeia, 2020b). Em constante contato com a Câmara e o Senado, Rodrigues atuou intermediando pleitos de parlamentares do grupo com a cúpula decisória do governo.

O ministro agia, ainda, para aproximar a Agricultura de representações influentes das cadeias produtivas. Foi com esse objetivo que ele retomou o Conselho do Agronegócio, criado no governo FHC. Ao fazê-lo, ampliou a divisão de funções dentro desse organismo público-privado, instituindo (i) câmaras setoriais, para racionalizar os trabalhos por cadeias produtivas, e (ii) câmaras temáticas, nas quais se trataria de temas transversais (Ministério da Agricultura, 2004).

No entanto, foi entre o final de 2004 e o começo de 2005 que Rodrigues conseguiu implementar a maioria das ações relevantes. Em dezembro de 2004, ele e Wedekin emplacaram a criação de títulos de crédito do agronegócio, fortalecendo a matriz de dispositivos de financiamento complementar ao crédito público. Esses novos meios de acesso a recursos por agentes das principais cadeias constavam, vale lembrar, do documento de reivindicações da Abag (Associação Brasileira de Agribusiness, 2002).

No começo de 2005, além de obter vitória política relativa à orientação das pesquisas na Embrapa (tema analisado no Capítulo 7), Rodrigues organizou uma área estratégica no ministério, trazendo para ela especialistas do Instituto de Pesquisa Econômica Aplicada (Ipea) e da própria Embrapa (Rodrigues, 2017a). Foi nesse processo que se criou a Secretaria de Relações Internacionais do Agronegócio na pasta da Agricultura — a qual passava a dispor de 333 novos cargos de livre nomeação (*Folha de S. Paulo*, 26 jan. 2005).

Por liderança política da bancada ruralista e atuação das multinacionais de sementes — com destaque para a Monsanto (Palatnik, 2017) —, foi aprovada a Lei de

Biossegurança, após uma série de vitórias de agentes favoráveis à utilização de organismos geneticamente modificados (OGMs) na agricultura brasileira. Essa lei regulamentou a produção e o comércio de OGMs, definindo a criação de um órgão especializado, a Comissão Técnica Nacional de Biossegurança, para analisar as solicitações pertinentes a esses organismos. Obter acesso a novas tecnologias relacionadas a sementes fora demanda contida nos "Dez C's da competitividade do *agribusiness*" (Associação Brasileira de Agribusiness, 2002).

Ápice da categoria na esfera pública

Em meados da década de 2000, conforme as principais cadeias produtivas adquiriam crescente participação no mercado internacional de commodities, e seus líderes conquistavam maior influência política, o agenciamento da noção de agronegócio atingiu grande destaque público na mídia, no Congresso Nacional e na academia, como se apresenta, respectivamente, nas tabelas 11, 12 e 13.

Tabela 11 — Quantidade de páginas de *O Estado de S. Paulo*, *O Globo* e *Folha de S. Paulo* mencionando *agribusiness*, *agrobusiness*, agronegócio ou agronegócios (2000-2005).

Ano	Agribusiness	Agrobusiness	Agronegócio	Agronegócios	Total
2000	104	45	96	74	319
2001	106	52	173	149	480
2002	89	17	240	119	465
2003	80	25	424	167	696
2004	74	31	956	302	1363
2005	38	19	883	546	1486

Fontes: acervos de *O Estado de S. Paulo*, *O Globo* e *Folha de S. Paulo*, 2017 (elaboração do autor).

É preciso ressalvar que tal ápice tinha outro componente basilar, para além do êxito político dos distintos agentes patronais do campo do agronegócio: os conflitos que, envolvendo essa arena, se agudizaram exponencialmente a partir do primeiro mandato de Lula (eles serão investigados no Capítulo 7). Novamente, a experiência brasileira refletia a dos Estados Unidos, onde o aumento do uso dessa noção foi acompanhado por uma elevação proporcional do agenciamento por segmentos críticos ao pacto Estado-corporações.

Tabela 12 — Discursos no âmbito da Câmara dos Deputados citando *agribusiness*, *agrobusiness*, agronegócio ou agronegócios (2000-2005).

Ano	Agribusiness	Agrobusiness	Agronegócio	Agronegócios	Total
2000	3	0	15	5	23
2001	14	7	91	54	166
2002	9	8	88	38	143
2003	20	13	357	104	494
2004	9	14	509	99	631
2005	7	8	482	38	535

Fonte: acervo histórico da Câmara dos Deputados, 2017 (elaboração do autor).

Tabela 13 — Produção científica (livros, artigos, conferências, resenhas, teses e dissertações) utilizando a noção de *agribusiness*, *agrobusiness*, agronegócio ou agronegócios (2000-2005).

Ano	Agribusiness	Agrobusiness	Agronegócio	Agronegócios	Total
2000	9	0	38	9	56
2001	4	0	33	4	41
2002	5	0	34	4	43
2003	5	0	24	13	42
2004	1	0	44	4	49
2005	1	0	301	10	312

Fonte: Dedalus-USP, out. 2016-abr. 2017 (elaboração do autor).

Esses conflitos seriam, aliás, componentes essenciais para que Rodrigues reavaliasse sua permanência no governo. Após sucessivos embates com outros ministros, eventos pontuais fizeram-no decidir pela saída. Não conseguindo obter o volume de recursos que demandava para, entre outras finalidades, a defesa agropecuária e a compensação da quebra de safra por efeitos climáticos, ele deixaria o Ministério da Agricultura em meados de 2006, pouco antes das eleições. Para o ex-ministro, a agricultura patronal era preterida na relação com a agricultura familiar, pois: "Hoje a agricultura familiar é a mais privilegiada pelo nosso governo, tem um ministério que cuida só disso e os efeitos da crise agrícola foram muito mais fortemente direcionados em termos de ação do governo para a agricultura familiar do que para a empresarial" (*O Estado de S. Paulo*, 16 maio 2006, p. B7).

Agronegócio na Fiesp

Pouco tempo após deixar o governo, Roberto Rodrigues foi convidado por Paulo Skaf, presidente da Fiesp, para desenvolver uma área estratégica de agronegócio. A federação tinha sólidas relações com tal subconjunto da economia, pois parte relevante das corporações ligadas aos complexos agroindustriais estava diretamente representada nela; destacara-se como espaço relevante de agenciamento da noção intersetorial criada em Harvard; e havia sido uma das representações a compor a comissão organizadora do FNA.

Com o boom das commodities vieram estímulos adicionais para que a Fiesp aprofundasse sua atuação política no campo do agronegócio. Existiam, complementarmente, razões de ordem pessoal para a engenharia organizacional: Skaf disputava o comando da instituição com líderes das agroindústrias e procurava agir para atribuir maior relevo institucional a elas, enfraquecendo, assim, a oposição; além disso, estando a Abag sob presidência da Abiove, Rodrigues encontrava espaço privilegiado para se inserir.

Em outubro de 2006, a Fiesp decidiu, portanto, criar o Conselho Superior do Agronegócio (Cosag). Tratava-se de um passo importante na tentativa de aproximar agentes que, tradicionalmente, lideravam os principais núcleos do campo do agronegócio — principalmente aqueles da agropecuária patronal, de segmentos a montante, de *tradings* e de usinas — do amplo leque de indústrias que estavam menos conectadas a essa arena política, sobretudo aquelas a jusante.

Segundo Rodrigues, os objetivos do Cosag eram formular propostas para o agronegócio e consolidar as cadeias produtivas, além de "trazer o assunto do agronegócio para outro departamento. Vamos deixar de falar para nós mesmos e buscar ter no setor industrial urbano um aliado" (*O Estado de S. Paulo*, 6 out. 2006, p. 2).

De acordo com Skaf, o Cosag seria "entrosamento entre a agricultura e a agroindústria" (*Folha de S. Paulo*, 10 out. 2006, p. 13). A presidência e a vice-presidência do conselho, compostas, respectivamente, por Rodrigues e Edmundo Klotz — presidente da Abia —, mostravam o fôlego inicial dessa empreitada institucional.

Conjugando a influência política de Rodrigues ao poder econômico da Fiesp, o conselho destacou-se de forma rápida como núcleo de atuação proeminente no campo do agronegócio. No início de seu funcionamento, não foram poucas as situações em que, em vez de viajarem a Brasília, líderes do campo receberam ministros de Estado na sede da federação paulista.

O perímetro representativo do Cosag era mais amplo do que aqueles de outras nucleações políticas: havia nele 35 entidades nacionais ou regionais, 25 (71,4%) ligadas às "indústrias", e dez (28,6%) à "agropecuária" (elaboração própria com base em Federação das Indústrias do Estado de São Paulo, 2007a). A montante da agropecuária destacavam-se Abimaq, Associação dos Misturadores de Adubo do Brasil (Ama Brasil), Andef, Sindicato Nacional da Indústria de Produtos para Saúde Animal (Sindan) e Sindicato Nacional da Indústria de Alimentação Animal (Sindirações). Entre as entidades da agropecuária, chamavam atenção a Associação Brasileira dos Produtores de Algodão (Abrapa) — que começara a se destacar da CNA —, a Organização de Plantadores de Cana da Região Centro-Sul do Brasil (Orplana) e a SRB.[63]

[63] Apesar de a Fiesp ser uma federação de indústrias do estado de São Paulo, e não do Brasil como um todo, pode ser notada nessa enumeração a abrangência nacional do Cosag.

A jusante, havia, por um lado, organizações cujos integrantes atuavam de maneira mais próxima das commodities, como Associação Brasileira da Indústria de Café (Abic), Associação Brasileira da Indústria Produtora e Exportadora de Carne Suína (Abipecs), Associação Brasileira das Indústrias Exportadoras de Carnes (Abiec), Associação Brasileira de Frigoríficos (Abrafrigo), Associação Brasileira do Café Solúvel (Abics), Associação Nacional dos Exportadores de Sucos Cítricos (CitrusBR) e Unica. Por outro lado, incorporavam-se representações que não costumavam integrar núcleos do campo do agronegócio, como associações e sindicatos dos segmentos de bebidas, têxteis, panificação, vinhos, além de supermercados. A própria Abia, que atuara no FNA, mas não se coordenava bem com a Abag e o Rural Brasil, estava presente (Federação das Indústrias do Estado de São Paulo, 2007a).

Adicionalmente, cumpre salientar a inserção da Abag e também de agentes financeiros, com BM&F à frente (embora os atores relacionados a funções terciárias fossem marcadamente minoritários na nucleação).

O conselho seria acompanhado por um órgão técnico destinado a operacionalizar as estratégias: o Departamento do Agronegócio (Deagro) (Rodrigues, 2017b; Costa, 2017a, 2017b). Organizado com inspiração na categoria "*agribusiness*", o Deagro tinha quatro divisões: (i) insumos; (ii) agropecuária; (iii) agroindústria; e (iv) comércio exterior (Federação das Indústrias do Estado de São Paulo, 2017b). Assim como a Abag se propusera a fazer ao ser criada, o órgão de linha da Fiesp não tinha foco em questões específicas de cada cadeia produtiva — o que, aliás, era extensivamente avançado pelas associações representativas de cada complexo —, mas em temas estruturais e transversais considerados relevantes pelos integrantes do Cosag.

Pouco após o início das operações, em 2007, consolidaram-se no Deagro os diretores (i) Mario Sergio

Cutait (insumos), presidente do Sindirações; (ii) Cesário Ramalho da Silva (agropecuária), pecuarista que estava assumindo a presidência da SRB; (iii) Francisco Turra (agroindústria — produtos de origem animal), ex-ministro da Agricultura (1998-1999) e executivo do Banco Regional de Desenvolvimento do Extremo Sul (BRDE); (iv) Laodse Abreu Duarte (agroindústria — produtos de origem vegetal), superintendente e herdeiro da JB Duarte, empresa do ramo de óleos vegetais;[64] (v) Nathan Herszkowicz (agroindústria — café, confeitos, trigo e panificação), diretor-executivo da Abic; e (vi) André Meloni Nassar (comércio exterior), analista do Instituto de Estudos do Comércio e Negociações Internacionais (Icone) (Federação das Indústrias do Estado de São Paulo, 2007b).

Reivindicações e problemas de representação

Insatisfeito com as metas do Programa de Aceleração do Crescimento (PAC) para os agentes do agronegócio, o presidente do Cosag liderou, no começo de 2007, a elaboração de uma proposta para um programa de desenvolvimento específico a esse segmento da economia (Rodrigues, 2007).

Dois dos pleitos tinham sido, de acordo com Rodrigues (2017a), dificuldades na gestão do Ministério da Agricultura. Para o seguro rural, solicitavam-se a constituição e a regulamentação de fundo para catástrofes, a definição de órgão para coordenar o seguro e a formação de recursos humanos especializados no tema. Para a defesa, pleiteava-se aumento considerável de recursos.

[64] Em 2016, Laodse Abreu Duarte renunciou ao cargo na Fiesp após receber publicidade na mídia como o maior devedor da União entre pessoas físicas.

Além desses temas, demandavam-se incentivos públicos para maior participação dos bancos privados no financiamento ao agronegócio, e "equacionamento" de endividamentos, sob estas justificações: "O elevado nível de endividamento dos produtores rurais compromete acentuadamente a liquidez e capacidade de investimento, problema que exige ser equacionado como condição para a continuidade do crescimento sustentável do agronegócio" (Rodrigues, 2007).

Simultaneamente, propunha-se adoção tempestiva de parcerias público-privadas no desenvolvimento de novas tecnologias para o agronegócio e apoio para o aprimoramento da rastreabilidade e da certificação nas cadeias produtivas — o que era indicativo de respostas a críticas ambientais, que então se intensificavam em relação às commodities, conforme o próximo capítulo analisará.

A carta do Cosag manifestava, ainda, predileção por uma das cadeias produtivas. Observando-se o "PAC para o agronegócio", era patente que as usinas — solidamente representadas no conselho — recebiam tratamento privilegiado, por meio da defesa de planejamento estratégico para o complexo álcool-açúcar:

> É absolutamente imperioso um projeto estratégico para etanol e biodiesel, tendo em vista a abertura de mercados que assimilem os excedentes de produção, uma vez garantido o abastecimento interno, e que considere aspectos do zoneamento agrícola, do financiamento da estocagem e das relações comerciais dentro da cadeia produtiva canavieira. (Rodrigues, 2007)

A priorização para as usinas ganhava relevo, além disso, pelo fato de as *tradings*, que haviam passado a comandar a orientação política da Abag, não serem objeto de pleitos específicos. Vale destacar que a Abiove não se encontrava vinculada ao órgão da Fiesp.

De todo modo, programaticamente, a carta não se diferenciava, de modo relevante, da linha de pleitos que vinha sendo anunciada por núcleos intersetoriais que antecederam o conselho da Fiesp. Essa orientação ampliaria as dificuldades para que o órgão conseguisse instrumentalizar sua representatividade ampla com as indústrias a jusante, para além daquelas mais diretamente vinculadas às commodities.

Efetivamente, não tardou muito para as empresas de alimentos mais elaborados notarem as dificuldades de avançar as propostas por meio do núcleo. Não foi surpresa, portanto, o gradual recuo delas e da Abia no Cosag. Tal distanciamento também era incentivado por três fatores político-econômicos: (i) esses segmentos industriais mais elaborados tinham, comparativamente às indústrias diretamente ligadas às commodities, interesse menos acentuado na política agrícola; (ii) em vários deles, prevalecia menor dependência em relação aos produtores agropecuários do país; e (iii) os assuntos regulatórios atinentes a eles encontravam-se concentrados antes na Agência Nacional de Vigilância Sanitária (Anvisa) que no Ministério da Agricultura, órgão de maior influência de líderes do agronegócio (Costa, 2017a; Agência Nacional de Vigilância Sanitária, 2018).

Cabe adicionar que o lançamento da iniciativa institucional na Fiesp não tinha conseguido abranger a maior parte das entidades proeminentes da agricultura patronal, como a CNA e a Associação dos Produtores de Soja e Milho de Mato Grosso (Aprosoja-MT).

Forças centrífugas

Em meados dos anos 2000, o campo do agronegócio se complexificava. Destacavam-se, afora a Fiesp, três movimentações mais relevantes a reorganizar esse domínio político, relacionadas à Abag, ao Rural Brasil e a entidades estaduais de soja e algodão.

Presidente tanto da Abag como da Abiove durante a maior parte dos anos 2000, Carlo Lovatelli detinha prestígio e influência relevantes no campo. Não casualmente, a liderança das *tradings* na associação de *agribusiness* havia se manifestado de forma inequívoca na carta que a associação redigira em 2006, sob o título "Propostas do agronegócio para o próximo presidente da República".

Na ocasião, a Abag elegera quinze itens prioritários (Associação Brasileira de Agribusiness, 2006, p. E3):

(i) Dotação orçamentária do Ministério da Agricultura;
(ii) Crédito e endividamento rural;
(iii) Seguro rural;
(iv) Tributação;
(v) Parceria público-privada e custo Brasil;
(vi) Segurança fundiária;
(vii) Marketing e venda de produtos;
(viii) Contratos nas cadeias produtivas;
(ix) Negociação internacional;
(x) Normas e certificações;
(xi) Sustentabilidade;
(xii) Defesa sanitária;
(xiii) Pesquisa, desenvolvimento e inovação;
(xiv) Agroenergia;
(xv) Montagem institucional.

Alguns aspectos do documento sobressaíam-se: a atenção a pleitos das *tradings* do complexo da soja; o tratamento de temas ambientais; a posição a respeito da questão agrária; e as críticas à organização político-administrativa adotada pelo governo Lula.

Insistia-se na importância de desoneração tributária das exportações que fosse além da soja em grão, abarcando o farelo e o óleo, função agroindustrial dominada pelas *tradings*; requeria-se aumento do suporte para a produção, a agroindustrialização e a exportação de commodities, sobretudo na cadeia da soja; pleiteava-se apoio do governo para ampliar, por parte de segmentos "dentro da porteira", o cumprimento das cláusulas dos contratos com tais corporações de óleos vegetais; e requeria-se defesa estatal decidida dos OGMs.

Quanto ao tema ambiental, reforçava-se a defesa de modificações no Código Florestal e requisitava-se apoio para criação de um índice de sustentabilidade. Em relação à questão agrária, o documento opunha-se à mudança nos índices de produtividade agrícola, demandava defesa, pelo Executivo, da propriedade privada da terra e aconselhava programa de reforma agrária baseado na aquisição privada.

Por último, havia proposta de reorganização da estrutura administrativa federal, com recomendações para inserção de áreas do Ministério do Desenvolvimento Agrário (MDA), do Ministério do Meio Ambiente (MMA) e da Secretaria Especial de Aquicultura e Pesca (Seap) no Ministério da Agricultura, e para subordinação direta do Instituto Nacional de Colonização e Reforma Agrária (Incra) à presidência da República.

Em seguida, cumpre atentar ao Rural Brasil. Nos anos que se seguiram à sua conformação, o fórum comandado pela CNA tinha recebido duas novas adesões, da Associação Brasileira de Criadores (ABC) e da Abrapa (Salvo, 2004). Posteriormente, a UDR se juntaria ao grupo (Iglecias, 2007; Câmara dos Deputados, 2007).

Em 2007, ano de fundação do Cosag, o Rural Brasil agregava, portanto, nove entidades de abrangência nacional ou regional. Com os três novos membros, a participação absoluta da "agricultura" na nucleação subiria de cinco para oito associações e, em termos relativos, de 83,3% para 88,9% (elaboração própria com base em Câmara dos Deputados, 2007).

O aumento de representatividade mascarava, no entanto, problemas nas relações internas, que, após os primeiros anos de maior cooperação entre as organizações que compunham o grupo, começavam a ficar mais evidentes. Tendo tomado a iniciativa de criar o núcleo, a CNA enxergava-o mais como instrumento para fortalecer sua atuação no campo do que como um espaço para promover conciliação horizontal entre elites. Essa razão explica o fato de não ter havido promoção pública relevante do Rural Brasil, sendo mais frequente, ao contrário, a ação individualizada da confederação nos poderes Legislativo e Executivo durante os anos 2000.

Tal forma de buscar protagonismo da CNA despertava crescentes desconfianças nas demais associações que participavam do Rural Brasil. Ao mesmo tempo, a entidade sindical encontrava dificuldades para operacionalizar o *lobbying* no Congresso Nacional, dadas as disputas entre ela e a bancada (Tavares, 2018).[65] Em meados de 2007, o falecimento de Ernesto de Salvo, presidente da CNA em quinto mandato e idealizador do grupo, enfraqueceria ainda mais o fórum.

De outra parte, o ocaso do Rural Brasil também esteve relacionado a um movimento determinante no campo

---

[65] Embora o livro de Tavares (2018) traga informações relevantes sobre a bancada e a CNA, ele deve ser lido com ressalvas, dada a adesão política do autor aos posicionamentos dos agentes patronais.

do agronegócio: o robustecimento, com a consolidação do boom das commodities, de representações do Mato Grosso que atuavam com o algodão e a soja — mais especificamente, a Associação Mato-grossense do Algodão (Ampa) e a Aprosoja-MT.

Insatisfeitas com a centralização da CNA e a decrescente eficácia política no Legislativo, as entidades estaduais concentraram recursos financeiros para investir diretamente no fortalecimento da bancada ruralista (Associação Brasileira dos Produtores de Algodão, 2019). Nesse processo, incentivaram as respectivas representações nacionais dos dois produtos, Abrapa e Aprosoja Brasil, a se autonomizarem em relação à confederação.

Esse era o embrião do Instituto Pensar Agropecuária (IPA), que revolucionaria o campo (Pompeia, 2020b).

7
Conflitos

À medida que os núcleos políticos do agronegócio foram adquirindo maior relevância nas definições do governo federal, o que se tornou mais claro a partir dos anos 2000 — e, sobretudo, com a chegada de Lula à presidência da República —, uma série de confrontos passou a receber crescente impulso na esfera pública, como aqueles relacionados às questões agrária, agrícola, ambiental, indígena e do trabalho escravo.[66]

Embora disputas relacionadas a esses temas fossem muito mais antigas e com frequência envolvessem principalmente a agropecuária patronal, uma novidade importante era que a categoria "agronegócio" passara a ser instrumentalizada por segmentos progressistas. O monopólio do termo havia se perdido.

Por trás dos antagonismos semânticos estavam sérias divergências quanto aos múltiplos desdobramentos do aprofundamento do pacto de economia política do agronegócio, como aqueles macroeconômicos e os socioambientais.

[66] Ainda que conflitos sobre direitos territoriais indígenas envolvendo agentes do agronegócio tenham, ao lado das outras questões citadas, adquirido relevo público na década de 2000, a análise constará do momento em que ocorreram com maior intensidade — a primeira metade da década de 2010, período tratado no Capítulo 8.

Vale reforçar, antes de iniciar tal exame, que este livro tem como objeto central os atores políticos do agronegócio e o campo de relações público-privadas em que atuam. Portanto, este capítulo procura antes investigar estratégias de reação desses atores às críticas — durante os anos 2000 — do que mapear, com profundidade, o universo das contestações que lhes são endereçadas. Por essa razão, a abordagem das críticas não tem caráter exaustivo.

Reforma agrária

Ao ser fundada, a Abag tinha apoiado, ainda que timidamente, a política nacional de reforma agrária (Associação Brasileira de Agribusiness, 1993, 1994). Mostrou-se, anteriormente, que esse posicionamento era incentivado por uma série de razões: a influência de alguns intelectuais progressistas na entidade; a consideração do presidente, Bittencourt de Araújo, sobre a importância da reforma para diminuir tensões no campo; a atenuada influência da agricultura patronal na organização; e a menor força e visibilidade que ações de movimentos sociais de luta pela terra detinham na primeira metade da década de 1990 em comparação com a segunda metade.

Com a morte de Bittencourt de Araújo, em 1996, o ainda nascente campo político intersetorial passaria a ser hegemonizado por atores da agropecuária patronal, o que ocorria simultaneamente à ascensão das ações políticas e da proeminência do MST, e à criação de assentamentos da reforma agrária, conforme é possível ver na tabela 14.

Entre 1996 e 1997, a questão agrária alcançaria amplo destaque na esfera pública brasileira por um conjunto de fatores, entre eles o aumento do número de ocupações, o massacre de Eldorado do Carajás (PA) (Nepomuceno, 2007), a trama da novela *Rei do Gado* (Hamburguer, 2005) — que narrava de forma positiva a vida de um grupo de acampados — e a marcha dos sem-terra a Brasília. Todos esses acontecimentos contribuíram para que a maior parte da opinião pública passasse a apoiar a luta por reforma agrária requerida pelos movimentos sociais, a despeito da cobertura extremamente crítica dos noticiários (Pompeia, 2009).

Tabela 14 — Número de ocupações de terra realizadas e de assentamentos da reforma agrária criados (1988-2002).*

Ano	Ocupações	Assentamentos criados
1988	71	110
1989	86	99
1990	50	21
1991	86	76
1992	91	162
1993	116	68
1994	161	36
1995	186	392
1996	450	468
1997	500	719
1998	792	766
1999	856	669
2000	519	424
2001	273	483
2002	269	386

Fonte: Banco de Dados da Luta pela Terra, Universidade Estadual Paulista, 2015.
* As retomadas indígenas estão excluídas destes números.

Diante desse cenário, o FNA — tendo Roberto Rodrigues como líder privado, além do protagonismo da CNA, da OCB e da SRB — posicionou-se contrariamente à reforma agrária, demandando que o Estado defendesse o direito de propriedade e reprimisse as "invasões" (Ministério da Agricultura e do Abastecimento, 1998, p. 44).

Embora as ocupações e a criação de assentamentos começassem a decrescer em comparação à curva ascendente dos anos anteriores (respondendo a medidas implementadas por pacto do Legislativo com o Executivo), a possibilidade de vitória do PT nas eleições presidenciais, no início dos anos 2000, e as perspectivas que poderiam surgir para a intensificação da criação de assentamentos haviam deixado apreensivos os líderes patronais.

Refletindo essa preocupação, a Abag propôs, em plano estratégico de 2002, a revisão do Estatuto da Terra — que estaria, segundo ela, antiquado — e enfatizou a defesa do "direito de propriedade" e da "segurança" nas áreas rurais (Associação Brasileira de Agribusiness, 2002, p. 11).

Movimento dos Trabalhadores Rurais Sem Terra

Com críticas, até o começo da década de 2000, a áreas improdutivas ou subtraídas de forma ilegal da União, o MST passou a tratar publicamente do "agronegócio" em 2003, primeiramente na grande imprensa e, depois, em meios de comunicação próprios (pesquisa com base em acervo histórico do *Jornal dos Sem Terra*, 2017). Nos principais jornais do país, as falas de líderes do movimento tinham três elementos que se destacavam: o modelo agrícola do "agronegócio" (i) seria concentrador de riquezas; (ii) não produziria alimentos para atender à demanda interna; e (iii) promoveria desemprego no campo.

O bifrontismo (Martins, 2003) do governo Lula era um desafio para o MST. De um lado, compatibilizava-se de forma sem precedentes com nucleações políticas patronais; de outro, falava-se em reforma agrária e em apoio a agricultores familiares.

No primeiro pronunciamento como presidente da República, Lula havia afirmado que o governo daria vigoroso apoio ao "agronegócio" e, ainda, que a "reforma agrária será feita em terras ociosas, nos milhões de hectares hoje disponíveis" (*O Globo*, 2 jan. 2003, p. 10).

Tensionada pela administração da base parlamentar, a estratégia bifronte pouco conseguiu elidir a priorização dos atores patronais, como no caso do Incra em 2003. Marcelo Resende, presidente do instituto à época e ex-seminarista relacionado à CPT, apoiava as ocupações de terra e as propostas do MST (Martins, 2003). Conforme os sem-terra intensificavam as ações, após o PT assumir o governo, as entidades da agricultura patronal e os parlamentares da bancada ruralista ampliaram as críticas ao tratamento estatal da questão.

Reagindo a essa situação, Lula exonerou Resende em setembro de 2003. Um pouco antes da destituição, o presidente havia declarado:

> A lei será cumprida ao pé da letra. Chamo a atenção dos sem-terra e também de proprietários rurais. O governo tem seu tempo e seu prazo, e a radicalização, nesse momento, não traz nenhum benefício a ninguém. Afinal, todos sabem que somos um governo comprometido com as mudanças e justiça social. (*Folha de S. Paulo*, 15 ago. 2003, p. 1)

Com a saída de Resende, a CPT passou a manifestar publicamente desacordo sobre a aliança do governo com os agentes patronais. Em nota à imprensa, a comissão afirmou que a pressão para a exoneração teria vindo do "agronegócio", e que o governo estaria se afastando dos movimentos sociais (*O Globo*, 4 set. 2003; *Folha de S. Paulo*, 4 set. 2003). Dom Tomás Balduíno, presidente da CPT, disse haver consciência, entre as entidades e os movimentos, de que o "agronegócio" estava inserido no governo (*Folha de S. Paulo*, 22 nov. 2003).

Nessa época, geógrafos próximos ao MST, entre outros acadêmicos, começaram a analisar as estratégias patronais de agenciamento da categoria. Eles ressaltaram que a mobilização tinha como objetivo transformar a percepção pública negativa sobre os latifundiários, sem, contudo, promover mudanças sociais positivas. Bernardo Mançano Fernandes (2004, p. 1), professor da Universidade Estadual Paulista (Unesp), observou que:

> A imagem do agronegócio foi construída para renovar a imagem da agricultura capitalista, para "modernizá-la". É uma tentativa de ocultar o caráter concentrador, predador, expropriatório e excludente para dar relevância somente ao caráter produtivista, destacando o aumento da produção, da riqueza e das novas tecnologias.

Ariovaldo Umbelino de Oliveira (2004), da USP, criticou o que chamou de "mitos do agronegócio". Para ele, tal modelo de priorização patronal não contribuiria na alimentação da população pobre do país, sendo as pequenas unidades agrícolas aquelas que produziriam a maior parte dos produtos nas áreas rurais e que criariam mais empregos.

A partir de então, o MST começou a enfatizar reprovações ao modelo do "agronegócio". Em 2006, no Fórum de Resistência ao Agronegócio, em Buenos Aires, o maior líder do movimento, João Pedro Stédile, classificou as disputas agrário-agrícolas no Brasil em dois grupos opostos, argumentando que

> a disputa agora é entre dois grandes modelos para organizar a agricultura. De um lado, o modelo das multinacionais, que subordina e se alia aos fazendeiros exportadores e gera o agronegócio, usando a alta tecnologia que desemprega e gera êxodo rural; e, de outro, o modelo da agricultura familiar e camponesa, que busca a produção de alimentos em primeiro lugar, a fixação do homem no campo e a distribuição de renda [...].
>
> O MST é apenas um ator dessa disputa. De um lado estamos nós, movimentos sociais, sindicatos, ambientalistas, o

povo. De outro lado, os fazendeiros do agronegócio, as multinacionais, o capital internacional e seus puxa-sacos na imprensa. (*O Estado de S. Paulo*, 12 mar. 2006, p. A15)

Foi nesse contexto que o MST passou a visar às corporações do complexo papel-celulose. Em abril de 2004, militantes entraram em uma área da Veracel, na Bahia, e derrubaram árvores plantadas. Alguns dias depois, realizaram ação similar em uma fazenda da Votorantim, em São Paulo, e da Klabin, em Santa Catarina (*Folha de S. Paulo*, 17 maio 2004). Na mídia, coordenadores do movimento procuraram opor plantações e exportações das indústrias de papel ao trabalho de assentados na produção de alimentos para consumo no país (*O Globo*, 6 abr. 2004, 7 abr. 2004, 17 maio 2004; *O Estado de S. Paulo*, 9 abr. 2004).

O governo condenou energicamente essa inflexão, e não foi Rodrigues quem assumiu a frente dessa reação, mas sim o próprio presidente da República e integrantes da cúpula do PT. Para Lula, as ações em terras produtivas prejudicariam a reforma agrária, causando-lhe estranheza a mudança de foco do latifúndio improdutivo para empresas do agronegócio (*Folha de S. Paulo*, 8 abr. 2004).

Miguel Rossetto, então ministro do Desenvolvimento Agrário (2003-2006),[67] considerava que a ação contra a Veracel tinha sido inaceitável (*O Estado de S. Paulo*, 8 abr. 2004). De acordo com José Graziano da Silva, à época assessor especial do presidente, "é um erro político e estratégico fazer qualquer ameaça sobre o segmento do agronegócio. Ele não é inimigo da reforma agrária" (*O Estado de S. Paulo*, 12 maio 2004).

O então presidente do Supremo Tribunal Federal (STF), ministro Maurício José Corrêa, solicitou medidas

---

[67] Em 2014, Rossetto voltaria ao comando da pasta.

decididas do governo contra as ações do movimento social, argumentando que

> o Brasil possui algo extraordinariamente significativo no campo do desenvolvimento da economia, o agronegócio. Se hoje conseguimos uma boa produção de soja e outros itens do agronegócio, tudo isso pode ser prejudicado com uma política que realmente não está correspondendo a essa expectativa do agricultor. (*O Estado de S. Paulo*, 21 abr. 2004, p. A5)

Paralelamente às críticas sobre a atuação do MST, a cúpula do governo reiterava o apreço pelo "agronegócio". Antonio Palocci, à época ministro da Fazenda, declarou, ao sair de um encontro com o ministro Roberto Rodrigues e parlamentares da bancada ruralista, que o "agronegócio" continuaria a ser "a âncora fundamental para o desenvolvimento do país" (*O Globo*, 10 dez. 2004).

Em tal processo, o movimento social foi, aos poucos, afastando-se — e sendo afastado — de Brasília. Ao final da década de 2000, seus encontros com líderes do governo federal tinham diminuído de forma drástica.

Esvaziamento da agenda

Em meio às disputas pelo rumo da questão agrária durante o governo Lula, entidades monossetoriais primaram pelo agenciamento de narrativas de legitimação ancoradas na categoria "agronegócio". A UDR, que ganhara impulso com a reascensão dos debates fundiários durante os primeiros anos de gestão nacional do PT — após ficar restrita, por um período, à região do Pontal do Paranapanema —, foi uma delas.

Durante uma manifestação no município de Presidente Prudente (SP), situado no Pontal, um grupo de fazendeiros ligados à organização argumentou que, "sem agronegócio, o Brasil para". Um dos líderes do ato, Guilherme Prata, chegou a questionar por completo a política de criação de assentamentos, mobilizando a ideia-força da eficiência do "agronegócio", apesar de a UDR ser representante antes de atores que privilegiavam a expansão horizontal do que daqueles que mais investiam em aumento de produtividade (Oliveira, 2001): "Reformar o quê, se hoje temos, sem subsídios, o agronegócio mais eficiente do mundo?" (*O Estado de S. Paulo*, 29 maio 2004, p. B2).

Outras entidades da agropecuária patronal fizeram discursos similares ao longo dos anos 2000. Em 2008, o então presidente da SRB e diretor de agropecuária do Deagro da Fiesp, Cesário Ramalho da Silva, criticou as políticas agrárias, afirmando que objetivavam atrapalhar o "agronegócio" que, de acordo com ele, "segura as contas do país, com efeito multiplicador de gerar riqueza, emprego e renda para a indústria e os serviços" (*O Estado de S. Paulo*, 19 jul. 2008, p. A3).

Nesse período, passavam a alcançar maior publicidade análises argumentando que a reforma agrária não deveria mais ter espaço relevante como política nacional (Navarro, 2008).[68] De parte do governo, tais exames, somados à crença pouco crítica no aparato de legitimação do agronegócio, incentivavam enfraquecimento da referida política.

As dimensões discursivas do confronto sobre a questão agrária tinham, no mais, dois fortes elementos a pressionar o Planalto, um político e outro econômico: a importância dos agentes privados e parlamentares do campo

---

68 É fundamental ressaltar que, simultaneamente, havia um conjunto de cientistas, a exemplo de Leite e Ávila (2007), demonstrando a importância dessa política tanto em termos de crescimento econômico — garantidas certas condições — quanto do potencial para combater a pobreza e reduzir a desigualdade.

do agronegócio na coalizão operada pelo Executivo, e a elevação dos preços das terras no país, que acompanhava, entre outras influências, o aumento da demanda global por commodities (Sauer & Leite, 2012).

Após um pico de 876 assentamentos criados em 2005, haveria queda para 112 em 2011, como é apresentado na tabela 15.

Tabela 15 — Número de ocupações de terra realizadas e de assentamentos da reforma agrária criados (2003-2013)*

Ano	Ocupações	Assentamentos criados
2003	535	326
2004	646	460
2005	537	876
2006	518	718
2007	524	389
2008	365	329
2009	378	298
2010	167	211
2011	207	112
2012	207	119
2013	177	136

Fonte: Banco de Dados da Luta pela Terra, Universidade Estadual Paulista, 2015.
* As retomadas indígenas estão excluídas destes números.

Embora extremamente relevante, esse fato não implicou o fim da controvérsia envolvendo o agronegócio e a questão agrária. Entre aspectos que operaram para manter alguma atenção pública, ainda que menor, para o tema, pode-se realçar a aliança entre movimentos sociais e alguns agentes estatais em defesa da atualização dos índices de produtividade agropecuária.

Agricultura familiar

Outro embate no início do governo Lula envolveu relações entre distintos agentes patronais e não patronais da agropecuária, e foi traduzido, frequentemente, por diversas associações entre as categorias totalizantes "agronegócio" e "agricultura familiar".

Em 1999, FHC havia criado o Ministério da Política Fundiária e Agricultura Familiar,[69] aproximando a agricultura não patronal da gestão fundiária. Com isso, constituíra-se ambiente institucional para a transferência do Pronaf, a partir do ano safra 2000/2001, ao novo ministério (Bianchini, 2015). Em 2000, esse órgão passou a ser intitulado Ministério do Desenvolvimento Agrário.

A existência dos dois ministérios para realizar política agrícola foi interpretada por muitos atores, entre eles destacados líderes políticos, como divisão entre a "agricultura familiar" e o "agronegócio". "Tirando o *agribusiness*, todo o resto é conosco, agora", disse, em 1999, Raul Jungmann, então ministro de Política Fundiária e Agricultura Familiar (*O Estado de S. Paulo*, 27 nov. 1999, p. A18).[70]

Respondendo ao autor deste livro sobre a relação de sua gestão com o "agronegócio", a ex-presidenta Dilma Rousseff (2011-2016), do PT, afirmou que esse subconjunto da economia era muito importante para o país, mas logo completou:

---

[69] Esse órgão era um desdobramento da designação de um ministério para temas agrários em 1996, ocorrida após o Massacre de Eldorado do Carajás.
[70] Jungmann foi o ministro de Política Fundiária apontado por FHC, em 1996, permanecendo no cargo — a partir de 1999, como ministro da Política Fundiária e Agricultura Familiar — até 2002.

Isso não significa que nós não tenhamos um Ministério do Desenvolvimento Agrário, que não tem nada a ver [com o agronegócio]. Basicamente, o MDA é o pequeno agricultor, o agricultor pequeno familiar, o pequeno empresarial, que responde por 70% da alimentação do Brasil. Ou seja, em termos do país, é outra força. (Rousseff, 2017)

A distinção a que Jungmann e Rousseff aludiam passara a ser objeto de grande disputa classificatória no país, com efeitos bastante tangíveis na realidade social brasileira. De fato, um dos grandes debates que surgiriam na esfera pública entre as noções de "agronegócio" e "agricultura familiar" seria sobre a (não) inserção desta naquele, com todos os resultados práticos que uma ou outra escolha poderia trazer.

Por seu turno, a categoria "agricultura familiar" ganhara maior projeção na esfera pública no começo da década de 1990, com trabalhos de José Eli da Veiga e Ricardo Abramovay, autores que atribuíam novos desdobramentos ao tema em relação aos estudos da pequena produção e da produção familiar de pesquisadores como Angela Kageyama, José Graziano da Silva e Sonia Bergamasco (Picolotto, 2014). Em diálogo com esses trabalhos, entidades sindicais começariam a mobilizar o termo e, em meados da década, ele seria incorporado formalmente pelo Estado por meio da resolução do Banco Central que criou o Pronaf.

Aproximadamente na virada do milênio, alguns agentes políticos haviam começado a opor as duas noções, a exemplo do ativista Jean-Pierre Leroy, que, relacionando a "agricultura familiar" à multifuncionalidade, à manutenção das paisagens e à diversidade da alimentação, contrastava-a com o "agronegócio", o qual seria principalmente voltado às exportações, contribuiria para diminuir a variedade de sementes e matrizes, além de influenciar no aumento de erosão e assoreamento (*O Globo*, 28 fev. 2000, p. 7).

Outros atores, incluindo segmentos da imprensa, respondiam às críticas baseadas nessa oposição argumentando que o *agribusiness* abasteceria tanto o mercado externo quanto o interno. Além do mais, afirmavam que o modelo agrícola privilegiado no país não seria incompatível com a agricultura familiar (*O Globo*, 20 ago. 2000, 18 nov. 2001).

Importante relembrar o tratamento que as diferentes cartas políticas de núcleos do campo haviam proposto para os produtores não patronais. O projeto político-econômico da Agroceres recomendara seleção entre produtores com baixa renda que teriam, ou não, capacidade produtiva considerada razoável: para aqueles, havia incentivado apoio estatal, por meio de política agrícola; para estes, tinha sugerido que encontrassem de trabalho em outras áreas.

Guardando coerência com o referido projeto, o FNA e a Abag do início dos anos 2000 tinham defendido algumas políticas agrícolas específicas para a agricultura familiar — sobretudo para famílias que estivessem mais bem providas de fatores de produção. Ao mesmo tempo, era evidente que tais sugestões não dispunham da mesma ênfase que teriam os pleitos voltados a agentes patronais.

Disputas classificatórias

Conforme se disputavam, durante o início do primeiro governo Lula, o orçamento e as políticas destinadas aos produtores não patronais, estiveram em atrito pronunciado pelo menos três narrativas classificatórias envolvendo o "agronegócio" e a "agricultura familiar" (Pompeia, 2020a).

A primeira delas, avançada pelo governo federal, colocava ambas as noções em relação de complementariedade; a segunda, mobilizada por movimentos sociais, entidades da sociedade civil e setores das universidades, opunha "agricultura familiar" a "agronegócio"; finalmente, a terceira, operada por núcleos patronais, pela maioria da mídia e por outros segmentos da academia, era diametralmente oposta àquela dos movimentos sociais, inserindo a "agricultura familiar" no "agronegócio".

Começa-se pela primeira, que tratava as categorias "agronegócio" e "agricultura familiar" como alusivas a públicos distintos, mas complementares. Nesse sentido, "agronegócio" foi frequentemente entendido como sinônimo da agricultura patronal.

Ao assumir a presidência, em 1º de janeiro de 2003, Lula afirmou:

> Vamos incrementar também a agricultura familiar, o cooperativismo, a forma de economia solidária, elas são perfeitamente compatíveis com o nosso vigoroso apoio à pecuária e à agricultura empresarial, com a agroindústria e o agronegócio. São, na verdade, complementares, tanto na dimensão econômica quanto social. (*O Estado de S. Paulo*, 2 jan. 2003, p. H4)

A ideia de complementaridade era ladeada por uma narrativa de dupla priorização. Quando elogiava o "agronegócio", conforme o fez em rede aberta de televisão e rádio no dia 14 de agosto de 2003, o presidente preocupava-se em ressaltar que a agricultura familiar seria, da mesma forma, prioridade (*Folha de S. Paulo*, 15 ago. 2003). Ao comunicar os focos principais do governo para 2005, a cúpula do Executivo anunciou que tanto o "agronegócio" quanto a "agricultura familiar" estariam entre eles (*Folha de S. Paulo*, 12 dez. 2004).

Quando estava próximo de representantes de movimentos e entidades de trabalhadores, Lula fazia esforços para contê-los, sem abandonar a narrativa. Na abertura do 9º Congresso da Contag, o mandatário (*O Globo*, 1º mar. 2005, p. 4) afirmou que esse país não vai para a frente enquanto o agricultor familiar não tiver, do Estado brasileiro, o respeito que tem que ter, porque, se o agronegócio é importante, e o é, é importante a gente salientar que a agricultura familiar é tão importante ou mais importante que qualquer outra coisa que produza nesse país. Os dois são muito importantes.

Na publicidade institucional, o governo federal procurava sublinhar, concomitantemente, as duas categorias. Para isso, enfatizava, respectivamente, as exportações e a produção para o mercado interno:

> Nos últimos anos, a agricultura brasileira ganhou o respeito do mundo. Desenvolvemos as mais avançadas pesquisas agropecuárias. O agronegócio se modernizou e conquistou novas fronteiras, fazendo do Brasil um importante celeiro mundial. Com a força do homem do campo, 70% dos alimentos que o Brasil consome vêm da agricultura familiar. Tudo isso se transforma em crescimento, oportunidades e qualidade de vida para todos. (*O Estado de S. Paulo*, 16 dez. 2008, p. A13)

Divergindo da narrativa oficial, movimentos sociais e a parcela socialmente progressista da Igreja católica, entre outros agentes, passaram, sobretudo a partir de meados da década de 2000, a mobilizar a categoria "agricultura familiar" em oposição direta à categoria "agronegócio". Tratava-se da segunda proposta de classificação.

Como já comentado, o MST operava a narrativa que opunha dois modelos agrícolas no Brasil, um fundamentado no "agronegócio", outro na "agricultura familiar e camponesa" (*O Estado de S. Paulo*, 12 mar. 2006, p. A15). Em 2008, por exemplo, o movimento social distribuiu à mídia um documento denunciando "o modelo que privilegia o agronegócio, em detrimento da agricultura familiar, e impede a realização da reforma agrária" (*O Estado de S.*

Paulo, 11 mar. 2008, p. A8). Nas universidades, pesquisadores como Sérgio Sauer (2008) fizeram contribuições aprofundadas para a perspectiva de oposição entre as duas categorias.

Respondendo a tais críticas, a terceira proposta classificatória defendia que a "agricultura familiar" faria parte do "agronegócio". O principal eixo argumentativo era chamar atenção para a participação de segmentos da agricultura familiar nas cadeias produtivas. O editorial de *O Globo* (6 fev. 2003), por exemplo, lembrou dos pequenos produtores integrados do Sul que abasteciam rotas de exportação de aves. De acordo com editorial de *O Estado de S. Paulo* (25 abr. 2005, p. A3), "muitos dos mais eficientes produtores de milho são pequenos agricultores que também produzem aves e porcos para grandes frigoríficos. Esse é um exemplo de agricultura familiar altamente eficiente, mas esses agricultores são integrantes do agronegócio".

Uma variante da terceira proposta de classificação consistia sobretudo em recomendar políticas de integração de produtores não patronais nas cadeias produtivas. Decio Zylbersztajn (2006, p. 63), por exemplo, propunha "transformar o agro não negócio em agronegócio — transformando um agricultor de qualquer escala, e sem acesso aos mercados, em agricultor produtor de bens e serviços desejados pelas sociedades urbanizadas no Brasil e no exterior". Para Zylbersztajn (2006, p. 62), "a agricultura familiar deseja, precisa e não sobreviverá se não for transformada em agronegócio".

Havia, ainda, outro eixo da terceira proposta que procurava se ancorar diretamente na noção de *agribusiness*. Marcos Jank argumentou, nesse sentido, que antagonismos como a oposição entre as duas categorias incentivariam "invasões de terra, repulsa a empresas multinacionais e visões opostas sobre o futuro desejável para o setor" (*O Estado de S. Paulo*, 4 out. 2006, p. A2). Seria uma perspectiva incorreta, pois a ideia de agronegócio diria respeito apenas a um conceito para demarcar integração.

Por sua vez, Xico Graziano, ex-deputado federal pelo PSDB, enfatizou que o agronegócio não teria nenhuma relação, na acepção original, com o tamanho das propriedades (*O Estado de S. Paulo*, 20 dez. 2005). Já Marcos Fava Neves, da Fundação Getúlio Vargas e da USP, escreveu sobre o incômodo com

> a ignorância em relação ao conceito de agronegócio. Somos obrigados a ver propaganda eleitoral dizendo que "somos contra o agronegócio, contra a opressão, contra a violência..." e contra tudo o que gera renda — provavelmente a favor apenas da perpetuação da miséria.
>
> É importante que essas lideranças que criticam o agronegócio entendam que esse conceito foi criado em 1957 nos Estados Unidos (apenas em 1990 no Brasil) para dar o caráter de integração à agricultura.
>
> Agricultura integrada com o comércio, com a indústria, com os serviços, com a pesquisa, com os insumos e com os produtores. Na definição, não existe a palavra "tamanho". É preciso entender que agronegócio não significa algo grande, e sim algo "integrado". (*Folha de S. Paulo*, 25 set. 2010, p. s24)

Efeitos

Um importante desdobramento prático das disputas entre as referidas propostas classificatórias ocorreu na Embrapa, entre 2003 e 2005. Substituindo Alberto Portugal a partir do começo do governo Lula, o novo diretor-presidente da empresa de pesquisa, Clayton Campanhola, assumiu propondo mudanças.

Em abril de 2003, no aniversário de trinta anos da Embrapa, Campanhola disse que havia chegado a hora de abraçar uma missão crucial que ficara para trás: viabilizar o segmento de pequenos agricultores esquecidos no processo de modernização conservadora.

No mesmo evento, Lula disse que se tratava da "vez de colocar tecnologia e pesquisa também na terra do pequeno produtor". E adicionou: "Até porque a produção empresarial e a familiar não são antagônicas, mas complementares" (*Folha de S. Paulo*, 23 jan. 2005, p. 12).

Em outra oportunidade, o diretor-presidente explicou que, nos "últimos anos, a Embrapa se concentrava nas grandes cadeias do *agribusiness*. O pequeno agricultor ficava meio de lado" (*Folha de S. Paulo*, 11 fev. 2003, p. 11). Os conhecimentos empíricos dos produtores familiares precisariam de validação científica, defendia ele.

Além disso, Campanhola propunha cautela na empresa quanto ao tratamento dos transgênicos, justificando o posicionamento com base no princípio da precaução (Campanhola, 2017). O princípio havia constado da "Declaração do Rio sobre Meio Ambiente e Desenvolvimento", assinada durante a Eco-92:

> Com o fim de proteger o meio ambiente, o princípio da precaução deverá ser amplamente observado pelos Estados, de acordo com suas capacidades. Quando houver ameaça de danos graves ou irreversíveis, a ausência de certeza científica absoluta não será utilizada como razão para o adiamento de medidas economicamente viáveis para prevenir a degradação ambiental. (Organização das Nações Unidas, 1992b)

O dirigente começou, ainda, a contestar o discurso predominante na pesquisa agropecuária do órgão de que qualquer tecnologia criada seria adequada para todos os produtores do país. Ele reforçava, consequentemente, a perspectiva de que as inovações tecnológicas não seriam neutras. Ademais, Campanhola insistia que, para além da criação de inovações adequadas para cada um dos segmentos da agricultura nacional, havia o desafio do acesso a elas (Campanhola, 2017).

Houve reação contrária impetuosa da bancada ruralista, de entidades da agricultura patronal e de multinacionais de insumos — como a Monsanto — a essa incipiente reorientação. A elas se juntariam setores da mídia, críticos ao novo papel institucional proposto por Campanhola. Por exemplo, o jornalista Lourival Sant'anna, do *Estadão*, escreveu que o novo foco da Embrapa teria colocado o "agronegócio" e a biotecnologia em plano inferior (*O Estado de S. Paulo*, 15 fev. 2004).

No início de 2005, o que se pode caracterizar como projeto de democratização da pesquisa na empresa foi derrotado com a destituição do diretor-presidente. O governo cedera novamente às pressões de representações patronais. Elogiando a destituição liderada pelo ministro Roberto Rodrigues, um editorial do *Estadão* louvou o que seria o resgate da empresa do aparelhamento ideológico e partidário, e a restituição da "competência" e do "bom senso" (*O Estado de S. Paulo*, 23 jan. 2005, p. A3). O mesmo editorial afirmava que a "distinção relevante não é entre agronegócio e agricultura familiar, mas entre a produção eficiente e a ineficiente". E completava: "Quanto aos produtores familiares, os competentes participam da produção destinada ao mercado e ganham dinheiro, muitos deles apoiados em contratos com indústrias processadoras de matérias-primas. Fazem parte, portanto, do agronegócio".

Para o jornal, os agricultores familiares em situação de pobreza seriam incompetentes. Declarações como essa davam esteio a políticas agrícolas excludentes, que priorizavam a agricultura patronal e a parcela minoritária da agricultura familiar que respondesse mais rapidamente aos estímulos para inserção nas cadeias produtivas.

O editorial de *O Globo* (25 jan. 2005, p. 6), por seu turno, anunciou o "fim do pesadelo" na Embrapa, que teria consistido na priorização da "agricultura familiar" em detrimento do "agronegócio". Afirmava-se que a Embrapa nunca havia desprezado os agricultores familiares. Na verdade, não havia preterido uma parte dos agricultores familiares — sobretudo aqueles fundamentais para algumas das principais cadeias produtivas ligadas à agropecuária —, mas tinha, inquestionavelmente, ignorado grande parcela de pequenos agricultores do país. As duas empresas de comunicação, Globo e Estadão, eram formalmente associadas à Abag.

À época, o Ministério da Agricultura afirmou em nota que a saída de Campanhola "não representa qualquer mudança estratégica na gestão dos projetos desenvolvidos pela instituição ou na sua linha de atuação". O anúncio público oficial também declarava que a intenção da pasta era "reforçar e retomar o papel histórico da Embrapa na área de planejamento de ações para a inclusão social do agronegócio" (*O Estado de S. Paulo*, 20 jan. 2005, p. B8). Concomitantemente, o ministro Rodrigues apressou-se em esclarecer que a agricultura familiar, a qual, segundo ele, faria parte do agronegócio, continuaria tendo prioridade na empresa (*O Estado de S. Paulo*, 22 jan. 2005).

Optando, nessa controvérsia, por investir na classificação de inserção da "agricultura familiar" no "agronegócio", ele agiria de maneira diferente no ano seguinte, ao justificar a própria saída do governo com a reclamação de que a "agricultura familiar" seria favorecida pelo Executivo (Pompeia, 2020a).

Se a Casa Civil e os ministérios do Planejamento, da Fazenda, das Relações Exteriores e da Agricultura priorizavam a agricultura patronal, o MDA e o Ministério do

Desenvolvimento Social e Combate à Fome (MDS) — por meio da Secretaria Nacional de Segurança Alimentar e Nutricional (Sesan) — não deixavam de promover a defesa de orçamento e das políticas para os distintos públicos incluídos na categoria "agricultura familiar".

Uma das linhas de justificação que o MDA utilizou para fundamentar esse objetivo foram as estatísticas econômicas. Para isso, escolheu-se um dos elementos destacados de legitimação dos agentes patronais e industriais: a participação do agronegócio no PIB. Acatando-se taticamente a proposta de que a "agricultura familiar" estaria contida no "agronegócio", a ideia foi calcular a participação daquela neste.

O MDA contratou, então, pesquisadores que haviam desenvolvido análises quantitativas relacionadas à noção intersetorial criada em Harvard. O resultado de seu trabalho apontou que, se o agronegócio como um todo representava, em 2003, 30,6% do PIB do Brasil, o "agronegócio familiar" seria responsável por aproximadamente um terço disso, ou seja, 10,1% (Ministério do Desenvolvimento Agrário, 2004).

O ministro do MDA, Miguel Rossetto, argumentou que os números demonstravam a vitalidade econômica da agricultura familiar e amparavam a decisão política de ampliar os investimentos públicos para famílias abrangidas nessa categoria. Ao jornal *O Globo* (17 dez. 2004, p. 30), ele reforçou que a agricultura familiar "é um setor dinâmico e que tem capacidade de resposta quando recebe investimentos".

Havendo, de um lado, derrotas para o público não patronal — como no caso da Embrapa — e inquestionável priorização dos grandes proprietários de terra e de corporações na política agrícola nos anos 2000, notava-se, de outro lado, que a interlocução das heterogêneas entidades de representação de agricultura familiar ou de pequenos agricultores com a dupla institucional MDA/MDS obteria, paulatinamente, nítido êxito na consolidação e na diversificação de uma matriz de políticas de apoio à produção. Entre elas, podem-se destacar o Pronaf, a Política Nacional de Assistência Técnica e Extensão Rural (Pnater), o Programa de Aquisição de Alimentos (PAA), o Programa de Fomento às Atividades Produtivas Rurais, o Mais Gestão e o Programa Cisternas — especialmente na segunda modalidade, de água para a produção.

Tal processo, ampliando a influência das pastas mencionadas, incomodaria parte dos núcleos dominantes do campo do agronegócio, que passariam a questionar, enfaticamente, a existência do MDA (Associação Brasileira de Agribusiness, 2010). Com isso, a controvérsia entre "agronegócio" e "agricultura familiar" se renovou no final dos anos 2000.

Trabalho escravo

Outra controvérsia expressiva envolvendo o agronegócio, sobretudo a partir de 2004, foi a do trabalho análogo ao de escravo. As relações de trabalho rural haviam recebido pouco destaque nas principais cartas políticas do campo do agronegócio, à exceção daquela do FNA, que criticava a legislação sobre o tema e a entendia como antiquada, complexa e paternalista (Ministério da Agricultura e do Abastecimento, 1998).

À primeira vista um assunto que parece estar ligado somente às áreas mais tradicionais e conservadoras do país, o trabalho análogo ao de escravo havia sido identificado em algumas das empresas ligadas às principais nucleações do campo do agronegócio.

A Maeda Agroindustrial, por exemplo, produtora e beneficiadora de algodão, foi autuada em 2004 pelo Ministério do Trabalho e Emprego por manter 135 trabalhadores em situação análoga à escravidão em uma fazenda no Mato Grosso. O relatório dos fiscais apontou que as pessoas libertadas estavam alojadas em um galpão destinado ao armazenamento de grãos — com péssimas condições de higiene e expostas a insetos, ratos e cobras (*Folha de S. Paulo*, 2 maio 2005; *O Globo*, 20 mar. 2005; *Repórter Brasil*, 27 jul. 2004). A empresa era, então, associada à Abag — e posteriormente, a partir de 2007, se integraria ao Cosag (Associação Brasileira de Agribusiness, 2003; Federação das Indústrias do Estado de São Paulo, 2007a).

O caso da Maeda não era isolado. "Agronegócios e pecuária de ponta usam trabalho escravo", denunciava manchete da *Folha de S. Paulo* (18 jul. 2004). Segundo a reportagem:

Levantamento exclusivo da *Folha* com base em 237 relatórios de fiscalizações do Ministério do Trabalho realizadas entre janeiro de 2000 e dezembro de 2003 revela que o trabalho escravo no Brasil acompanha o avanço das fronteiras agrícolas e da pecuária e está presente em grandes empreendimentos agrícolas para a exportação e em modernas fazendas de criação de gado que estão no topo da vanguarda tecnológica. (*Folha de S. Paulo*, 18 jul. 2004, p. 1)

"É a face obscura de uma parcela do agronegócio, uma cicatriz escondida em meio à riqueza", escreveu a repórter Elvira Lobato. Município que mais produz soja no país, Sorriso (MT), reconhecido posteriormente, por lei federal, como a "Capital Nacional do Agronegócio", teve três de seus maiores produtores — Darcy Ferrarin, Valdir Daroit e Nei Frâncio — autuados pelo grupo de combate ao trabalho escravo do Ministério do Trabalho e Emprego em 2003, relatava a jornalista. A matéria indicava, ainda, multinacionais que foram flagradas com esse tipo de trabalho, como a belga Sipef, em fazenda de pimenta no Pará, de onde haviam sido retirados 153 trabalhadores.

Em março de 2004, a Organização Internacional do Trabalho (OIT) publicou artigo tratando de trabalhos forçados no Brasil (International Labour Organization, 2004). Semanas depois, João de Almeida Sampaio Filho, então presidente da SRB, entidade que havia integrado o FNA (Ministério da Agricultura e do Abastecimento, 1998) e era organizadora da Agrishow, reagiu dizendo que "aceitar propaganda da OIT dizendo isso é dar munição para quem não quer que o Brasil exporte" (*O Estado de S. Paulo*, 25 abr. 2004).

Diante do aumento das críticas a violações de direitos humanos em parte da agropecuária patronal, alguns líderes do campo defenderam que casos de trabalho escravo nas fazendas seriam episódicos. Ainda em 2004, Sampaio

Filho argumentou que não se poderiam generalizar casos que eram exceção:

> O agronegócio brasileiro tem garantido não apenas o superávit da balança comercial do país, mas há mais de uma década é o setor que mais emprega em toda a cadeia produtiva da economia brasileira. O agronegócio gera 18 milhões de empregos, o que corresponde a 30% da população economicamente ocupada do país. Esses números, por si só, já colocam por terra as denúncias, absurdas e infundadas, de algumas entidades e organizações não governamentais (ONGs), ideologicamente atrasadas, que insistem em afirmar que o trabalho escravo é a principal forma de emprego na agricultura brasileira. As ONGs e entidades, em sua maioria, e muitas vezes órgãos do próprio governo federal, fecham os olhos para o óbvio: o agronegócio, como um todo, gera um emprego para cada três existentes no país. (*O Estado de S. Paulo*, 8 dez. 2004, p. 21)

Por sua vez, a Unica, representante da cadeia sucroalcooleira, afirmou, em mais de uma oportunidade, que casos desse tipo de trabalho, como os flagrados em usinas de Goiás, seriam "isolados" (Federação das Indústrias do Estado de São Paulo, 2007a; *Folha de S. Paulo*, 23 jan. 2009, p. 8).

A depender do contexto, usava-se outra justificação, que consistia em criticar as autuações do Ministério do Trabalho e Emprego, como a própria Unica fez em 2008 (*Folha de S. Paulo*, 24 ago. 2008). Essa segunda linha de reação de parte das representações do campo do agronegócio se tornaria predominante na segunda metade dos anos 2010, com críticas ao conceito de trabalho escravo e às divulgações de listas com empresas autuadas.

Na mídia internacional, a incidência de reportagens sobre trabalho análogo à escravidão em áreas de fronteira da Amazônia tinha crescido com o boom das commodities, como mostra a matéria do *New York Times* (25 mar. 2002), "Exportações premiadas do Brasil dependem de escravos e queimadas", que tratava de atividades desumanas na exploração de carne e madeira nas frentes de expansão.

Essa exposição se dilataria na segunda metade da década. David Ismail, fazendeiro britânico incomodado com os efeitos que as exportações de carne do Brasil tinham sobre o preço dessa commodity, usou uma bolsa de pesquisa para visitar o país e tentar entender como se podia produzir gado de corte em grande quantidade a preços mais baixos do que a média internacional. Ele relatou que viu cenas piores do que no apartheid, com trabalhadores brutalizados, morando em barracos, sem assistência médica e com ferramentas inadequadas. O relatório de pesquisa denunciava que a carne vendida na Grã-Bretanha vinha, provavelmente, de fazendas brasileiras onde havia trabalho escravo (*The Telegraph*, 5 jan. 2006; *Daily Post*, 12 jan. 2006).

No ano de 2007, noticiou-se na esfera pública internacional que o complexo da cana-de-açúcar brasileiro teria entre 25 mil e quarenta mil migrantes que atuavam na colheita do produto em condições degradantes, tais como turnos de doze horas sob forte sol, locais superlotados para dormir e alimentos a preços muito altos, o que muitas vezes os endividava (*The Guardian*, 9 mar. 2007; *British Broadcasting Corporation*, 3 jul. 2007; *Fox News*, 2 out. 2007).

Ainda em 2007, a Anistia Internacional enviou relatório à Revisão Periódica Universal (RPU) da ONU tratando do assunto. No âmbito do Conselho de Direitos Humanos dessa organização, a RPU acompanha as evoluções e os retrocessos em direitos humanos nos países-membros. Referindo-se ao Brasil, a Anistia afirmava que "há sérias preocupações com as condições exploratórias de trabalho na limpeza de terra, produção de carvão e no crescente setor de cana-de-açúcar" (Amnesty International, 2007, p. 4).

Foi no contexto dessas críticas internacionais que Lula começou a defender as indústrias sucroalcooleiras: "Os usineiros de cana, que dez anos atrás eram tidos como bandidos do agronegócio, estão virando heróis nacionais e mundiais, porque todo mundo está de olho no álcool" (*O Estado de S. Paulo*, 21 mar. 2007, p. A1). No ano seguinte, o presidente minimizaria as críticas às condições de trabalho no corte da cana: "Vira e mexe, estamos vendo eles [os europeus] falarem do trabalho escravo no Brasil, sem lembrar que no desenvolvimento deles, à base do carvão, o trabalho era muito mais penoso que o trabalho na cana-de-açúcar" (*Folha de S. Paulo*, 24 ago. 2008).

Na mesma época, as críticas internas também eram veementes, não arrefecendo diante das justificações de agentes empresariais e do governo. Nesse processo, alguns movimentos sociais e entidades, como a CPT, tiveram importância tanto no enfrentamento direto ao trabalho análogo ao de escravo quanto nas críticas a essas violações. Na academia, o tema também receberia maior atenção, a exemplo do seminário "Direitos humanos, trabalho escravo contemporâneo e agronegócio", promovido na Universidade Federal do Rio de Janeiro (UFRJ) em outubro de 2008.

Além do mais, uma articulação progressista público-privada resgatou a Proposta de Emenda à Constituição que previa o confisco de propriedades em que fossem flagrados trabalhadores submetidos à exploração análoga à escravidão. No final de 2009, o Programa Nacional de Direitos Humanos (Brasil, 2009) sinalizou especial suporte à iniciativa, além de acrescentar propostas sobre o tema:

Apoiar a alteração da Constituição para prever a expropriação dos imóveis rurais e urbanos nos quais forem encontrados trabalhadores reduzidos à condição análoga a de escravos. [...]
Identificar periodicamente as atividades produtivas em que há ocorrência de trabalho escravo adulto e infantil. [...]
Propor marco legal e ações repressivas para erradicar a intermediação ilegal de mão de obra.

Tais proposições eram ladeadas, no decreto que aprovara o programa (Brasil, 2009), por críticas diretas ao "agronegócio" e ao pacto de economia política com o Estado:

> É necessário que o modelo de desenvolvimento econômico tenha a preocupação de aperfeiçoar os mecanismos de distribuição de renda e de oportunidades para todos os brasileiros, bem como incorpore os valores de preservação ambiental. Os debates sobre as mudanças climáticas e o aquecimento global, gerados pela preocupação com a maneira com que os países vêm explorando os recursos naturais e direcionando o progresso civilizatório, estão na agenda do dia. Essa discussão coloca em questão os investimentos em infraestrutura e modelos de desenvolvimento econômico na área rural, baseados, em grande parte, no agronegócio, sem a preocupação com a potencial violação dos direitos de pequenos e médios agricultores e das populações tradicionais.

Meio ambiente

Entre todas as críticas, as ambientais têm representado o maior desafio às cadeias de commodities agropecuárias e às suas representações. Com efeito, o adensado envolvimento, nas contestações, de escalas internacionais da esfera pública reequilibra a disparidade de poder entre os atores em disputa, impossibilitando a desestabilização do aparato crítico com o agenciamento de estatísticas macroeconômicas e ideias-força, como "segurança alimentar" (Pompeia, 2020b).

Sobretudo a partir de meados dos anos 2000, os riscos resultantes dessas reprovações forçaram o agronegócio a promover mudanças (i) institucionais, (ii) justificatórias e (iii) programáticas. Antes de proceder à análise dos avanços e das contradições, é necessário identificar os posicionamentos patronais prévios à agudização das controvérsias ambientais e caracterizar alguns aspectos da crítica.

A agenda ambiental sempre constou das principais cartas do campo. O FNA inserira a "sustentabilidade da agricultura"[71] como uma das "Dez bandeiras do agronegócio" apresentadas ao presidente Fernando Henrique Cardoso. Nesse documento, o fórum solicitava incentivo do Executivo federal ao manejo sustentado de recursos naturais, à proteção da agrobiodiversidade, aos sistemas alternativos de produção e à coleta adequada de resíduos. Além disso, defendia a criação de unidades de conservação (UCs) (Ministério da Agricultura e do Abastecimento, 1998).

Na Abag, foi evidente o aumento da atenção dispensada ao tema conforme se alteravam as determinações

---

[71] Para uma análise sobre o substantivo "sustentabilidade" e a noção de desenvolvimento sustentável, ver Veiga (2015).

político-econômicas para os complexos agroindustriais e se intensificavam as críticas ambientais. Quando da criação da entidade, Ney Bittencourt de Araújo havia argumentado que o avanço tecnológico nas fazendas e os ganhos de produtividade decorrentes seriam elemento central para a "preservação ambiental" (Bittencourt de Araújo & Pinazza, 1993, p. 14). A proteção ao meio ambiente caracterizaria, de acordo com o empresário, um dos quatro desafios estratégicos do país (*O Estado de S. Paulo*, 13 jun. 1993).

Com o salto nos preços das commodities agropecuárias, a partir de meados de 2001, e o incremento da procura por terras que a ele se seguiu, as posições da associação se complexificaram. Em 2002, a Abag definiu, em proposta aos presidenciáveis, que seria importante apoiar o "desenvolvimento sustentável", mas também começou a questionar abertamente o Código Florestal, o que se repetiria em 2006 (Associação Brasileira de Agribusiness, 2002, p. 10, 2006).

A propósito, na década de 2000, podia-se falar em um conjunto de controvérsias ambientais distintas que se relacionavam à arena do agronegócio. Embora se reconheça a fundamental importância das polêmicas relativas aos agrotóxicos e aos transgênicos, que também se intensificaram nesse decênio, este capítulo privilegiou o exame daquela relacionada à Amazônia, dadas as suas consequências no processo político nacional.

Após relativa estabilização entre 1999 e 2001, as taxas de desmatamento na Amazônia Legal passaram a aumentar. Um dos muitos fatores a influenciar esse crescimento foi a expansão da pecuária extensiva para áreas de florestas. Em parte dos casos, esse movimento era estimulado, indiretamente, por culturas agrícolas, como a soja (ver Arima *et al.*, 2011).

No Brasil, Marina Silva, ministra do Meio Ambiente entre 2003 e 2008, foi uma das principais agentes a criticar o aumento do desmatamento na região e a associá-lo ao "agronegócio". Na América do Norte e na Europa, o crescimento nas taxas brasileiras de desflorestamento tampouco passou despercebido — como pôde ser notado nos jornais *The New York Times* e *Le Monde*, que, conjuntamente, dedicaram 26 páginas ao tema, em 2005, ante oito, em 2000, e três, em 1995.

Uma associação negativa específica, entre a soja e a floresta amazônica, constaria, durante a década de 2000, de algumas das reportagens desses veículos de mídia, como revelam, por exemplo, as manchetes "Inimigo implacável da floresta amazônica: a soja" (*The New York Times*, 17 set. 2003) e "A Amazônia asfixiada pela soja" (*Le Monde*, 29 fev. 2008). Também receberia importante atenção de ONGs como o Greenpeace.

Por sinal, uma campanha dessa organização ambientalista, a partir de abril de 2006, foi responsável por forte abalo na imagem da cadeia da soja no Brasil. Ela tinha como base o relatório *Comendo a Amazônia*, que evidenciava modos pelos quais a produção dessa oleaginosa estava se constituindo em um dos fatores de desmatamento na maior floresta tropical do mundo (Greenpeace, 2006).

Fazendo uso da categoria "agronegócio" — que reforçava a perspectiva sobre as relações entre os elos dos complexos agroindustriais —, o Greenpeace apontou para grandes redes de supermercados e restaurantes fast-food envolvidos com a compra de carne de gado e de frango que haviam sido alimentados com soja produzida em áreas de desmatamento da Amazônia. Houve, após o lançamento dessas conclusões, diversos protestos na Europa, em particular contra o McDonald's, que tinha a *trading* Cargill como importante supridora.

No Brasil, um terminal portuário dessa transnacional em Santarém (PA) — concluído em 2003 sem o estudo de impacto ambiental — tinha se tornado um símbolo da expansão irregular da soja na Amazônia e vinha concentrando manifestações do Greenpeace e de movimentos sociais. Com o lançamento do relatório da ONG, protestos voltaram a ocorrer no local.

Em 2006, a *Repórter Brasil* (20 jul. 2006) publicou a matéria "Desmatamento e poluição seguem o rastro do agronegócio". No primeiro parágrafo, dizia-se que:

> O agronegócio avança na trilha do desmatamento e da superexploração do meio ambiente. No lugar da floresta, grandes pastos para receber gado, lavouras de soja e algodão. E o que restou de árvores que alimentaram madeireiras e carvoarias ou que serviram de insumo para a construção civil das grandes cidades. Esse é o alto preço que paga o país por apostar na grande propriedade rural como alavanca para o desenvolvimento econômico.

Segundo Tasso Azevedo, diretor do Serviço Florestal Brasileiro (SFB), ouvido na reportagem, o "agronegócio" traria como principais problemas ambientais a utilização de agrotóxicos,[72] o desmatamento e o uso ilícito de áreas de reserva legal.

No final de 2006, o Instituto Socioambiental (ISA) divulgou o texto "Agronegócio e desmatamento", que discutia se a segunda queda consecutiva no índice de desflorestamento da Amazônia (2005 e 2006) tinha como fatores fundamentais os problemas momentâneos de renda da agricultura patronal ou as ações de fiscalização do governo federal.

---

[72] Para análise sobre intoxicações e mortes por agrotóxicos no Brasil, ver Bombardi (2016).

Sobretudo a partir de 2007, a preocupação internacional com a Amazônia começaria a ser inserida, progressivamente, na agenda do clima. Um pouco antes da 13ª Conferência das Partes (COP) da Convenção-Quadro das Nações Unidas sobre Mudança do Clima (UNFCCC), na Indonésia, da qual se esperavam avanços para a criação de novo protocolo sobre emissões de gases de efeito estufa (GEE), um documento ressaltou a alta probabilidade de a ação humana contribuir decisivamente com o aquecimento global.

Reunindo amplo conjunto de cientistas de diferentes países, o Painel Intergovernamental sobre Mudanças Climáticas (IPCC), da ONU, concluíra, em sua quarta avaliação (2007, p. 5), que "a maior parte do aumento observado na temperatura média global desde a metade do século XX é muito provavelmente devido ao aumento observado de concentrações antropogênicas de gases de efeito estufa".

A associação entre desmatamento e mudanças climáticas começou a potencializar as atenções sobre a Amazônia na imprensa internacional. Novamente, considerando os jornais *The New York Times* e *Le Monde*, passou-se de treze páginas tratando do tema, em 2006, para 79, em 2008. Um exemplo foi a reportagem "Biocombustíveis são considerados uma ameaça de gases de efeito estufa" (*The New York Times*, 8 fev. 2008).

Desde meados dos anos 2000, inflexões provocadas pelas críticas se fizeram notar no campo do agronegócio.

Criações institucionais e aumento da diversidade de posicionamentos na agenda do clima

A primeira mudança institucional relevante foi a moratória da soja, criada em 2006 por acordo entre a Abiove e a Anec, sob demanda de multinacionais na ponta da cadeia internacional de soja que notavam crescimento dos riscos estratégicos. Ambas as entidades eram integrantes do Cosag/Fiesp, sendo que, à época, Carlo Lovatelli, presidente da Abiove, também presidia a Abag. A pactuação corporativa previa que as *tradings* membros das entidades não comprariam nem financiariam soja em áreas da Amazônia que tivessem sido desmatadas depois do acordo (data posteriormente fixada em julho de 2008).

Em 2007, as *tradings* liderariam, acompanhadas de frigoríficos e usinas, iniciativa para fundar o Instituto para o Agronegócio Responsável (Ares). O Ares era composto por quinze entidades nacionais ou regionais, sendo onze delas (73,3% do total) ligadas a "indústrias", e quatro (26,7%) à "agropecuária" (elaboração própria com base em Instituto para o Agronegócio Responsável, 2007).

Entre as organizações representantes de atividades preponderantemente secundárias, sobressaíam-se, além da Abag, aquelas relacionadas às principais cadeias exportadoras de commodities, como a própria Abiove, a Abiec, a Abipecs, a Associação Brasileira de Celulose e Papel (Bracelpa), a Associação Brasileira dos Produtores e Exportadores de Frangos (Abef) e a Unica. Apesar de minoritária no instituto, a agropecuária era representada por organizações influentes, como a CNA e a SRB.

Importante notar a aproximação, para administração de riscos ambientais, entre a Abag e a CNA. Paralelamente, a participação da Abia no Ares confirmava — como já notado, à época, no Cosag/Fiesp — a tentativa de concerto dessa entidade da indústria de alimentos em relação a núcleos dominantes do campo do agronegócio. Entretanto, como mostrado no caso da federação paulista, tal aliança política teria fôlego curto.

A função primordial do Ares (2007, 2008) era ampliar o conhecimento sobre os riscos reputacionais associados a problemas ambientais nas principais cadeias de commodities, e agir preventivamente em relação a eles. Para isso, o Ares organizou um grupo de consultores especialistas no tema, buscou interlocução com ambientalistas, montou estratégia de comunicação para a imprensa e procurou incentivar a ampliação da rastreabilidade e do uso de certificações nos complexos.

Dentre essas distintas atividades, a ação sobre a imagem do agronegócio recebeu tratamento privilegiado — era justamente ela que possibilitava a elevada representatividade da nucleação. Cumpre mencionar que, simultaneamente aos primeiros anos do Ares, um esforço comunicacional centrado no agenciamento da expressão "sustentabilidade" era evidente nos congressos realizados por alguns núcleos do campo.

Em 2007, o tema apareceu de maneira tangencial tanto no Congresso de Agribusiness, da SNA — situação na qual surgiu em falas de expositores —, quanto no Congresso Brasileiro de Agribusiness, da Abag — em que se tratou do "convívio harmônico com o meio ambiente" (Sociedade Nacional de Agricultura, 2018; Associação Brasileira do Agronegócio, 2018).

No ano de 2008, assumiria centralidade no evento da Abag, intitulado "Agronegócio e sustentabilidade". Liderada por indústrias, muitas das quais sob pressão no mercado internacional, a entidade passara, ao mesmo tempo, a atribuir maior ênfase a medidas como a certificação e o pagamento por serviços ambientais:

> O agronegócio desperta para a sustentabilidade: equilíbrio entre as vertentes econômica, social e ambiental, o conhecido *triple bottom line*. Essa tendência ganha força geral e faz parte dos anseios da civilização moderna. Processos de verificação, certificação e monitoramento dos produtos agropecuários estão na ordem do dia. A estratégia é buscar

alternativas para implantar um modelo de remuneração adequado para os serviços ambientais. Enquanto muitas informações inverídicas são disseminadas na mídia internacional, as florestas brasileiras aumentaram as participações globais. (Associação Brasileira do Agronegócio, 2018)

No ano seguinte, a conjunção aditiva "e" do título foi substituída pelo verbo de ligação "é", com o objetivo de conferir assertividade à relação entre os dois termos: "Agronegócio é sustentabilidade". Note-se que a frase era então inserida no idioma das mudanças climáticas:

> As mudanças climáticas impõem outro modelo de economia, em substituição à baseada no uso intensivo de carbono, com atribuição de valor à atmosfera, aos oceanos, aos rios e às florestas. O Brasil, enquanto líder da agricultura tropical, precisa ter um claro posicionamento a defender, com argumentos irrefutáveis nas questões de máxima importância, como o pagamento de serviços ambientais. (Associação Brasileira do Agronegócio, 2018)

À medida que as questões do clima passaram a receber proeminência na esfera pública internacional, parte das representações do agronegócio ampliou as iniciativas de engenharia institucional e de mudança programática. Essas movimentações acentuariam a diversidade de posições no campo para tratamento de temas ambientais.

Os meses que antecederam a COP 15, que ocorreu no final de 2009, na Dinamarca, foram fundamentais para promover e também evidenciar essa diferenciação. Três agentes no campo (CNA, Aliança Brasileira pelo Clima, e Fórum Clima — Ação Empresarial sobre Mudanças Climáticas) manifestaram posições distintas quanto ao evento do clima.

Ao passo que a CNA apresentava considerações críticas sobre as metas do país para redução da emissão de gases de efeito estufa (*O Estado de S. Paulo*, 9 dez. 2009), uma iniciativa comandada por *tradings*, usinas e indústrias de celulose havia dado forma à Aliança Brasileira pelo Clima. Faziam parte do processo, dentre as representações nacionais e regionais, sete entidades vinculadas a atividades predominantemente industriais: Abag, Abiove, Associação Brasileira de Produtores de Florestas Plantadas (Abraf), Associação Brasileira Técnica de Celulose e Papel (ABTCP), Bracelpa e Unica, além do Ares. Adicionalmente, havia apenas uma organização da "agricultura", a Orplana. Proporcionalmente, portanto, 87,5% eram do setor "secundário", e 12,5%, do "primário" (elaboração própria com base em Aliança Brasileira pelo Clima, 2009).

O documento da Aliança argumentava que "o aumento da produtividade das diversas culturas brasileiras e a disponibilidade de áreas agricultáveis antropizadas, inclusive de áreas degradadas, dispensam a necessidade de conversão de florestas nativas para fins agroindustriais" (Aliança Brasileira pelo Clima, 2009, p. 2). Dessa forma, as iniciativas brasileiras de mitigação deveriam ter, de acordo com a nucleação, foco na redução do desmatamento.

Mobilizando um princípio então caro à diplomacia brasileira, das "responsabilidades comuns, porém diferenciadas" — o qual enfatizava que os países desenvolvidos deveriam liderar as ações para redução de emissões de GEE, consideradas suas responsabilidades históricas para a concentração desses gases na atmosfera —, a Aliança colocava especial ênfase em metas ambiciosas a serem adotadas por essas nações. Diferentemente, defendia que os compromissos do Brasil deveriam ser voluntários.

Propondo medidas tanto aos países desenvolvidos quanto ao governo brasileiro para a promoção de uma economia de baixo carbono, a Aliança não envidava, contudo, esforços para apontar metas corporativas, o que contrastava com as posições de outro núcleo empresarial que havia sido criado no contexto do evento de Copenhague: o Fórum Clima — Ação Empresarial sobre Mudanças Climáticas.

A carta de propostas do Fórum Clima (2009) era assinada diretamente por corporações — e, portanto, não por entidades — de diversas áreas da economia, como construção civil e energia elétrica, além do agronegócio. Deste último, havia sobretudo indústrias de celulose — Aracruz, Suzano e Votorantim —, o varejista Pão de Açúcar e a cooperativa Coamo.

Se apoiava, assim como a Aliança, providências para diminuição do desmatamento, e ações que conduzissem a uma economia de baixo carbono, o Fórum Clima era mais enfático com os compromissos dos agentes privados para a agenda climática. Entre eles, salientavam-se: redução das emissões de cada uma das empresas; publicação anual de inventário das emissões e relatório das ações para sua mitigação e adaptação às mudanças climáticas; e atuação para estimular a descarbonização das atividades de outros agentes das cadeias produtivas em que atuavam.

Cabe destacar que o posicionamento da diplomacia brasileira esteve próximo das sugestões lideradas por indústrias. Oficialmente, o país continuou fortalecendo o princípio das "responsabilidades comuns, porém diferenciadas". E estabeleceu como meta principal para a mitigação das emissões do Brasil a redução do desmatamento na Amazônia e no Cerrado (Brasil, 2009).

Contudo, se havia convergência público-privada sobre a agenda do clima envolvendo parte relevante das representações do campo, avolumava-se o conflito de atores empresariais com o Estado acerca de ilícitos ambientais.

Em resposta institucional ao aumento do desmatamento na Amazônia, o governo federal havia publicado decretos criando protocolos para sanções às infrações relacionadas ao meio ambiente. Essas ações faziam parte de um arcabouço jurídico-administrativo mais amplo, mobilizado na gestão de Lula para diminuir os índices de desflorestamento.

8
Iniciativas e desafios para ampliação de convergências em um campo heterogêneo

Os conflitos entre nucleações do agronegócio e o governo federal encontravam-se em um momento particularmente agudo no final dos anos 2000, envolvendo aspectos como sanções a infrações ambientais, perda de prestígio político do Ministério da Agricultura, reconhecimento de territórios tradicionais, propostas de confisco de fazendas com trabalho análogo ao de escravo e de revisão dos índices de produtividade agrícola. Concomitantemente, ampliavam-se exigências relacionadas ao meio ambiente em países que importavam commodities do Brasil.

Tudo isso ocorria em meio à escalada global da procura por terras que pudessem ser usadas, entre outras finalidades, para a produção de commodities agropecuárias — fenômeno que muitos pesquisadores nomearam como *land grabbing* [apropriação de terras] (Sauer & Borras Jr., 2016).

Nesse contexto, diversos dirigentes corporativos expressaram, publicamente, descontentamento com os modos pelos quais a opinião pública e o Executivo federal avaliavam o "agronegócio". Para Roberto Rodrigues, à época líder do Cosag,

> o agronegócio representa mais de um quarto do PIB brasileiro, gera mais de um terço de todos os empregos do país, é responsável por um saldo comercial na balança externa muito maior do que o saldo do país todo [...]. Tem, portanto, um peso notável na economia do país, mas não tem, nem de longe, a atenção política proporcional a essa importância. Ao contrário, é sistematicamente acusado de prejudicar o meio ambiente, usar trabalho escravo. (*A Granja*, fev. 2010)

De acordo com Carlo Lovatelli, presidente da Abag,

> levamos pancada porque nós não estamos fazendo a nossa lição de casa. E todo mundo que poderia ajudar a melhorar essa imagem não contribui. O próprio governo não ajuda. Lá fora, a nossa imagem é muito pior, até por várias diferenças. Nós estamos incomodando, tomando mercado de outros países, somos uma potência agrícola. A lição de casa é investir na imagem do agronegócio. Nós temos detratores e ninguém fala bem de nós. A própria sociedade civil questiona o comportamento do agronegócio, a própria mídia.
> [...] O problema é que nós somos sempre reativos, nunca recebemos o mesmo espaço na resposta. E respondemos mal, porque não estamos habituados a falar. Não somos proativos. A indústria do agronegócio só se pronuncia quando é atacada diretamente, senão fica quietinha. (*Agroanalysis*, ago. 2010)

O então diretor da empresa de consultoria Icone, André Nassar, foi o mais incisivo sobre a situação, ao afirmar — ironicamente — que "deve haver alguma explicação no inconsciente coletivo dos 'esclarecidos brasileiros'. Colocada a designação agronegócio, já se ganha a pecha de algo ruim, que a sociedade brasileira não merece" (*O Estado de S. Paulo*, 20 jan. 2010, p. A2).

Consequências da fragmentação

Como já apontado, o avanço da integração técnico-produtiva e financeira entre a agricultura e segmentos a montante e a jusante havia implicado progressiva perda de influência da CNA, em favor de associações por produto e grandes cooperativas (Graziano da Silva, 1996). A partir dos anos 1990, núcleos intersetoriais institucionalizados se somariam a essas representações, em uma arena política que se caracterizava crescentemente pela pulverização e multiafiliação.

Algumas das nucleações intersetoriais — casos da Abag e do Cosag — tinham tentado operar como centro de representação do campo. Entretanto, tais esforços mostraram notórias dificuldades para envolver o amplo conjunto de agentes abrangidos na categoria "agronegócio".

De sua parte, a CNA procurara reagir para retomar relevância política, o que fez, sobretudo, por meio da criação do Rural Brasil. No entanto, a amplitude da reação da CNA foi limitada por problemas com a administração desse fórum e pela busca de maior autonomia política por parte das representações de soja e algodão.

Na virada para a década de 2010, o campo do agronegócio constituía-se, portanto, de uma série de núcleos políticos desarticulados. É verdade que houvera algumas iniciativas centrípetas relevantes na agenda ambiental, como o Ares e a Aliança Brasileira pelo Clima, que, além de focarem sobretudo um dos múltiplos assuntos transversais que recebiam tratamento no campo do agronegócio, haviam perdido ímpeto institucional com relativa brevidade.

Da mesma maneira, procedia a percepção de que os temas da reforma agrária e das dívidas tinham potencial para diminuir atritos dentro dessa arena e produzir consensos momentâneos. No entanto, os conflitos e desafios políticos de então demandavam maior capacidade de orquestração. Em um momento no qual se intensificavam disputas relacionadas a grandes questões nacionais e internacionais, os agentes patronais não detinham unidade razoável de pleitos, narrativas para defendê-los e estratégias para implementá-los, o que, certamente, implicava diminuição da eficácia política.

Quanto a isso, Lovatelli argumentou, corretamente, que "as entidades do agronegócio não falam em nome do setor como um todo. Cada cadeia tem o seu lobby, a sua estrutura. Quando o agronegócio quer falar, vêm trinta cadeias juntas e cada uma olha para o próprio umbigo; não existe uma consolidação" (*Agroanalysis*, ago. 2010). Tal fragmentação afetava diretamente a Frente Parlamentar da Agropecuária (FPA), assim como as relações público-privadas no campo.

No início dos trabalhos da Assembleia Nacional Constituinte, a bancada aglutinou poucos parlamentares e administrara diferenças no decorrer dos debates fundiários relacionados à Constituição, tendo sido fundamental para que se derrotassem as propostas de reforma agrária dos setores progressistas (Gomes da Silva, 1989; Mendonça, 2008; Rodrigues, 2010, 2017a; Paolinelli, 2017).

Se, inicialmente, a UDR fora preponderante sobre os congressistas que atuavam com a agricultura patronal, no decorrer dos anos 1990 a CNA foi gradualmente aumentando sua influência sobre eles. Nesse período, o grupo parlamentar notabilizou-se (i) pela estratégia de barrar votações importantes para o governo até que fossem atendidas reivindicações — sendo o pleito mais comum aquele ligado às renegociações e perdões de dívidas — e (ii) pelo enfrentamento à reforma agrária (Vigna, 2001).

Essa dupla ênfase, dentre outros fatores, manteve a bancada antes no âmbito da agricultura patronal do que naquele de entidades intersetoriais. De fato, durante os anos 1990, não se construiu aliança consistente entre ela e a Abag — entidade que tinha, vale lembrar, participação majoritária de representações vinculadas a atividades "fora da porteira das fazendas". A propósito, quando atores industriais relacionados à agropecuária precisavam atuar no Congresso, tendiam a agir de forma tópica, individual ou coletivamente.

Atuação um pouco mais consistente de atores do grupo parlamentar com agendas intersetoriais começaria a ocorrer quando Lula convidou Rodrigues para chefiar o Ministério da Agricultura, em 2003. O plano estratégico liderado pela Abag (2002) recebera oportunidade de implementação, e líderes da bancada trabalharam com o ministro em alguns temas, auxiliando-o — com o peso político na coalizão do Executivo — em iniciativas como a retomada do controle patronal na Embrapa, a criação dos títulos do agronegócio e a aprovação da Lei de Biossegurança.

Afora esses aspectos, a fortíssima atuação de parlamentares ligados à agropecuária patronal contra a reforma agrária e os movimentos sociais durante o governo Lula vinha ao encontro dos pleitos das diversas nucleações do agronegócio.

No entanto, a verdade é que prevalecia insatisfação de representações — principalmente das intersetoriais, mas não somente — com o potencial de influência da FPA em outras agendas fundamentais ao campo do agronegócio — como relações internacionais, infraestrutura, políticas macroeconômicas, meio ambiente e territórios tradicionais. No tratamento de tais assuntos, "ela deixa muito a desejar", tinha reclamado Lovatelli em 2006 (*O Estado de S. Paulo*, 29 jan. 2006, p. B2).

Em 2010, Roberto Rodrigues, que operava para garantir, no Cosag, predomínio de pleitos caros à agropecuária tecnicamente mais modernizada, expressaria descontentamento com a baixa coesão da bancada:

Qual é o verdadeiro compromisso de todos estes parlamentares com o setor rural?

Tivemos o cuidado de estudar os 26 parlamentares paulistas participantes da Frente. E, surpreendentemente, apenas três deles são reais defensores dos interesses legítimos dos produtores rurais. Os outros 22 são apenas figurantes e não se envolvem nas grandes discussões relevantes para o campo: ficam em cima do muro. Se a bancada for vitoriosa, faturam junto. Se perder, não se comprometem...

Não é possível continuar assim. É preciso eleger aqueles que efetivamente lutam ao nosso lado. Procuramos o novo presidente da Frente, o ótimo deputado de Rondônia, Moreira Mendes, e ficamos sabendo de suas preocupações — e a de seus leais companheiros — com este tema. E ele nos passou a informação de que apenas 21 destes parlamentares são de fato extraordinários combatentes que jamais esmorecem, jamais fraquejam, jamais transigem quando se trata dos direitos legítimos dos produtores rurais do país.
(*A Granja*, ago. 2010)

Rodrigues não desconsiderava, por outro lado, que tal desorganização refletia, em grande medida, a própria fragmentação dos agentes privados no campo do agronegócio. As dificuldades de concerto tanto entre tais agentes quanto entre parlamentares, além daquelas nas relações entre esses dois grupos, impediam atuação mais eficaz para pleitos relacionados ao amplo leque de questões conflituosas que impactavam o campo do agronegócio.

Cumpre notar que a bandeira da maior orquestração política não era novidade na arena do agronegócio: fora aventada por Ney Bittencourt de Araújo, além de Roberto Rodrigues e Alysson Paolinelli, que, costumeiramente, a enfatizavam. O desafio era transformá-la em medidas concretas.

Aproximação Fiesp-Abag

Um dos primeiros passos importantes para tal objetivo foi a aproximação entre dois núcleos prestigiados no campo: Abag e Cosag/Fiesp. Liderando outras organizações, ambos criaram uma influente carta política, anunciada durante o processo eleitoral de 2010 (Associação Brasileira de Agribusiness, 2010).

Intitulado "Agronegócio — Desenvolvimento e Sustentabilidade: Plano de Ação 2011/2014/2020", o documento pleiteava que o agronegócio fosse tratado como estratégia de Estado, não sujeito a variações de governo a governo. Tal tratamento se traduziria, por exemplo, em um plano plurianual para esse subconjunto da economia.

Com relação aos elementos da política agrícola, demandavam-se mais recursos para crédito e seguro, aprimoramento de preços mínimos e defesa, além de reserva de orçamento para pesquisa. Em relação à infraestrutura, solicitavam-se avanços em rodovias, ferrovias, portos, hidrovias e dutovias. Na agenda comercial, requeriam-se novos acordos bilaterais e entre blocos, além de revisões no Mercosul.

Havia duas ordens de proposições que diziam respeito às relações entre a agropecuária e os segmentos "antes da porteira". Ao mesmo tempo que se sugeria a liberação mais rápida, pelo governo, de novos insumos agropecuários, bem como a revisão da rotulagem dos produtos transgênicos, indicava-se, timidamente, incômodo com a dependência em relação aos oligopólios a montante da agropecuária. Assim, encorajavam-se ações estatais para o desenvolvimento nacional de cultivos mais produtivos e resistentes, e para a criação de um programa destinado a aumentar a produção nacional de fertilizantes e agrotóxicos.

Nesse sentido, é importante considerar que a atuação das multinacionais nos núcleos evitava que os conflitos distributivos nas cadeias fossem vocalizados com maior intensidade, como havia ocorrido, por exemplo, no âmbito da Faab (1987a, 1987b).

No que tangia à relação da agropecuária com indústrias a jusante, propunha-se a desoneração tributária dos produtos para exportação e da cesta básica. Por outro lado, notava-se que os pleitos estavam distantes de atender às amplas e variadas demandas das indústrias de alimentos ultraprocessados, fato que mostrava o quanto elas estavam afastadas politicamente dos principais núcleos do campo do agronegócio.

Constavam do documento recomendações de mudanças na organização administrativa do governo federal, reforçando-se agenda anteriormente anunciada pela Abag (Associação Brasileira de Agribusiness, 2006). O Ministério da Agricultura, há muito tempo influenciado pela bancada ruralista, deveria passar a gerenciar as políticas ambientais relacionadas à agricultura e às florestas plantadas, assim como aquelas ligadas à água, ao solo e aos minerais usados pela agropecuária. A agenda da reforma agrária deveria ser retirada do Incra e inserida no Ministério da Justiça (Associação Brasileira de Agribusiness, 2010).

Reforçava-se, ainda, a proposta de unificação da política agrícola em um só ministério, o que implicaria a extinção da pasta do Desenvolvimento Agrário e garantiria, segundo se defendia na carta patronal, "melhores condições para os agricultores familiares crescerem e se desenvolverem. Amiúde, os agricultores familiares reprimem o potencial de crescimento propositalmente para se manter sob a guarda da agricultura familiar" (Associação Brasileira de Agribusiness, 2010, p. 32).

Um discurso ancorado na ideia de eficiência tentava justificar as proposições de mudanças na organização da Esplanada:

A pulverização de competências entre diferentes ministérios e organizações públicas gera atritos, perda de eficiência operacional, aumento de gastos e traz confusão no setor produtivo. Propicia também o desperdício e o desencontro de orientações na formulação de políticas e normas. É fundamental a racionalização na estrutura pública, com ganhos de sinergia, agilidade e eficiência: a unificação de esferas e gestão matricial traz melhorias na administração e na interlocução com os participantes do setor. (Associação Brasileira de Agribusiness, 2010, p. 30)

É digno de nota que tenha aparecido em carta política central de núcleos intersetoriais do campo, pela primeira vez, posicionamento diretamente contestatório da demarcação de terras indígenas e do reconhecimento de territórios quilombolas, que se constituiriam em

ameaça contínua de expropriação de áreas consideráveis de produção agrícola, sob o argumento de remanescentes comunidades quilombolas e de demarcação de reservas indígenas. A Constituição de 1988 delimitou o prazo de cinco anos para que se concluísse o processo demarcatório e, passados 22 anos, ainda persiste a ameaça de que propriedades venham a ser desapropriadas por esses motivos. (Associação Brasileira de Agribusiness, 2010, p. 31)

Para dirimir esse "problema", propunham-se modificações nos marcos legais dos direitos dessas minorias políticas que garantissem "proteção aos produtores rurais quanto a ameaças de desapropriação" (Associação Brasileira de Agribusiness, 2010, p. 33).

A proposta estava inserida em uma estratégia mais ampla de resolução, por atuação no Congresso Nacional, das controvérsias ligadas a grandes temas políticos. Ao lado de instrumentos concernentes a territórios tradicionais, as legislações ambiental, trabalhista e agrária constituiriam, sob a ótica da Abag e da Fiesp, "insegurança jurídica" a prejudicar contribuições do agronegócio ao país (Associação Brasileira de Agribusiness, 2010, p. 31).

Apesar de menções a alterações legislativas relacionadas a temas transversais já terem constado de documentos anteriores da Abag (Associação Brasileira de Agribusiness, 2002, 2006), tratava-se, em 2010, de ação que dispunha de maior consenso na heterogênea arena política do agronegócio.

Em relação às normas ambientais, defendia-se:

> A alteração do Código Florestal, com legalização definitiva das áreas de produção já consolidadas e estabelecimento de percentuais de preservação para áreas ainda não exploradas. Ampliar os poderes dos estados para definição do Código Florestal com relação às realidades locais. (Associação Brasileira de Agribusiness, 2010, p. 33)

Nas questões de trabalho rural, propunha-se, genericamente, "aprimorar a legislação trabalhista para o emprego no setor rural". Quanto à legislação agrária, solicitava-se, também de modo vago, a modificação do Estatuto da Terra (Associação Brasileira de Agribusiness, 2010, p. 33).

Ficava patente que parte relevante dos agentes dominantes do campo do agronegócio decidira resolver os conflitos ambientais, trabalhistas, indígenas, quilombolas e agrários subtraindo direitos e diminuindo dispositivos de conservação ambiental. Mobilizava-se, para esse fim, a narrativa sobre pequenos agricultores. De acordo com a carta, se não realizadas as modificações legislativas, além daquelas administrativas, haveria:

> (a) inviabilidade de amplas áreas consolidadas, durante séculos, de produção de alimentos e outras matérias-primas (os europeus subsidiam pesadamente para continuar a produzir);

(b) diminuição na produção de alimentos, redução da renda de pequenos produtores e aumento da pobreza rural, em muitos casos, transformando-se em pobreza absoluta;
(c) abandono da agricultura, com a aceleração da migração rural-urbana, principalmente de pequenos produtores não qualificados, e aumento de favelas das cidades. (Associação Brasileira de Agribusiness, 2010, p. 31)

Por último, mas também bastante relevante, um objetivo tradicionalmente apresentado em diferentes cartas do campo do agronegócio (Ministério da Agricultura e do Abastecimento, 1998; Associação Brasileira de Agribusiness, 2006) sobressaía-se entre as propostas, então com maior proeminência do que antes: a intenção de desenvolver um plano de "comunicação, imagem e valorização do agronegócio" (Associação Brasileira de Agribusiness, 2010, p. 20).

Agropublicidade

Alguns líderes haviam chegado à conclusão, após muitos debates, de que a categoria "agronegócio" estava por demais comprometida na esfera pública. Avaliava-se que a noção dera fundamental contribuição à ação política intersetorial e à legitimação de pleitos de nucleações patronais, mas não tinha passado incólume pelos conflitos da década de 2000. Por essa razão, ponderavam, seria necessário substituí-la por outro termo (Rodrigues, 2017a). Após considerarem outras denominações, prevaleceu o artifício de tirar "negócio" do termo, deixando somente "agro".[73]

Interessante que, quando Ray Goldberg fora indagado por este autor sobre o teor negativo da categoria — nos Estados Unidos e no Brasil —, ele atribuiu esse fator à avaliação errada sobre o "conceito", que seria incentivada por uma espécie de equívoco original de seus criadores: utilizar o substantivo *business* no neologismo (Goldberg, 2017b). Ele disse acreditar que essa palavra suscitaria muitos desentendimentos. Seria simples, porém, se a oposição a *agribusiness*/agronegócio fosse uma questão estritamente semântica, o que, com certeza, não procede, como este livro demonstra. Aliás, a defesa do "agronegócio" como mera noção — ou conceito — contribui para elidir a estratégia de poder dos distintos agentes que mobilizam a categoria em função de um aprofundamento do pacto com o Estado.

"Agro", portanto, acabou sendo eleita palavra-chave para a estratégia publicitária de acoplar nova imagem ao campo

---

[73] Ressalte-se que "agro" pode ser usado tanto nesse sentido, com tentativa de inflexionar percepções negativas atribuídas à categoria "agronegócio", quanto na acepção monossetorial, neste caso remetendo à "agropecuária".

do agronegócio. Foi com o agenciamento dela que se promoveriam, a partir de então, grandes campanhas publicitárias.

Entre julho e outubro de 2011, a Fiesp, a Unica e a Bunge uniram-se no chamado Movimento Sou Agro (União da Indústria de Cana-de-Açúcar, 2011). Elas contavam com aporte de recursos de outras empresas e associações, como Abag,[74] ABCZ, Accenture, Andef, Aprosoja, Associação Brasileira de Marketing Rural e Agronegócios, Associação Brasileira dos Produtores de Milho (Abramilho), Bracelpa, Cargill, Instituto Nacional de Processamento de Embalagens Vazias (inpEV), Monsanto, Nestlé, OCB, Sindirações e Vale.

Entusiasmado com a agremiação, Roberto Rodrigues declarou, com algum exagero, que se tratava de "um movimento inédito. Nunca antes todos os setores se uniram e trabalharam de forma coordenada na promoção da imagem de forma estruturada e sinérgica" (União da Indústria de Cana-de-Açúcar, 2011). Tal coordenação era essencial para uma comunicação eficaz de questões transversais, como declarou Marcos Jank: "As diversas cadeias do agro brasileiro comunicam bem os próprios assuntos, mas isso não acontece quando os temas são mais abrangentes" (União da Indústria de Cana-de-Açúcar, 2011).

A parte principal da campanha era constituída de quatro vídeos — com os atores Lima Duarte e Giovanna Antonelli — veiculados em horário nobre por redes de televisão como Globo, Record, SBT e Bandeirantes. Os trabalhos audiovisuais procuravam chamar a atenção para conexões entre itens da agropecuária e produtos beneficiados "depois da porteira": se Antonelli falava de soja, aparecia óleo; se citava algodão, mostrava-se uma camisa (Agência Nova/SB, 2011).

---

[74] Em 2010, a Abag havia mudado seu nome para Associação Brasileira do Agronegócio.

Havia nos vídeos o intuito de fomentar uma sensação de pertencimento dos telespectadores em relação ao agronegócio, além de encorajá-los a sentir orgulho dele. Todos os produtos do "agro" seriam de uma "fazenda chamada Brasil", anunciava a atriz, que também afirmava: "Sou agro. Agrobrasileira". Em tom ufanista, Lima Duarte proclamava: "Bendita terra, que alimenta todo um país, que alimenta o mundo. Bendita terra, que é uma das maiores agronações do planeta. Bendita terra, que me dá orgulho de dizer: sou agro. Sou agrocidadão. Sou agroator. Sou agrobrasileiro" (Agência Nova/SB, 2011).

Na mesma linha, eixos da campanha em outros formatos, como revistas, propunham neologismos como "agroestudante", "agrocooperado", "agroestilista", "agrotaxista" e "agromãe", cabendo salientar, em particular, o esforço de associação positiva da ideia de "agro" a temas que haviam afetado a percepção da opinião pública sobre o agronegócio, como "agroambiente" e "agroinclusão" (Agência Nova/SB, 2011).

Havendo, portanto, movimentações politicamente centrípetas em elaborações programáticas e publicitárias, um terceiro eixo de ação seria preponderante para aproximar representações do campo.

Código Florestal

Definitivamente, a ação patronal para alterar a legislação ambiental foi o principal instrumento a promover convergência entre representações dominantes do campo do agronegócio — ainda que a orientação geral das mudanças contrariasse posições mais sustentáveis na arena intersetorial, como a de parte da cadeia de celulose (*Folha de S. Paulo*, 19 maio 2011).

Sobre a iniciativa, cumpre reconhecer, por um lado, que havia aspectos do Código Florestal que precisavam ser atualizados para que passassem a guardar coerência com os avanços técnico-produtivos produzidos desde o final dos anos 1960. Por outro lado, não se pode ignorar que os fatores que incentivaram a formação de uma aliança ampliada foram muito além dessas atualizações necessárias, implicando transfiguração da natureza dessa lei (Veiga, 2013).

Sob liderança de Kátia Abreu, a CNA foi um dos principais atores para promover as modificações no código. Por sinal, a saliência atribuída a tal mudança evidenciara convergência programática do planejamento estratégico do órgão sindical com aquele da Abag e do Cosag (Associação Brasileira de Agribusiness, 2010). Em busca da alteração legislativa, a CNA agregou algumas associações da agropecuária patronal — a exemplo da ABCZ — em reuniões estratégicas sobre o tema, e acercou-se de representações das indústrias — como a Fiesp.

O Cosag, por sua vez, passara a operar como espaço de articulação intersetorial entre agentes que defendiam mudanças na lei ambiental, recebendo representantes de um extenso leque de organizações, tanto de segmentos primários do campo do agronegócio quanto daqueles secundários.

Ademais, alguns ministros de pastas ligadas ao agronegócio estiveram na Fiesp, tratando do referido código.

Entre eles, os titulares do Meio Ambiente e da Agricultura (*Folha de S. Paulo*, 9 abr. 2011). A propósito, o ministro da Agricultura, Wagner Rossi (2010-2011), esteve em reunião do conselho em fevereiro de 2011, chamando o presidente da federação paulista, Paulo Skaf, de "nosso presidente", e comprometendo-se a obter renovação da anistia temporária a desmatadores ilegais (*Rede Brasil Atual*, 7 fev. 2011).

Em outra das reuniões na Fiesp, Aldo Rebelo, deputado federal pelo Partido Comunista do Brasil (PCdoB) e relator do projeto de lei do novo Código Florestal, esteve presente defendendo mudanças que possibilitariam aliar "desenvolvimento" e "sustentabilidade", considerando-se que o Brasil teria a tarefa de ajudar a "nutrir o mundo" (*Folha de S. Paulo*, 8 maio 2010, p. 2).

Estimativas de organizações internacionais davam lastro à linha de raciocínio destacada por Rebelo. Marcos Jank (2010), então presidente da Unica, associou — guardando coerência com tal linha argumentativa — a necessidade de mudança do Código Florestal considerando os cálculos da demanda global por alimentos.

Roberto Rodrigues também defendeu as mudanças na lei investindo na justificação "alimentar":

> Projeções da FAO apontam para a necessidade de aumento na produção de alimentos da ordem de 70% até 2050, cabendo ao Brasil uma parcela importante dessa oferta, em virtude de nossa área disponível, de água, de recursos humanos e de tecnologia. [...]
> Para isso, uma legislação clara é fundamental.
> A conformidade com a lei é premissa básica para a obtenção de crédito, de licenciamento, de certificações e de acesso a mercados. [...]
> O novo Código Florestal é, portanto, uma necessidade para o país. (*Folha de S. Paulo*, 9 abr. 2011)

Além da narrativa concernente à segurança alimentar global, a mobilização da ideia de (in)segurança jurídica contribuía para identificar o que seriam, segundo líderes do agronegócio, ameaças às cadeias produtivas ligadas à agropecuária e às florestas plantadas. À frente da Abag e da Abiove, Lovatelli criticou o referido código, afirmando que "o que está aí em vigor, essa colcha de retalhos, com pedaços de legislação efetiva e pedaços de medidas provisórias ou de decretos, que não têm valor de lei, só gera insegurança jurídica. Então, isso tem de sumir" (*Revista Globo Rural*, 7 dez. 2010).

Foi em meio a esse contexto de aproximações de entidades, posicionamentos e justificações para modificar o Código Florestal que se constituiu um núcleo político entre agentes privados e parlamentares cuja consolidação posterior implicaria extraordinárias mudanças na arena do agronegócio.

Escritório privado-parlamentar

No final dos anos 2000, a Ampa e a Aprosoja-MT tinham se destacado da órbita de representação da CNA. Robustecidas pelo boom das commodities, procuraram se aproximar de alguns parlamentares da FPA que requeriam apoio mais sistemático — como Moacir Micheletto (PMDB-PR), Homero Pereira, então no Partido da República (PR-MT), e Luis Carlos Heinze, do Partido Progressista (PP-RS)[75] (Tavares, 2018).

O pequeno bloco público-privado iniciaria, então, a montagem de escritório político mais bem organizado para fundamentar o trabalho no Parlamento. Nesse movimento, a Abrapa e a Aprosoja Brasil seriam paulatinamente envolvidas.

Em 2011, a Associação Brasileira dos Criadores de Suínos (ABCS), a CNA, a OCB e a Unica, entre outras entidades, aproximaram-se da iniciativa (Tavares, 2018). Com a evolução das disputas referentes ao Código Florestal, a Abag, a ABCZ e a CitrusBR se inseririam formalmente no bloco privado-parlamentar (Associação Brasileira dos Produtores de Algodão, 2012).

Para além das adesões oficiais, o escritório passaria a operar como centro das estratégias para modificação do marco legal ambiental, funcionando para racionalizar diferenças e incentivar consensos entre representações, mesmo daquelas que não o financiavam de forma substantiva.

Apoiada por esse conjunto de entidades, a Frente conseguiu administrar a tentativa do governo de explorar suas notórias diferenças internas. A engrenagem público-privada obteve sucessivas vitórias políticas até, finalmente, mudar o código. Com a alteração, reduziam-se

---

[75] Atualmente chamado Progressistas.

previsões de conservação ambiental e milhões de hectares desmatados ilegalmente ficavam liberados da necessidade de restauração.

Embora fosse um esforço institucional em construção, o núcleo acoplado ao bloco multipartidário já imprimira importantes mudanças nas relações privado-parlamentares do campo do agronegócio. Por um lado, os contatos sistemáticos entre empresários e políticos haviam facilitado enormemente a comunicação entre eles, diminuindo desentendimentos (ainda que, por certo, não os eliminando); por outro, o apoio financeiro e técnico das associações fizera notável diferença para que a Frente ampliasse sua capacidade de influência.

A partir de então, sentindo-se fortalecidas, representações dominantes passaram a atuar decididamente em função de outras reivindicações sobre as quais havia um elevado consenso programático.

Terras indígenas

Tendo ocorrido, por um lado, a quase paralisação do processo de reforma agrária (Banco de Dados da Luta pela Terra, 2015), e, por outro, uma ampla anistia a desmatadores, as representações que tinham operado formal ou informalmente no escritório relacionado à FPA elegeram um novo objetivo político: colocar obstáculos à criação de áreas protegidas, sobretudo à demarcação de terras indígenas.

Embora a controvérsia que relacionava direitos territoriais indígenas e agentes do campo intersetorial do agronegócio fosse se agudizar a partir da década de 2010, havia começado a adquirir forma mais bem definida durante os anos 2000.

Blairo Maggi, à época governador de Mato Grosso (2003-2010), foi um dos principais atores nessa disputa. Em uma matéria de *O Globo* (10 ago. 2003), por exemplo, ele utilizara o argumento corporativo de promoção de segurança alimentar no mundo para defender a paralisação das demarcações em seu estado. Paralelamente, Blairo fortalecia um dos elementos discursivos mais comuns de contestação às terras indígenas: assemelhar os índios a pobres do campo. Ele argumentava: "Eu não conheço reserva que sofra pressão de fazendeiros, mas a verdade é que as reservas indígenas são ilhas de pobreza num mar de riqueza" (*O Globo*, 10 ago. 2003, p. 14). O que seria, então, o território Marãiwatsédé, no nordeste do estado, para onde os Xavante não conseguiam voltar, naquele mesmo ano, por conta da ação de invasores, muitos deles sojicultores?

Tal operação retórica teria importantes desdobramentos ao ser incorporada pelo Estado, sobretudo a partir dos anos 2010, em pacto desenvolvimentista com parte das lideranças do agronegócio. Carregada de etnocentrismo, essa pactuação procura cambiar a garantia de territórios aos povos indígenas por "compensações" financeiras.

O antropólogo e professor do Museu Nacional da UFRJ Eduardo Viveiros de Castro (2017, p. 5) explica a estratégia, que visa a "transformar o índio em pobre. Para isso, foi e é preciso antes de mais nada separá-lo de sua terra, da terra que o constitui como indígena. O pobre é, antes de mais nada, alguém de quem se tirou alguma coisa que tinha, de modo a fazê-lo desejar outra coisa que não pode ter".

A partir do primeiro mandato do governo Lula, o Conselho Indigenista Missionário (Cimi) e a CPT, entre outras entidades, além de alguns pesquisadores, passaram a ressaltar que a coalizão com atores do campo intersetorial estaria começando a inflexionar a disposição do Executivo para reconhecimento de direitos territoriais indígenas.

Contrariando editoriais das empresas em que trabalhavam — os quais tendiam a enfatizar o aparato estatístico relacionado à categoria "agronegócio", ao tempo que evitavam associar os complexos agroindustriais a problemas socioambientais —, alguns jornalistas fizeram críticas a determinados agentes empresariais do campo. Nessas ocasiões, que receberam maior relevo na segunda metade dos anos 2000, os profissionais chamavam a atenção para ações ilegais de parte dos atores do "agronegócio", a exemplo de invasões de áreas indígenas; ou, ainda, apontavam casos de violações de direitos humanos envolvendo índios — como o flagrante de trabalho degradante em fazenda do usineiro José Pessoa de Queiroz Bisneto (*O Globo*, 17 fev. 2008; *Folha de S. Paulo*, 25 maio 2008). Queiroz era, à época, diretor de "responsabilidade social" da Unica, entidade participante da Abag (Associação Brasileira de Agribusiness, 2003) e do Cosag (Federação das Indústrias do Estado de São Paulo, 2007a).

Contudo, a questão que sobressaiu na segunda metade da década foi aquela relacionada à Terra Indígena Raposa Serra do Sol, em Roraima. Esses embates envolveram notória participação de representações patronais, preocupadas com os desdobramentos do caso para outros estados. Durante as disputas, o posicionamento favorável do governo Lula à demarcação contínua da terra indígena contrariou enormemente diferentes núcleos do agronegócio.

A propósito, não era casual que críticas às demarcações tivessem sido inseridas na carta da Abag e do Cosag justamente em seguida a esses conflitos (Associação Brasileira de Agribusiness, 2010). Até então, os documentos centrais de nucleações intersetoriais não tratavam do tema.

No período 2012-2013, líderes do campo estavam especialmente preocupados com a decisão do STF sobre as dezenove salvaguardas estabelecidas no processo que promovera a manutenção da demarcação contínua da Raposa Serra do Sol. Vencida a disputa para mudar o Código Florestal, começaram a se organizar, por meio da FPA, para tentar persuadir o Judiciário.

Outro fator que preocupava as lideranças patronais era o processo de aumento das retomadas indígenas. Essas ações ganhavam intensidade: em 2003, tinham ocorrido quatro; em 2008, 24; finalmente, em 2013, foram 79 (Banco de Dados da Luta pela Terra, 2015).

Algumas situações envolvendo retomadas de territórios renderiam resultados positivos aos indígenas, como para os Pataxó Hãhãhãe da Terra Indígena Caramuru-Paraguassu, no sudoeste da Bahia. Após décadas de mobilizações — intensificadas no começo dos anos 2010 —, os povos indígenas assistiram ao STF (2012) considerar nulos os títulos de propriedade localizados dentro do território.

Todavia, o caso mais impactante seria o dos Xavante de Marãiwatsédé. Deportados de suas terras em 1965, haviam, após anos de tentativas e muito sofrimento, conseguido retomar pequena parte da área nos anos 2000. Foi, entretanto, somente no biênio 2012-2013, com grande esforço dos próprios índios, da Casa Civil e da Fundação Nacional do Índio (Funai), que se conseguiu desintrusar a área.[76]

Em 2014, gravações telefônicas autorizadas pela Justiça revelaram que Sebastião Ferreira Prado, presidente da Associação dos Produtores Rurais da Área Suiá Missú (Aprosum), que representava os invasores daquela terra indígena, arrecadava dinheiro para influenciar o parecer da comissão especial vinculada à PEC 215/2000, então em tramitação no Congresso (*O Globo*, 15 dez. 2014).

Essa PEC visa a transferir, do poder Executivo para o Legislativo — ambiente de grande influência direta da FPA —, decisões finais quanto à demarcação de terras indígenas, à titulação de territórios quilombolas e à criação de unidades de conservação (Câmara dos Deputados, 2017).

Por meio das escutas, o MPF em Mato Grosso abriu processo para investigar os deputados Nilson Leitão (PSDB-MT) e Osmar Serraglio (PMDB-PR) — ambos da Frente Parlamentar da Agropecuária — por suspeitas, respectivamente, de relação com esquema de incentivo a nova invasão de Marãiwatsédé e com a arrecadação daqueles recursos (*O Globo*, 15 dez. 2014).[77]

A bancada de Mato Grosso havia sido a principal demandante da criação da comissão especial da PEC 215/200, com destaque para os deputados Valtenir Pereira, do Partido Socialista Brasileiro (PSB), e o próprio Leitão (Câmara dos Deputados, 2017).

Unidas, lideranças de vários povos indígenas protestavam há tempos contra a proposta de alteração constitucional.

---

76 Embora ela tenha permanecido sob ameaças constantes de novas invasões.

77 Esses inquéritos foram posteriormente arquivados pelo STF. Leitão foi presidente da FPA em 2017; Serraglio foi ministro da Justiça, também em 2017, tendo a Funai sob controle.

Um dos momentos mais notórios de mobilização foi a entrada no plenário da Câmara dos Deputados, em abril de 2013. Após conjunto de protestos que se seguiram ao longo de meses depois daquela manifestação no Parlamento, o então ministro da Justiça, José Eduardo Cardozo (2010-2016), se posicionaria contrariamente à PEC 215/2000 (*Folha de S. Paulo*, 4 out. 2013).

Porém, parte relevante das ações do Executivo operava de maneira contrária aos direitos indígenas. A Advocacia-Geral da União, por exemplo, editou uma portaria que estendia para todas as demarcações de terras indígenas as dezenove condicionantes estabelecidas pelo STF para o caso específico da Raposa Serra do Sol.[78]

A Funai, ademais, encontrava-se relegada a plano inferior. Desde junho de 2013, a fundação estava sem presidente efetivo. Entre 2010 e 2014, o número de funcionários permanentes decresceu, o núcleo especializado em demarcação de terras perdeu servidores fixos, e a quantidade de antropólogos na equipe situada em Brasília foi de seis para dois. Entre 2013 e 2014, o orçamento da fundação caiu 11,5%. Quanto às homologações de terras indígenas, haveria sete em 2012, uma em 2013 e nenhuma em 2014 (Instituto Socioambiental, 2016; *O Estado de S. Paulo*, 15 fev. 2015).[79]

No ambiente eleitoral de 2014, Dilma tinha mobilizado o idioma da segurança jurídica para agradar aos agentes

---

[78] Importante ressaltar que o plenário do STF confirmou a validade das dezenove salvaguardas em 2013, mas os ministros entenderam que essa posição não vincularia decisões relacionadas a outras terras indígenas (Supremo Tribunal Federal, 2013).

[79] Cumpre adicionar que no final de 2015 seria criada, sob liderança da FPA, uma Comissão Parlamentar de Inquérito (CPI) sobre a Funai e o Incra (Câmara dos Deputados, 2015).

patronais: "A questão da demarcação das terras indígenas é um dos nossos desafios. Determinei ao Ministério da Justiça que faça uma revisão nas normas a fim de que o processo de demarcação possa garantir maior transparência e maior segurança jurídica" (*O Estado de S. Paulo*, 7 ago. 2014, p. A10).

As decisões caminhavam, indubitavelmente, ao encontro de documentos da Abag e da CNA. Por sinal, era a oposição às demarcações um dos aspectos que mais aproximavam, programaticamente, essas duas representações. As propostas de encaminhamento para tratar a questão, entretanto, eram distintas: enquanto a associação de *agribusiness* estimulava medidas no Legislativo, a CNA apostava em mudanças no Executivo.

De acordo com a Abag, em *Agronegócio brasileiro 2014-2022 — Proposta de plano de ação aos presidenciáveis*, deveria ser criado "um novo marco regulatório para as demarcações de terras indígenas, por intermédio de alteração constitucional, com objetivo de garantir segurança jurídica no campo" (Associação Brasileira do Agronegócio, 2014b).

Para a CNA, em *O que esperamos do próximo presidente 2015-2018*, fazia-se "urgente e definitivo cessar as ações demarcatórias, devendo o governo adotar mecanismos de aquisição de terras em atendimento de eventual demanda de novas áreas para as comunidades indígenas" (Confederação da Agricultura e Pecuária do Brasil, 2014, p. 51), além de enfraquecer as atribuições da Funai.

Foi em meio a esse contexto que Dilma Rousseff e Kátia Abreu estreitaram laços. Para além das relações pessoais, existia a tentativa do governo de explorar divisões no campo do agronegócio. A senadora, por seu turno, via na chefe do Planalto uma dirigente razoavelmente aberta às reivindicações que apresentava, e, consequentemente, à ampliação de sua influência.

Ainda que a CNA tivesse procurado se reaproximar das associações que lideravam o escritório acoplado à FPA, além de se conciliar com a Fiesp, era discernível, concomitantemente, seu intuito de manifestar posição autônoma no campo e disputar poder.

O caminho da CNA

Embora inúmeras representações do campo do agronegócio houvessem agregado recursos para a construção da campanha Sou Agro, a CNA não participara da iniciativa. Efetivamente, Kátia Abreu fez questão de apresentar uma ação publicitária própria na televisão.

A organização sindical promoveu, então, uma campanha de grandes proporções, contando com o respaldo do Serviço Brasileiro de Apoio às Micro e Pequena Empresas (Sebrae) — que tinha nas áreas de agricultura e agroindústria duas das linhas de trabalho. Embora fosse primeiramente voltado à agropecuária, o trabalho publicitário divulgava a concepção de agronegócio, incluía Rodrigues e Paolinelli como personagens e — fundamentalmente — reforçava a estratégia empreendida pela Sou Agro de enfatizar, a um público mais amplo, interligações existentes entre funções "dentro" e "fora da porteira".

A ação de marketing, chamada Time Agro Brasil, foi lançada em julho de 2012. O objetivo seria, segundo a CNA, "consolidar a imagem do agronegócio sustentável brasileiro no país e no exterior" (Federação da Agricultura e Pecuária de Goiás, 2012). O Brasil tinha sediado, em junho do mesmo ano, a Conferência das Nações Unidas sobre Desenvolvimento Sustentável (Rio+20).

O grande destaque da campanha era Edson Arantes do Nascimento, o Pelé. Ele abria o vídeo dizendo que, acostumado a vencer no futebol, estaria, no momento, feliz por ver o país campeão em outro "campo": o da agricultura (Confederação da Agricultura e Pecuária do Brasil & Serviço Brasileiro de Apoio às Micro e Pequenas Empresas, 2012). A primeira ideia apresentada, portanto, era a de que a agropecuária brasileira teria liderança no cenário global.

Em seguida, entrava em cena uma senhora falando que o pequeno agricultor seria parte desse "time", "com muita informação e tecnologia", o que reforçava a proposta classificatória de que a "agricultura familiar" estaria inserida no "agro". Pelé, então, reaparecia para defender que o Time Agro Brasil "faz bonito lá fora e aqui dentro também". Essa declaração opunha-se à crítica de que a agricultura patronal teria contribuições relevantes somente no comércio internacional.

O ex-jogador era complementado pela presidente da CNA, que exclamava: "Somos milhões de produtores que suam a camisa todos os dias para fornecer o melhor alimento a todos os brasileiros". Ao que Pelé replicava: "comida boa, barata e saudável", procurando responder antes às contestações sobre o uso de agrotóxicos no país do que àquelas sobre alimentos ultraprocessados, pauta de atuação então na alçada da Abia. A centralidade da agricultura no material era matizada com falas que alertavam o telespectador de que o "time" incluía produtos como etanol e roupas.

No final do vídeo, Paolinelli e Rodrigues apareciam para afirmar que seríamos campeões em "produção" e "preservação ambiental". Ao fundo, ouvia-se a adaptação da canção "Pra frente Brasil", de Miguel Gustavo, utilizada na ditadura para instrumentalizar, com fins políticos, a ufania durante a Copa do Mundo de 1970: "Todos juntos, vamos, pra frente Brasil, Brasil, pra ser campeão".

Em 2013, a CNA iniciou a segunda fase da campanha. Nela, foi contratado, conforme havia ocorrido em Sou Agro, um ator da Rede Globo. Conforme a confederação anunciou à época, "o produtor rural e ator Murilo Benício entra em campo com o Rei Pelé para mostrar ao Brasil e ao mundo a nossa agropecuária sustentável, que ocupa apenas 27,7% do território nacional e preserva 61% dos biomas do país" (Federação da Agricultura e Pecuária do estado de Minas Gerais, 2013).

A Time Agro Brasil foi prestigiada, em diferentes momentos, pela presidenta Dilma Rousseff e seu vice, Michel Temer (PMDB). Em julho de 2012, ele esteve no lançamento da campanha. Em maio de 2013, ela recebeu homenagem das mãos de Pelé na Exposição Internacional de Gado Zebu (ExpoZebu).

À medida que a CNA procurava veicular campanha própria, sua carta aos presidenciáveis de 2014 se diferenciava daquela liderada pela Abag.

A Abag (2014a, p. 34-5) dera relevo aos seguintes princípios, nesta ordem:

(i) Desenvolvimento sustentável;
(ii) Competitividade;
(iii) Orientação aos mercados;
(iv) Segurança jurídica;
(v) Governança institucional.

A CNA (2014, p. 6), a estes, na seguinte disposição:

(i) Política agrícola;
(ii) Competitividade;
(iii) Relações do trabalho;
(iv) Segurança jurídica;
(v) Meio ambiente;
(vi) Educação e assistência técnica.

Com efeito, passada a comunhão de motivos para debilitar o Código Florestal, os pleitos ambientais se tornariam o principal demarcador de distâncias entre as duas representações. A precedência que a Abag — liderada por indústrias, e presidida por Luiz Carlos Corrêa Carvalho, representante da cadeia sucroalcooleira — atribuía ao "desenvolvimento sustentável" era correspondida por algumas recomendações que a entidade então fazia, diferenciando-a da CNA.

Entre elas, destacavam-se a atribuição de relevo para transições à agricultura de baixo carbono, a ênfase sobre a importância de aprofundamento da rastreabilidade nos complexos e a clara crítica à baixa eficiência da pecuária extensiva.

Crise e impedimento

Vencidas as eleições, Dilma convidou Kátia Abreu para ser ministra da Agricultura, Pecuária e Abastecimento (2015-2016). No entanto, a pressão da ampla maioria dos agentes do agronegócio contra a presidenta somente crescia, assim como se deterioravam as relações do Executivo com o Congresso, cujo primeiro forte abalo fora, como adiantado, o conflito ligado ao Código Florestal.

Se o governo resistia em relação a alguns pleitos patronais, continuava a ceder em vários outros: ao passo que Rousseff pensava sobre o que fazer com as atribuições do Ministério do Desenvolvimento Agrário — que cogitava extinguir —, o ministro da Casa Civil, Aloizio Mercadante (2014-2015), desautorizava, influenciado por intensa movimentação da Frente Parlamentar da Agropecuária, uma instrução normativa do Incra que estabelecia um protocolo para desapropriação de terras onde fossem flagradas, pelo Ministério do Trabalho e Emprego, pessoas em condições análogas às de escravo (*O Globo*, 28 ago. 2015).[80]

Uma crise econômica, dialeticamente relacionada àquela política, afetava cada vez mais as principais cadeias produtivas. Segundo o Centro de Estudos Avançados em Economia Aplicada (Cepea-USP, 2015, p. 1), "nem o agronegócio resiste à crise econômico-política instalada no país. No acumulado de janeiro a setembro deste ano, o PIB do setor recuou 0,51%, sinalizando para queda anual de 0,7% em 2015 em relação a 2014". Nesse cenário, a

---

[80] A chamada PEC do Trabalho Escravo — prevendo expropriação de áreas onde se flagrasse esse tipo de atividade — havia sido promulgada em 2014, mas a ação da FPA garantira que sua operação necessitasse de regulamentação posterior, o que, na prática, inviabilizava tal previsão.

animosidade de empresários e de parlamentares da FPA com o governo do PT se intensificava.

Concomitantemente, o bloco de entidades na retaguarda da Frente Parlamentar da Agropecuária avançou sobre disputas internas entre as representações que o lideravam, e continuou a crescer em 2015. Reagindo ao empoderamento do referido núcleo, a ministra da Agricultura usou sua força política e inserção no governo para criar o Fórum das Entidades Representativas do Agronegócio (Ferab), em agosto de 2015. Público-privado como o FNA, o Ferab diferenciava-se dele por centralizar a liderança no ministério, sem dividi-la com um coordenador dos segmentos privados.

Sua representatividade entre os agentes tradicionais do campo do agronegócio era bastante relevante: havia ao todo dezessete entidades nacionais ou regionais associadas ao fórum — a "agropecuária" participava com dez associações (58,8%) e as "indústrias", com sete (41,2%) (elaboração própria com base em Sociedade Nacional de Agricultura, 2015).

Tratava-se de um número total bastante superior à Abag, que abrangia nove em 2013, mas, ao mesmo tempo, sensivelmente inferior às 27 que o escritório ligado à FPA agregaria em 2016 (Associação Brasileira do Agronegócio, 2013; Instituto Pensar Agropecuária & Frente Parlamentar Mista da Agropecuária, 2016).

As organizações eram CNA — sobre a qual a ministra mantinha influência, como presidente licenciada —, ABCZ, Abiec, Abrafrigo, Abrapa, Abrasem, Aprosoja Brasil, Associação Brasileira de Laticínios (Viva Lácteos), Associação Brasileira de Proteína Animal (ABPA), Associação Brasileira dos Produtores Exportadores de Frutas e Derivados (Abrafrutas), CNC, Conselho dos Exportadores de Café do Brasil (Cecafé), Fórum Nacional Sucroenergético (FNS), Indústria Brasileira de Árvores (Ibá), OCB e SNA. Havia ainda um grupo de entidades convidadas: Anda,

Associação dos Laboratórios Farmacêuticos Nacionais (Alanac), Sindan e Sindicato Nacional da Indústria de Produtos para Defesa Vegetal (Sindiveg).

A Contag também estava presente no fórum. Entre todas as nucleações intersetoriais do agronegócio, somente o FNA havia incorporado formalmente essa entidade. Uma das razões para sua participação no Ferab era a decisão da ministra de tentar adquirir legitimidade política perante uma parte do variado público da agricultura familiar.

O momento, contudo, não era propício para engenharias institucionais por parte do Executivo. Após poucos meses, o Ferab esvaziou-se, enquanto se notava fortalecimento do bloco de entidades ligado ao Congresso, que se consolidava como a principal nucleação no campo do agronegócio. Kátia Abreu, por sua vez, passara a ser vista com extrema desconfiança pela ampla maioria das lideranças patronais, o que lhe impediria, posteriormente, de retomar o controle da CNA.

No final de 2015, a Fiesp declarou apoio formal ao impedimento da presidenta da República (*O Estado de S. Paulo*, 14 dez. 2015). Na mansão de *lobbying*, associações do campo do agronegócio trabalharam sistematicamente para convencer parlamentares da FPA que, pertencendo à base do governo, resistiam em endossar o impeachment. Em março de 2016, a Frente Parlamentar da Agropecuária emitiria comunicado a favor da saída da presidente, com a seguinte justificação:

> A sociedade brasileira em geral e o segmento produtivo rural em particular não suportam mais conviver com esse palpável momento penoso e essa duradoura expectativa. Os fundamentos políticos e econômicos nos mostram que essa crise será duradoura, caso não se estanque aqui e agora pelas vias legais de que dispõe o Estado Democrático de Direito. (*Folha de S. Paulo*, 17 mar. 2016, p. A3)

No dia 17 de abril de 2016, 170 deputados da FPA, ou 82,9% dela, votaram "sim" para o parecer de admissibilidade do pedido de impedimento da presidente (*Agência Pública*, 2016).

Assim que, em maio de 2016, o Senado autorizou a abertura do processo de impeachment e determinou o afastamento de Dilma Rousseff, a Abag também se pronunciou, afirmando que

> o Brasil venceu uma etapa importante de sua trajetória e dá um grande passo na direção de solucionar a mais séria crise política, econômica e moral de sua história. [...]
>
> Para o agronegócio, a volta da confiança se dará com a inclusão do setor entre as prioridades do governo, com o retorno ao investimento e à produção na dimensão que o Brasil necessita. Nos comprometemos a continuar acreditando, investindo e produzindo. (Associação Brasileira do Agronegócio, 2016: nota à imprensa)

9
Inserção estratégica, riscos e diferenciações programáticas

A partir do processo para retirar Dilma Rousseff do poder, nucleações dominantes do campo do agronegócio alcançaram protagonismo na agenda do Estado brasileiro.

A despeito de as sucessivas gestões petistas terem aprofundado, por um lado, o pacto de economia política com tais núcleos — considerem-se, por exemplo, a retomada vigorosa de instrumentos fundamentais da política agrícola e o esmaecimento da política de reforma agrária, além da paralisação das demarcações de terras indígenas —, nelas se organizavam, por outro lado, alianças de atores progressistas da Esplanada com a sociedade civil. Operando por intermédio de pastas como Meio Ambiente, Desenvolvimento Agrário, Desenvolvimento Social e Trabalho, esses agentes avançavam iniciativas que confrontavam interesses de representações dominantes do campo do agronegócio, como analisado neste livro.

Com efeito, o PT era considerado pelos líderes do agronegócio como seu principal inimigo político, e finalmente começara a ser afastado do Planalto, para seu júbilo. Agora, o "agro" seria "governo".

Essencial esclarecer que a fundamentação deste capítulo está assentada sobretudo em pesquisa de campo.

Instituto Pensar Agropecuária

Conforme se executavam as movimentações contra o governo Dilma, representações do referido campo aproximavam-se, cada vez mais, de Michel Temer. Em 27 de abril de 2016, dez dias depois da votação do parecer de admissibilidade do pedido de impeachment, o deputado Marcos Montes, do Partido Social Democrático (PSD)[81] de Minas Gerais, então no comando da FPA, entregou ao vice-presidente (que estava na iminência de assumir, interinamente, a presidência) o documento *Pauta Positiva — Biênio 2016/2017*. A carta política tinha sido elaborada pelas entidades que operavam na retaguarda da frente, e consolidada em negociação com membros do núcleo parlamentar. Antes de atentar ao documento, é fundamental apresentar mais detalhes sobre o bloco de *lobbying*.

O Instituto Pensar Agropecuária (IPA), por vezes chamado de Instituto Pensar Agro, surgiu com ímpeto na esfera pública em meio às articulações privado-parlamentares para encerrar o governo petista. No entanto, o escritório político criado com recursos da Ampa e da Aprosoja-MT tinha adquirido caráter formal — como pessoa jurídica de direito privado — em 2011, no período em que começara a receber a aproximação de novas entidades, em meio às disputas relativas ao Código Florestal.

No quinquênio transcorrido entre as estratégias para mudar o Código Florestal e a derrubada de Dilma Rousseff, o IPA crescera vigorosamente. As cerca de dez associações que mantinham periodicamente o escritório no começo dos anos 2010 passaram a 38 em 2016, quando o instituto receberia uma visita formal de Temer. Excluindo-se as organizações estaduais, ou seja, considerando-se apenas

---

[81] Partido criado em 2011.

as nacionais e regionais, havia no IPA 27 entidades, sendo dez (37%) representantes de atividades predominantemente primárias e dezessete (63%) de operações sobretudo industriais (elaboração própria com base em Instituto Pensar Agropecuária & Frente Parlamentar Mista da Agropecuária, 2016).[82]

Como os números apontam, o setor "secundário" estava bem representado no instituto. A montante, cabia destaque às organizações das corporações de sementes, agrotóxicos e insumos para animais, como a Ama Brasil, a Andef, a Associação para o Fomento à Pesquisa de Melhoramento de Forrageiras (Unipasto), o Sindirações e o Sindiveg. A jusante, sobressaíam-se aquelas relacionadas às principais commodities agropecuárias exportadas pelo Brasil, a exemplo da Abiove, da Abiec, da ABPA, da Ibá e da Unica. Abrangendo principalmente atores posicionados "antes e depois da porteira da fazenda", a Abag também se inserira no núcleo.

Deve-se sublinhar, no entanto, que tal predomínio quantitativo das "indústrias" era nivelado quando se incluíam as entidades estaduais na contagem, procedimento que resultava em dezenove associações para cada "lado", 38 ao total. Para compreensão da distribuição interna de poder no IPA, essa consideração é necessária, uma vez que, nele, cada organização financiadora participa com direito a um voto, a despeito de ser ou não nacional.

Ademais, cumpre esclarecer que, desde a criação do escritório, seus principais postos de comando — sobretudo a presidência, posição responsável pela arbitragem

82 As 27 associações do IPA constituíam número bastante expressivo, mormente quando comparadas às nove do Rural Brasil, em 2007, e às também nove que a Abag agregara, em 2013 (Câmara dos Deputados, 2007; Associação Brasileira do Agronegócio, 2013).

na hierarquização dos pleitos e pela interação estratégica com os parlamentares — foram ocupados por agentes "primários" da economia, fato que lhes tem garantido certo reequilíbrio de forças diante das "indústrias", e, em certos temas conflituosos, alguma preponderância política sobre elas.

A propósito, as principais representações da "agricultura" no IPA eram a Abba, a ABCS, a ABCZ, a Abramilho, a Abrapa, a Aprosoja Brasil, o CNC, a Orplana e a SRB, além da OCB (Instituto Pensar Agropecuária & Frente Parlamentar Mista da Agropecuária, 2016).[83]

É oportuno enfatizar que a expressiva quantidade de organizações no instituto não teria rendido efeitos políticos sem precedentes no campo, como o fez, se um conjunto de outros fatores estivesse ausente. Os principais são (i) os dispositivos para administrar conflitos e negociar acordos entre os agentes privados, (ii) os recursos financeiros e instrumentos técnico-organizacionais para executar tais consensos e (iii) as interações sistemáticas entre associações e parlamentares.

Funcionando diariamente em uma mansão na capital federal, o IPA avançou de maneira significativa na institucionalização das relações entre as organizações privadas que o financiam, sobretudo ampliando o tratamento sistemático de suas diferenças. Para esse objetivo, não bastaria somente colocar, com alguma periodicidade, representações do campo do agronegócio em interação — como já ocorrera na Abag e no Cosag. Seria indispensável um passo posterior, isto é, aperfeiçoar protocolos para que as dissensões fossem negociadas sistematicamente e para que consensos possíveis pudessem ser prospectados por meio de tecnologias de facilitação.

---

83 Do apêndice IV deste livro consta a listagem completa das organizações que presentemente integram o IPA.

Com efeito, para tentar dar conta, no instituto, dos mais variados conflitos e competições existentes entre as representações dominantes do campo, um conjunto de dispositivos de promoção de convergência foi implementado (ver Pompeia, 2020b). Entre os expedientes, cabe salientar a criação de comissões específicas para racionalizar os trabalhos no âmbito de cada um dos grandes temas relacionados aos sistemas agroalimentares.

A despeito de demonstrarem dificuldades notórias em alguns desses temas — como nos ambientais, conforme se tratará à frente —, tais dispositivos têm promovido avanços profundos que se traduzem por acordos em diversos outros assuntos transversais, como nos fundiários, nos alimentares e nos tributários, por exemplo.

Acentuando as possibilidades de estabelecimento de alianças entre as associações e, consequentemente, contribuindo para ampliar a representatividade do instituto, os expedientes também incrementam a capacidade de os agentes dominantes privados do campo agregarem recursos financeiros e saberes técnicos (Pompeia, 2020b).

Por um lado, os recursos possibilitam o aluguel de uma ampla mansão em Brasília, onde o IPA funciona. Por outro lado, eles permitem a operação de uma equipe técnico-organizacional estável e experiente, além de contratações de consultorias especializadas. Tanto os agentes permanentes quanto os *ad hoc* desempenham funções indispensáveis no acompanhamento de tramitações de interesse das associações nos três Poderes, na facilitação das interações no instituto, na orientação técnica e na montagem de instrumentos para executar deliberações.

Fortalecendo-se mutuamente, os avanços (i) nas relações entre as associações e (ii) nos instrumentos técnico-organizacionais fomentaram a progressiva reconfiguração das relações privado-estatais no campo do agronegócio. Com a consolidação do IPA, essas interações não seriam mais fragmentadas, como era usual no campo nos anos 1990 e 2000, mas ocorreriam diretamente com o coletivo que compunha a mesa diretora da FPA.

Tampouco seriam assistemáticas: elas se tornaram semanais, com a intermediação da presidência do instituto, em alguns casos, e a participação da totalidade das associações, em outros. Efetivamente, a instituição de reuniões periódicas — gerais e temáticas — entre empresários e parlamentares ensejou mecanismos propícios e tempestivos para aprofundar o concerto público-privado na arena intersetorial, incluindo as negociações entre posições das associações e aquelas das bases eleitorais dos congressistas.

Como desdobramento, a própria mesa diretora da FPA foi robustecida — com a criação de novas posições e o aumento de sua especialização e organização —, em que pese sua crescente diversidade.

A associação de fatores quantitativos e qualitativos explica a influência acentuadamente mais ampla do Instituto Pensar Agropecuária em relação àquela do Cosag, outro núcleo com extensa inserção de entidades nacionais e regionais. Aliás, cabe enfatizar que o órgão da Fiesp, embora continuasse relevante, havia perdido muito de sua proeminência, passando a ser visto, por atores patronais, antes como fórum de debates e espaço de protagonismo do complexo sucroalcooleiro do que como um agente da linha de frente da ação política sobre questões amplas pertinentes ao campo. Foi em razão dessa perda de liderança que a Fiesp passaria, posteriormente, a integrar oficialmente o IPA (Pompeia, 2020b).

Feita essa breve apresentação do instituto, volta-se à *Pauta Positiva*, de 2016, que muito impacto teve após ser apresentada a Temer. O documento pleiteava apoio do Executivo para a aprovação da PEC 215/2000, reforçava a ideia de "marco temporal" — proposta que tenta limitar os direitos territoriais indígenas às posses detidas em 5 de outubro de 1988[84] — e incentivava a utilização, para outros casos, das dezenove condicionantes adotadas no processo da Raposa Serra do Sol.[85]

Além disso, a carta solicitava a reversão de recentes homologações de terras indígenas, de regularizações de territórios quilombolas e de desapropriações para reforma agrária que Dilma havia autorizado ao apagar das luzes de seu governo (Instituto Pensar Agropecuária & Frente Parlamentar Mista da Agropecuária, 2016).

Ainda em questões fundiárias, demandava-se apoio de Michel Temer para permitir aquisições de imóveis rurais por empresas brasileiras que detivessem maioria de capital estrangeiro, uma reivindicação do início da década, em especial de multinacionais de celulose.

Propunham-se, também, extinção do MDA, enfraquecimento de competências do Incra, mudanças na legislação trabalhista, estabelecimento de limites às fiscalizações do Ministério do Trabalho e Previdência Social, retirada do poder deliberativo do Conselho Nacional do Meio Ambiente (Conama) e distribuição de parte das decisões sobre licenciamento ambiental para o âmbito dos estados.

Quanto aos instrumentos de política agrícola, reclamava-se planejamento governamental de longo prazo e requisitavam-se mais recursos e melhorias para crédito rural, preços mínimos, seguro e pesquisa, de forma similar ao que líderes políticos do agronegócio haviam demandado em vários de seus mais importantes documentos (Associação Brasileira de Agribusiness, 1993, 1994, 2002, 2006, 2010; Ministério da Agricultura e do Abastecimento, 1998; Rodrigues, 2007). No que

---

[84] Para análise sobre o artifício do "marco temporal", ver Carneiro da Cunha e Barbosa (2018).

[85] Sobre a intensificação, durante a década de 2010, de ações patronais opostas a direitos territoriais indígenas, ver Carneiro da Cunha et al. (2017).

concernia à defesa agropecuária, requeria-se um sistema "mais efetivo e menos burocrático", mencionando-se a necessidade de mudanças na legislação relacionada a esse tema (Instituto Pensar Agropecuária & Frente Parlamentar Mista da Agropecuária, 2016).

Escândalos e aprofundamento do pacto de economia política

Assim que assumiu o governo como presidente interino, no dia 12 de maio de 2016, Temer extinguiu, por meio de Medida Provisória, o MDA — uma primeira reação à carta. Pouco depois, a CNA e entidades do IPA aliaram-se para legitimar o presidente interino com o *Manifesto de confiança ao governo brasileiro*, entregue em 4 de julho, no Global Agribusiness Forum, sediado na cidade de São Paulo:

> O agronegócio brasileiro, reunido por ocasião do Global Agribusiness Forum (GAF), reafirma sua confiança na nova etapa de gestão do nosso país, sob o comando do presidente Michel Temer.
> Fundamental na geração de divisas, emprego e renda, e estratégico para o desenvolvimento sustentável do Brasil, o agronegócio acredita que a nova administração federal tem legitimidade constitucional e conta com o comprometimento de uma equipe econômica competente. Acredita também na sua capacidade para reorganizar aspectos macroeconômicos essenciais no curto prazo para que a partir de reformas estruturais profundas possamos readquirir a confiança do setor privado, retomar investimentos e, consequentemente, recolocar o Brasil na trajetória de crescimento. [...]
> Neste novo momento, o agronegócio brasileiro, garantidor da segurança alimentar no mundo e simultaneamente responsável pela geração de significativas divisas para o Brasil, acredita, ainda, que o governo Temer tem todas as condições de dar novo ritmo, com pragmatismo diplomático e inteligência comercial, à conquista de novos mercados para os produtos brasileiros no comércio internacional.

É importante darmos espaço a uma visão eficiente de gestão pública, ancorada no contínuo avanço tecnológico, na força e no empreendedorismo do empresário moderno, principalmente do empresário rural brasileiro. O agronegócio, que se destaca entre os setores produtivos de nosso país, tem plena segurança em afirmar que pode fazer ainda mais pelo Brasil, assumindo a responsabilidade para participar ativamente dessa transformação para um Brasil fundamentado num modelo de desenvolvimento socioeconômico que privilegie a livre iniciativa, a segurança jurídica e a eficiência produtiva e mercadológica. (Global Agribusiness Forum, 2016, p. 1)

Temer (2016a) agradeceu no próprio evento: "Eu vou colocar esse acordo em um quadro no meu gabinete. É uma coisa importantíssima para nós, porque nos permite ganhar forças para enfrentar os problemas. Nós temos o apoio dos setores produtivos do país".

Oito dias depois, em 12 de julho de 2016, o presidente interino visitou a mansão do IPA, situada no Lago Sul, em Brasília, em ambiente de comemoração pela iminência da destituição da presidenta da República. Na ocasião, expressou os seguintes elogios: "Nós temos consciência de que [o agronegócio] é a pauta mais importante, é o que garante uma certa estabilidade econômica para o nosso país. Então, incentivá-los é incentivar o crescimento e o desenvolvimento do Brasil. Essa é a grande realidade" (Temer, 2016b).

Simultaneamente, ainda em julho, estreava a campanha "Agro: a indústria-riqueza do Brasil". Percebendo o mercado potencial das commodities agropecuárias, a Globo havia organizado um projeto para valorizá-las, e ofereceu-o a patrocinadores. A JBS e a Ford foram as empresas que decidiram financiar a iniciativa publicitária no início, sendo seguidas, anos depois, pelo Bradesco (Acervo digital do *G1*, 2017; *Meio e Mensagem*, 25 maio 2020).

Dois argumentos se destacam na campanha: "Agro é tech" e "Agro é tudo". O primeiro tenciona marcar clivagem com ideias como "latifúndio" e "improdutividade", associando a categoria a avanços tecnológicos, modernidade e inovação. O segundo trata de projetar um imaginário superenglobante de agronegócio, o qual, no entanto, não é acompanhado pela capacidade efetiva de representação política dos agentes patronais do campo, mesmo quando eles são, a despeito de suas divisões, tomados em conjunto (Pompeia, 2020a).

O uso, para fins privados, que atores do campo fazem dessa imagem totalizante configura-se, por essa razão, como sinédoque política, ou seja, como simulação que consiste em propor que uma "parte" (conjunto de agentes políticos do agronegócio) seja tomada pelo "todo" (amplo perímetro de funções contidas na noção de agronegócio).

Ferramenta de legitimação robusta e regularmente exibida nos anos seguintes no principal canal de televisão aberta do país, a ação publicitária operou para justificar o pacto de economia política que se aprofundava a partir de então.

Uma semana antes da saída definitiva de Dilma Rousseff, o ministro da Agricultura, Blairo Maggi (2016-2018), lançou o plano Agro+. Uma das ênfases da iniciativa era desburocratizar normas relacionadas à defesa agropecuária, conforme o IPA havia solicitado (Ministério da Agricultura, Pecuária e Abastecimento, 2016a; Instituto Pensar Agropecuária & Frente Parlamentar Mista da Agropecuária, 2016).

Após tomar posse como presidente da República, com a consumação do impeachment, em 31 de agosto de 2016, Temer continuou a fortalecer sua relação com nucleações dominantes do campo do agronegócio. Nessa direção, destacaram-se as medidas implementadas pouco antes das votações das duas denúncias da Procuradoria-Geral da República (PGR) contra ele.

Em 2017, pelo menos dois grandes escândalos relacionados com corrupção atingiriam, conjuntamente, empresas do agronegócio e o governo federal: a Operação Carne Fraca e as delações de Joesley Batista, maior acionista da J&F, *holding* com controle sobre a JBS.

Em março daquele ano, a Polícia Federal deflagrou uma operação com intuito de desbaratar esquema de (i) liberações irregulares de licenças e de (ii) fiscalizações fraudulentas, por agentes do Ministério da Agricultura, em frigoríficos em Minas Gerais, Paraná e Goiás. A JBS e a BRF, duas das maiores processadoras de carne do país, estavam entre as acusadas.

A empresa dos irmãos Batista liderava a Abiec, que compunha a área de agronegócio da Fiesp e financiava o IPA (Federação das Indústrias do Estado de São Paulo, 2007a; Instituto Pensar Agropecuária & Frente Parlamentar Mista da Agropecuária, 2016). Resultado de fusão da Sadia com a Perdigão, a BRF era integrante da Abag e, por intermédio da ABPA,[86] transferia recursos mensalmente ao IPA (Associação Brasileira do Agronegócio, 2013; Instituto Pensar Agropecuária & Frente Parlamentar Mista da Agropecuária, 2016).

Respaldadas por decisão de governos petistas de apoiar firmemente algumas corporações do agronegócio, a JBS e a BRF eram, respectivamente, a segunda e a décima quinta maiores empresas atuantes no país (*Valor Econômico*, 24 ago. 2017), assim como a primeira e a quarta que doaram, segundo números declarados, para as campanhas do maior número de parlamentares que se elegeram na legislatura 2015-2018 e se inseriram na FPA (cálculos feitos pelo autor com base em Tribunal Superior Eleitoral, 2017).

---

[86] A ABPA foi criada em 2014 após fusão da Abipecs com a UBA.

Alguns frigoríficos menores, segundo os investigadores, teriam chegado a embalar produtos vencidos e a vender carne podre (Polícia Federal, 2017; *Folha de S. Paulo*, 17 mar. 2017; *O Estado de S. Paulo*, 17 mar. 2017). Houve contundente protesto de lideranças do campo. Apoiando-as, o presidente Temer argumentou que "o agronegócio para nós no Brasil é uma coisa importantíssima e não pode ser desvalorizado por um pequeno núcleo, uma coisa que será menor, apurável, fiscalizável, punível, se for o caso, mas não pode comprometer todo o sistema que nós montamos ao longo dos anos" (*Reuters*, 20 mar. 2017).

A JBS, especificamente, entraria, poucas semanas depois daquela operação, no centro de uma enorme crise política no Brasil. No dia 17 de maio de 2017, veio à tona parte da delação de Joesley Batista ao MPF, no âmbito da Operação Lava Jato. Ela continha o áudio de uma conversa de Batista com Temer em março do mesmo ano. Na gravação, o presidente apontava que o intermediário para tratar com a J&F seria o seu ex-assessor e então deputado federal Rodrigo Rocha Loures (PMDB-PR). Alguns dias depois, Loures foi filmado recebendo uma mala contendo quinhentos mil reais em dinheiro enviados por Batista (*Jornal Nacional*, 17 maio 2017).

A divulgação do áudio abalou o governo. Baseando-se na delação de Joesley Batista, Rodrigo Janot, então procurador-geral da República, apresentou, em junho de 2017, denúncia contra Temer ao STF. A Câmara dos Deputados teria de conceder, por dois terços de seus membros (342 deputados), autorização para análise da denúncia pelos ministros da corte. Caso contrário, o tribunal ficaria impedido de agir.

Nesse contexto, Temer tomou uma série de medidas para evitar a autorização. Em 11 de julho de 2017, menos de um mês antes da votação dessa denúncia na Câmara, ele sancionou uma lei tratando, entre outros aspectos, da regularização fundiária na Amazônia Legal. A regra facilitava a apropriação privada de terras públicas na região, entre outras consequências.

No dia 13 de julho, o presidente enviou ao Congresso Nacional um projeto de lei para transformar aproximadamente 27% da Floresta Nacional (Flona) do Jamanxim, no sudoeste do Pará, em área de proteção ambiental (APA) — na prática, liberando uma exploração menos restrita de parte da Flona.

Um dia antes da votação da primeira denúncia, Temer editou uma Medida Provisória reduzindo dívidas previdenciárias de fazendeiros e agroindústrias e a alíquota que eles deveriam pagar ao Fundo de Assistência ao Trabalhador Rural (Funrural).

No dia 2 de agosto de 2017, a Câmara dos Deputados aprovou, por 263 votos, o relatório da Comissão de Constituição e Justiça e de Cidadania — cujo autor era o deputado Paulo Abi-Ackel (PSDB-MG) — que recomendava o arquivamento da denúncia da PGR contra o presidente. Eram necessários 172 votos para impedir a análise da denúncia pelo STF, sendo que 144 foram dados por integrantes da FPA (*Jornal Nacional*, 26 out. 2017).

Em 16 de outubro de 2017, buscando garantir votos para o arquivamento de segunda denúncia protocolada por Janot, o governo Temer publicou, por meio do Ministério do Trabalho e Previdência Social, uma portaria modificando o conceito de trabalho análogo ao de escravo, além dos protocolos para investigação e divulgação da lista de empresas que exploravam esse tipo de mão de obra. Com a medida, o avanço no combate ao trabalho análogo ao de escravo sofria um grave retrocesso. Além disso, o referido ministério vinha diminuindo suas operações em relação a tais casos, que passaram de 159, em 2015, para 145, em 2016, e 88, em 2017 (números fornecidos para este livro pelo Ministério do Trabalho e Previdência Social, 2018).

Na semana seguinte à publicação da referida portaria — e dois dias antes da votação da segunda denúncia da PGR —, Temer assinou um decreto que convertia multas ambientais em "serviços de preservação, melhoria e recuperação da qualidade do meio ambiente". Adicionalmente, estabelecia-se que, ao aceitar o pedido de conversão, a autoridade ambiental poderia conceder desconto de até 60% sobre as multas.

Em 25 de outubro de 2017, a Câmara rejeitou, com 251 votos, a segunda denúncia da PGR contra o então presidente; 139 deles tinham vindo de membros da FPA (*Jornal Nacional*, 26 out. 2017).

Ao tempo que ficava evidente o aprofundamento da aliança entre o Executivo e a engrenagem IPA/FPA no período que se aproximava das eleições de 2018, cumpre destacar o quanto o campo do agronegócio se havia reconfigurado com a consolidação do Instituto Pensar Agropecuária e o impedimento de Dilma Rousseff.

Conselho do Agro

Ao assumir a CNA de forma definitiva, em 2016 — após decisão das federações de não acatar o retorno da presidente licenciada Kátia Abreu —, João Martins tomou uma decisão importante: dar institucionalidade a um fórum com as principais representações da agricultura patronal.

Em outubro de 2016, foi criado o Conselho das Entidades do Setor Agropecuário (Conselho do Agro), contendo a maior parte das organizações que haviam composto o Rural Brasil, além de outras associações (Pompeia, 2020a, 2020b). Contudo, a CNA pretendia evitar o centralismo que, na década anterior, implicara o enfraquecimento do fórum. Para isso, implementou algumas estratégias. Uma das mais relevantes foi a adoção de rotatividade, em cada uma de suas reuniões mensais, para a proposição dos temas e a condução dos encontros.

A instituição do conselho era uma reação tanto à perda de prestígio da confederação quanto ao empoderamento do IPA. Conforme revelou seu presidente, em entrevista ao autor, a CNA entende-se como o fórum político legítimo de representação da agropecuária patronal no país; dessa forma, tinha dificuldades para aceitar o espaço predominante que o instituto passara a ocupar (Confederação da Agricultura e Pecuária do Brasil, 2019).

Para ampliar sua representatividade, e a capacidade de gerar consensos entre os agentes privados do campo, estabeleceu-se que só poderiam fazer parte do conselho representações nacionais ou regionais — e não associações estaduais, como há no IPA, nem empresas, predominantes na Abag. Revelando, também, certo incômodo com a proeminência de organizações nas quais prevalecem indústrias, o planejamento inicial previa inserção somente de entidades que reunissem, predominantemente, agentes da agropecuária.

Em sua primeira conformação, o Conselho do Agro era constituído por doze organizações: CNA, ABCS, ABCZ, Abrafrutas, Abramilho, Abrapa, Aprosoja Brasil, CNC, Instituto Brasileiro de Horticultura (Ibrahort), OCB, SNA e SRB. Pouco depois, a ABC juntou-se ao núcleo, assim como a Abag — o que mostrava que ele não seria espaço cativo da agricultura, a despeito do intuito quando de sua fundação. Em seu primeiro biênio, até a inserção da Federação dos Plantadores de Cana do Brasil (Feplana), em 2018, o conselho funcionou com catorze entidades ao todo, sendo treze (92,9%) da "agropecuária" e uma (7,1%) das "indústrias" (elaboração própria com base em Conselho das Entidades do Setor Agropecuário, 2019).

Como se apresentou anteriormente, em meados de 2016, havia 27 associações nacionais e regionais no IPA.[87] No entanto, a CNA conseguia agregar mais atores da "agropecuária": eram treze no conselho, ante dez no instituto.

Visando a incrementar seu cacife na arena política do agronegócio e influenciar os rumos programáticos da campanha presidencial de 2018, a CNA achou por bem agregar, ao lado das entidades de seu conselho, duas notórias representações de atividades predominantemente industriais, a Fiesp e a Unica. Tratava-se de outro fato a evidenciar a crescente importância da intersetorialidade no campo.

Juntas, essas organizações escreveram uma relevante carta de pleitos: *O futuro é agro — 2018-2030* (Confederação da Agricultura e Pecuária do Brasil & Conselho das Entidades do Setor Agropecuário, 2018a, 2018b). A Abag, por seu turno, abdicara, pela primeira vez, de conduzir

---

87 Conforme analisado anteriormente neste capítulo, é importante considerar que, para além do número absoluto de entidades, o IPA também apresentava notáveis atributos qualitativos que ampliavam seu poder no campo.

essa função, preferindo integrar, por meio do conselho, a iniciativa comandada pela CNA.

No documento, a CNA e as demais organizações responsáveis fundamentavam as reivindicações com base nas seguintes justificações:

> As excelentes safras colhidas no Brasil nos últimos anos, fruto da combinação de clima favorável e novas tecnologias, mostram que a contribuição brasileira é imprescindível para enfrentar um dos maiores desafios do século XXI: garantir a segurança alimentar global sem destruir os recursos naturais. Sabe-se ainda que o Brasil é um dos poucos países capazes de atender à crescente demanda interna e externa por alimentos, energia e fibras, e o presente estudo/documento vai definir quais são os principais temas que devem compor uma estratégia de Estado para que o país possa cumprir o seu papel frente a esse desafio. (Confederação da Agricultura e Pecuária do Brasil & Conselho das Entidades do Setor Agropecuário, 2018a, p. 35)

A carta continha dez eixos, assim apresentados (Confederação da Agricultura e Pecuária do Brasil & Conselho das Entidades do Setor Agropecuário, 2018a, p. 3):

(i) Macroeconomia e os desafios;
(ii) Política agrícola: aperfeiçoamento e modernização;
(iii) Agro no mercado externo;
(iv) Sustentabilidade dos sistemas de produção;
(v) Segurança jurídica;
(vi) Tecnologia e inovação no agro;
(vii) Logística: transporte e armazenagem;
(viii) Defesa agropecuária e indústria do agro;
(ix) Educação e assistência técnica;
(x) Agroenergia.

Destacavam-se no documento o apoio a grandes reformas, como a previdenciária e a tributária, e a defesa do congelamento de despesas do governo federal. Incentivavam-se, também, equilíbrio fiscal, juros baixos e controle da inflação (Confederação da Agricultura e Pecuária do Brasil & Conselho das Entidades do Setor Agropecuário, 2018b).

Embora se mencionasse a priorização do seguro rural e se tratasse da diversificação das fontes de recursos voltados ao financiamento, pleiteava-se a manutenção do sistema público de crédito subsidiado como estratégia central para fomentar as cadeias produtivas. E demandavam-se melhorias na política de preços mínimos — sob direção do Ministério da Agricultura —, a qualificação da estrutura logística do país — com ênfase em distribuição e armazenagem —, além da adoção de autorregulação na defesa agropecuária.

Quanto aos acordos comerciais, priorizavam-se aqueles com a China e a União Europeia, além de se cobrarem ações governamentais para melhoria da reputação internacional dos sistemas agroalimentares existentes no Brasil.

Por meio do idioma da segurança jurídica, reforçava-se a importância da criação de um marco regulatório para facilitar reintegrações de posse, insistia-se na defesa da adoção das dezenove salvaguardas utilizadas no caso da Terra Indígena Raposa Serra do Sol para todos os processos de demarcação, recomendavam-se medidas que implicariam enfraquecimento da Funai, falava-se em fraudes na titulação de territórios quilombolas e propunha-se revogação da Política Nacional de Desenvolvimento Sustentável dos Povos e Comunidades Tradicionais. Ademais, reprovava-se a criação de unidades de conservação e requeria-se apoio para a aprovação de reforma trabalhista rural.

Havia, ainda, um aspecto não frequente em documentos do campo do agronegócio a candidatos presidenciais:

a crítica aos monopólios industriais. Essa orientação certamente refletia a liderança da agropecuária patronal — e, em particular, da CNA — na carta política. As disputas distributivas também apareciam com a proposta de censura ao tabelamento do frete — a qual evidenciava oposição aos reclames de associações autônomas de caminhoneiros que se mobilizavam por garantias de remuneração mínima.

Finalmente, na agenda ambiental, estimulava-se a aprovação de novo marco de licenciamento ambiental; defendia-se o desmatamento legal, desaconselhava-se o desflorestamento líquido zero e contestavam-se moratórias; alegava-se que a criação de áreas protegidas traria insegurança jurídica para o campo do agronegócio; evitava-se tratar de fiscalização e sanções a crimes ambientais; acentuava-se que as metas climáticas do Brasil deveriam ser definidas com maior cautela; e atribuía-se pouca ênfase ao fomento para uma economia de baixo carbono.

A reascensão de posições de extrema direita

Em 2017, a maioria das associações nacionais do campo do agronegócio manifestava predileção por candidatura presidencial do PSDB: algumas preferiam o então governador de São Paulo, Geraldo Alckmin; outras, João Doria, que era prefeito da capital paulista.

Enquanto tucanos se digladiavam pela vaga do partido para concorrer à presidência da República, o deputado federal Jair Bolsonaro[88] dava ênfase ao trabalho de campanha, nos mais diversos estados, com lideranças locais da agricultura patronal. Nessas situações, Bolsonaro mirava, sobretudo, os produtores de extrema direita. Suas propostas extremamente críticas às políticas ambientais, à demarcação de terras indígenas e à reforma agrária, além de seu incentivo ao uso de armas na zona rural, vinham ao encontro do que esse público esperava — e não ouvia de outros candidatos.

Paulatinamente recebendo mais convites de sindicatos e de outras representações nos municípios, ele se tornaria assíduo frequentador de feiras e eventos relacionados ao mundo rural. Na tradicional Festa do Peão de Boiadeiro de Barretos, por exemplo, apareceu paramentado de caubói para elogiar os atores patronais e criticar normas sobre o meio ambiente.

No entanto, ao mesmo tempo que essas proposições operavam notável crescimento do apoio ao deputado, enfrentavam dificuldades para convencer segmentos mais moderados do campo do agronegócio. Um exemplo relevante dessa clivagem foi o comportamento ambíguo

---

[88] Em 2018, Bolsonaro transferiu-se do Partido Social Cristão (PSC) para o Partido Social Liberal (PSL), do qual se desfiliaria no final de 2019.

da FPA em relação a Bolsonaro, que ficou mais evidente quando ele esteve no IPA para conversar com parlamentares em novembro de 2017.

Tal segmentação ocorria por duas razões principais. De um lado, a pressão contrária a essa candidatura vinha da maior fração de entidades que, por meio do IPA, financiavam a atuação da frente parlamentar — e, particularmente, de parte das indústrias a jusante da agropecuária, que temiam problemas no comércio exterior por causa de discursos e práticas antiambientais. De outro lado, havia marcada presença, na mesa diretora da FPA, de parlamentares do PSDB — que não viam com bons olhos o crescimento da popularidade de Bolsonaro no campo.

Concomitantemente, porém, a posição de dirigentes locais e/ou regionais a favor do deputado começara a influenciar líderes de algumas entidades nacionais da agropecuária que, inseridas no IPA e no Conselho do Agro, tinham predisposição favorável para suas propostas de campanha.

A disjunção quanto ao candidato predileto do campo do agronegócio seria resolvida, pouco a pouco, pela dificuldade de Alckmin — que havia obtido a vaga do PSDB — em crescer nas intenções de voto ao longo de 2018. Diante das fortes candidaturas de Lula e Marina Silva, sobre as quais havia evidente rechaço naquele domínio intersetorial, Bolsonaro era o concorrente da direita com maior possibilidade de vitória. Então, um cálculo prático fez transigir, paulatinamente, a ala mais moderada do campo.

Uma das várias consequências, na arena do agronegócio, do movimento de ascensão política de Bolsonaro foi a revitalização de uma organização que se encontrava alijada dos espaços dominantes: a UDR.

União Democrática Ruralista

A organização tinha representação marcante de agentes patronais conservadores, com poder predominantemente local, que se notabilizavam pela defesa intransigente da propriedade privada da terra e por uma postura radicalizada com relação a movimentos sociais, povos indígenas e populações tradicionais.

Ademais, a entidade se caracterizava pela concentração de atores política e economicamente subalternos no campo do agronegócio. Um dos desdobramentos de tais traços era sua crítica reiterada tanto para indústrias situadas a jusante das cadeias produtivas — por conta, sobretudo, de conflitos distributivos de seus membros com grandes frigoríficos e *tradings* — quanto para representações dominantes da agropecuária patronal — em razão, principalmente, de insatisfação com a atuação do sistema CNA.

Por esses atributos institucionais, pode-se identificar a UDR como uma das entidades mais próximas de ideários e práticas de extrema direita no diverso campo do agronegócio. Se essa posição lhe possibilitara espaço público proeminente durante a Constituinte — sob comando de Ronaldo Caiado — e no auge dos conflitos sobre reforma agrária durante o governo Lula — sob chefia de Luiz Antônio Nabhan Garcia —, ela também lhe imporia marginalização, nos anos 2010, quando a entidade não conseguia se inserir em nenhum dos principais núcleos do campo.

Havia, portanto, elevada afinidade entre as posições da UDR e de Bolsonaro. Quando a vitória do candidato ainda era considerada pouco viável, Nabhan passou a defendê-lo, opondo-o à FPA que, segundo ele, teria pouca legitimidade na arena do agronegócio. Assim, o líder da organização e o candidato se aproximariam, dividindo momentos da campanha em que se tratava de bandeiras conservadoras do mundo agropecuário — fosse em cidades do interior do país, fosse em Brasília.

Com isso, Nabhan inseriu-se como ator privilegiado a orientar decisões de campanha quanto a temas relacionados — direta ou indiretamente — ao agronegócio. Após o êxito de Bolsonaro nas eleições, o chefe da UDR concentrou esforços para ser apontado como ministro da Agricultura. Para isso, ele procurou arregimentar apoio da forte Aprosoja-MT e de entidades com menor influência no campo — a exemplo da Associação Brasileira dos Exportadores de Gado (Abeg), da Associação Nacional de Defesa dos Agricultores, Pecuaristas e Produtores da Terra (Andaterra) e do movimento gaúcho Te mexe, Arrozeiro, além de alguns sindicatos.

Contrariedade de representações dominantes

Não tardou para a maioria das entidades nacionais ou regionais que integravam o IPA e/ou o Conselho do Agro reagir à autopromoção de Nabhan, evidenciando cisão no campo. Entre vários fatores que incentivavam essa desaprovação, havia, como apontado anteriormente, o fato de o líder da UDR ser crítico contumaz da mesa diretora da frente parlamentar e da CNA, e também questionador dos acordos políticos de atores da agropecuária com indústrias a jusante, as quais frequentemente responsabilizava pelo achatamento de margens recebidas por pecuaristas e sojicultores.

Em suma, ele havia se indisposto, simultaneamente, com a FPA, com a organização de representação oficial da agricultura patronal e com atores industriais do IPA — que então detinham maior presença relativa no instituto.

Reafirmando, pois, sua predominância no campo do agronegócio — tanto pela representatividade em seu âmbito privado quanto pela influência sobre a frente —, os núcleos dominantes fizeram chegar a Bolsonaro informações de que o líder da UDR teria dificuldades em promover articulações políticas relevantes e influenciar votos no Congresso. Nabhan contaria, enfatizavam, com o apoio de poucas associações relevantes nesse domínio e contatos próximos com número reduzido de membros do Parlamento.

A partir de meados dos anos 2010, tinham se consolidado, no país, estratégias de convergência institucional entre agentes dominantes no campo do agronegócio. Procurando administrar — por intermédio de um conjunto de dispositivos — seus variados conflitos e incentivar acordos, essas estratégias contribuíam decisivamente para somar representatividade, recursos financeiros e capacidade técnica, sendo fundamentais para a crescente eficácia política sobre o governo federal.

Um primeiro movimento, importantíssimo nesse processo político, havia sido a transferência do *lobbying* sobre questões políticas transversais para nucleações intersetoriais ampliadas, sobretudo o IPA e o Conselho do Agro. O segundo, a aproximação formal entre a CNA e o IPA, marcada pela inserção da confederação no instituto, em 2019, e pelo acordo que levou, em 2021, um consultor da CNA a assumir a presidência do IPA. Por fim, fora essencial a ampliação acentuada da institucionalização das relações de agentes privados com a FPA. Os três movimentos constituem os principais eixos do que se conceitua como concertação política (Pompeia, 2020b).

Ao se tornar inequívoco, para Bolsonaro, que Nabhan não poderia auxiliá-lo adequadamente nas articulações que pretendia realizar com o Congresso, o presidente eleito não teve dúvidas. A indicação ao Ministério da Agricultura ficou a cargo dos núcleos dominantes do campo, que, então, inseriram a própria presidente da FPA, a deputada Tereza Cristina (DEM-MS), como ministra.

Ao tomar posse como presidente da República, Bolsonaro fez do ministério uma pasta extremamente fortalecida, promovendo um conjunto de mudanças administrativas que contemplavam demandas há muito expressas por diferentes cartas de propostas do campo. As modificações incluíam, sobretudo, a transferência para a Agricultura de funções que estavam em outros ministérios, como as vinculadas à agricultura familiar, ao serviço florestal, à reforma agrária e à demarcação de terras indígenas,[89] para citar algumas das principais.

---

[89] A competência para realizar demarcações seria posteriormente devolvida ao Ministério da Justiça, por decisão do Parlamento e, depois, por reação do plenário do STF à segunda tentativa de Bolsonaro de inseri-la no Ministério da Agricultura.

Com essas medidas, o chefe do Executivo também procurou abrir espaço para acomodar Nabhan no governo, em gesto político às representações mais conservadoras do campo. Como é sabido, o líder da UDR ficou responsável pela Secretaria Especial de Assuntos Fundiários (Seaf), criada no Ministério da Agricultura. Nas entrevistas realizadas pelo autor, algumas entidades que estavam no IPA, como o CNC (2019), mostraram desagrado com a decisão, vista como imposição do presidente. Outras, contudo, consideraram a iniciativa adequada, pois compartilhavam com Nabhan as críticas às políticas de reconhecimento de territórios tradicionais e de criação de assentamentos. Segundo a Abrapa (2019), a decisão seria válida, uma vez que traria um ator obstinado para agir sobre as complicadas disputas fundiárias, deixando Tereza Cristina com maior tranquilidade para tratar das outras agendas relacionadas aos sistemas agroalimentares.

Enquanto havia parcial, mas prevalecente apoio a Nabhan na pauta de terras — o que por certo não evitaria algumas disputas por influência entre ele e a ministra —, as propostas da liderança da UDR sobre temas ambientais tinham sido veementemente desautorizadas pela maioria dos integrantes do IPA e do Conselho do Agro. Ainda no final de 2018, Nabhan fizera críticas contundentes ao Acordo de Paris e defendera, com apoio de algumas associações, como a Aprosoja Brasil, a extinção do Ministério do Meio Ambiente e a inserção subordinada de sua estrutura técnico-administrativa no Ministério da Agricultura.

Com efeito, o tratamento político ao meio ambiente seria, ainda mais a partir da eleição de Bolsonaro, o principal motor de diferenciação programática no campo do agronegócio. Para analisar os desdobramentos desse processo, é indispensável apresentar um fórum que, então, conquistava maior proeminência.

Coalizão Brasil Clima, Florestas e Agricultura

Composta sobretudo por organizações ambientalistas, representações do campo do agronegócio e pesquisadores, a Coalizão Brasil Clima, Florestas e Agricultura (Coalizão) fora organizada no biênio 2014-2015 para promover atuação negociada entre atores desses segmentos na agenda do clima.

Em seu lançamento, cumpre sublinhar, a Coalizão se diferenciara claramente das propostas realizadas pela Abag e pela CNA (Associação Brasileira do Agronegócio, 2014a; Conferação da Agricultura e Pecuária do Brasil, 2014; Coalizão Brasil Clima, Florestas e Agricultura, 2015). Defendera as unidades de conservação, ao passo que a confederação as havia contestado, diante do silêncio da associação de *agribusiness*; enaltecera a importância das sanções para controle do desmatamento ilegal, tema ignorado pelas outras entidades; fora marcadamente propositiva em seus estímulos à transição para uma economia de baixo carbono, nesse aspecto em grau superior às sugestões da Abag, e muito além das tímidas menções da CNA.

Porém, conforme apontado, a Coalizão começaria a obter maior projeção na esfera pública nacional entre o fim de 2018 e o começo de 2019. À época, englobava treze representações nacionais ou regionais relacionadas ao campo do agronegócio, sendo nove (69,2%) com participação marcante de indústrias — Abag, Abiove, Ama Brasil, Associação Brasileira de Biotecnologia Industrial (Abbi), Associação Nacional das Indústrias Processadoras de Cacau (AIPC), Cecafé, Conselho Empresarial Brasileiro para o Desenvolvimento Sustentável (Cebds), Ibá e Unica — e quatro (30,8%) com predominância da agropecuária — ABCZ, Associação Brasileira dos Produtores de Mogno Africano (ABPMA), Grupo de Trabalho da Pecuária Sustentável

(GTPS) e SRB (elaboração própria com base em Coalizão Brasil Clima, Florestas e Agricultura, 2019).

Para fins comparativos, vale notar que o IPA era composto, no começo de 2019, por 33 organizações nacionais ou regionais — 69,7% delas das "indústrias" —, enquanto o Conselho do Agro era formado por dezesseis — com 87,5% de suas entidades sendo da "agropecuária" (Conselho das Entidades do Setor Agropecuário, 2019; Instituto Pensar Agropecuária, 2019).[90]

Ao mesmo tempo, inúmeras corporações estavam associadas à Coalizão: Amaggi, Amata, Agropalma, Basf, Boticário, Cargill, Carrefour, Cenibra, Danone, Duratex, Eucatex, Gerdau, Klabin, Melhoramentos, Natura, Suzano, Unilever e Veracel. Tratava-se de conjunto empresarial notável, mas é importante considerar que, assim como acontecera com a própria Abag, o predomínio relativo, no fórum, de corporações sobre associações nacionais/regionais implicava redução de sua capacidade de representação no campo.

Logo após as eleições de 2018, a Coalizão lançou uma importante carta de proposições, muitas delas opostas àquelas do Conselho do Agro (Conferação da Agricultura e Pecuária do Brasil & Conselho das Entidades do Setor Agropecuário, 2018b). Chamado de *Visão 2030-2050: o futuro das florestas e da agricultura no Brasil*, o documento tinha quatro eixos, focados na agenda do clima e em mudanças nos usos de terras no país (Coalizão Brasil Clima, Florestas e Agricultura, 2018, p. 11):

(i) Produzir mais e melhor;
(ii) Criar valor e gerar benefícios a partir das florestas;

[90] O apêndice III do livro apresenta uma tabela com as participações absolutas de associações nacionais/regionais da "agropecuária" e das "indústrias" nos principais núcleos intersetoriais do campo do agronegócio, desde 1993.

(iii) Acabar com o desmatamento;
(iv) Viabilizar políticas públicas de Estado e construir instrumentos econômicos alinhados e integrados.

A Coalizão propunha acabar com o desmatamento ilegal até 2030, e com qualquer desflorestamento até 2050; recomendava maior proteção às unidades de conservação, além de criação de outras dessas áreas protegidas; requeria qualificação da estrutura de fiscalização e combate a ilícitos ambientais; propunha metas ousadas para o Brasil no âmbito das negociações sobre o clima; e encorajava firmemente diversos mecanismos promotores de agricultura de baixo carbono.

Além do mais, o fórum então avançara em relação às suas proposições de 2015 ao incentivar a demarcação de terras indígenas, defendidas sobretudo por sua eficácia para a contenção do desmatamento (Coalizão Brasil Clima, Florestas e Agricultura, 2015, 2018).

Divergências sobre o meio ambiente

Da vitória de Bolsonaro nas urnas aos primeiros meses de governo, o IPA e a Coalizão coincidiriam em algumas posições que operaram para controlar intenções extremistas que influenciavam o campo do agronegócio. Haviam, em oposição a Nabhan, contestado a proposta de extinção do Ministério do Meio Ambiente e defendido a importância do Acordo de Paris. Ambos os núcleos também tinham discordado do projeto de lei dos senadores Marcio Bittar (MDB-AC)[91] e Flávio Bolsonaro (PSL-RJ) que revogava as áreas de reserva legal previstas no Código Florestal.

Entretanto, outros posicionamentos sobre o referido código contribuiriam para evidenciar as inúmeras diferenças entre as nucleações. O autor acompanhou esse processo enquanto realizava pesquisa de campo.

Modificando a Medida Provisória do governo Temer que adiava prazo para medidas de regularização ambiental, o IPA inseriria um conjunto de emendas que, entre outros efeitos, promovia novas anistias a desmatadores. Não tendo conseguido modificar tal orientação majoritária no instituto, a Abag decidiu fazer uso de sua liderança na Coalizão para objetar à iniciativa.

A associação criada por Ney Bittencourt de Araújo tinha novo presidente, Marcelo Brito, então diretor-executivo da Agropalma. A ascensão desse líder guardava coerência com o maior cuidado que a diretoria da entidade passara, em anos recentes, a demonstrar com a agenda ambiental. Na manifestação contrária às emendas inseridas pelo IPA, a Abag seria acompanhada pela Ibá, também com presidente recém-empossado, Paulo Hartung, ex-governador

---

[91] No final de 2017, líderes do PMDB decidiram retirar o "P" da sigla do partido.

do Espírito Santo. As duas eram ladeadas, ainda, pela SRB, embora essa entidade fosse ambígua nas considerações sobre o tema.

Para além das disputas no Parlamento, as clivagens programáticas sobre meio ambiente seriam mais bem evidenciadas — e aprofundadas — nas reações a discursos e decisões do Executivo federal. Para examiná-las, é imprescindível remeter, mesmo que brevemente, à política ambiental do governo Bolsonaro.

Se a engrenagem IPA/FPA havia comunicado, após acalorados debates internos, seu desacordo com a proposta de extinção do Ministério do Meio Ambiente, ela também fizera a seguinte recomendação, conforme líderes de entidades explicaram em entrevistas para o autor deste livro: que o comando da pasta tivesse sua orientação modificada, passando a estar mais alinhado a propostas de agentes dominantes do campo do agronegócio.

Ademais, firmou-se que a escolha do presidente da República seria referendada por Tereza Cristina e pela mesa diretora da frente parlamentar. Como se sabe, o ex-diretor jurídico da SRB e conselheiro do Cosag/Fiesp, Ricardo Salles, foi nomeado ministro. No comando da pasta, entretanto, Salles privilegiaria relações com determinadas representações da arena do agronegócio e, paralelamente, ampliaria articulações com outros agentes da economia, incluindo imobiliárias, construtoras e madeireiras.

Em 2019, iniciou-se uma inflexão drástica na política ambiental do país. Entre as inúmeras ações que caracterizam seu desmonte, podem-se citar o enfraquecimento das ações de fiscalização sob comando do ministério, a contestação das unidades de conservação, o atrofiamento do Conama e a tentativa de desqualificação de informações do Instituto Nacional de Pesquisas Espaciais (Inpe) que indicavam aumento do desmatamento na Amazônia Legal.

Bolsonaro passaria a ser crescentemente criticado, no Brasil e no exterior, por essas mudanças e seus efeitos, e reagiria defensivamente, questionando as contestações e os atores que as faziam. Seu relato sobre discordâncias com a chanceler alemã, Angela Merkel, e com o presidente francês, Emmanuel Macron, seria elogiado em reunião com a direção da FPA: "Seu governo liberta o país das amarras e dos jogos de interesse", disse-lhe o então líder da frente, Alceu Moreira (Frente Parlamentar Mista da Agropecuária, 2019).

Depois do discurso de Bolsonaro na abertura da Assembleia Geral das Nações Unidas, o presidente da CNA, João Martins, afirmou que o mandatário

> Defendeu a soberania nacional, esclareceu equívocos sobre a Amazônia e ressaltou o importante papel do Brasil na produção mundial de alimentos e na preservação do meio ambiente. Também afastou a tese de que o governo está colocando o mundo contra o agro brasileiro, defendendo não apenas o setor, mas toda a nação. (*Poder 360*, 24 set. 2019)

Note-se que nem o IPA nem o Conselho do Agro haviam anunciado aprovação em bloco às narrativas ambientais do Planalto, o que evidenciava cisão interna nesses núcleos. Aliás, a apreensão, no instituto, de parte das indústrias a jusante da agropecuária motivaria pedidos, pela imprensa e pelo Ministério da Agricultura, para que o presidente fosse mais comedido em suas considerações sobre o tema ambiental.

De outra parte, a reprovação pública da Coalizão aos posicionamentos do governo seria acompanhada pelos ex-ministros da Agricultura Blairo Maggi e Kátia Abreu, além da Associação Brasileira da Indústria do Trigo (Abitrigo). Vale ponderar, contudo, que, enquanto Maggi tinha voz influente em diversos fóruns intersetoriais, Kátia Abreu enfrentava dificuldades para reinserção no campo, e a Abitrigo não se encontrava associada ao instituto ligado à FPA, tampouco ao conselho organizado pela CNA.

À medida que se ampliavam indicações da aceleração do desmatamento na maior floresta tropical do mundo, parte dos atores presentes na Coalizão dariam, com impulso do Cebds e da Abag, passo político corajoso, criando a campanha "Seja Legal com a Amazônia". Abordando um dos fatores causais do desflorestamento no bioma, a grilagem de terras públicas, ela continha seis objetivos (Coalizão Brasil Clima, Florestas e Agricultura *et al.*, 2019):

> (i) Apoiar a Força-Tarefa Amazônia, criada em 22 de agosto de 2018 pelo Ministério Público Federal, com a alocação de procuradores exclusivamente dedicados, a alocação de mais procuradores parcialmente dedicados e a ampliação das equipes de apoio;
> (ii) Acabar com o desmatamento em áreas públicas;
> (iii) Promover a destinação para conservação e usos sustentáveis das florestas públicas não destinadas. A Amazônia possui 287,6 milhões de hectares de florestas públicas, sendo 24% não destinadas. Isto equivale a um território maior que o estado de Minas Gerais;
> (iv) Criar uma força-tarefa da Justiça Federal, apoiada por Executivo, Legislativo e Ministério Público, com o objetivo de promover a resolução de conflitos fundiários nas terras públicas;
> (v) Manter as atuais unidades de conservação do país;
> (vi) Criar uma força-tarefa da Polícia Federal para combater o roubo de terras públicas.

A Ibá e a SRB também se destacavam entre as representações do campo a assinar a campanha. Fundamental sublinhar que, apesar de estarem associadas à Coalizão, Abiove, ABCZ, Cecafé e Unica não quiseram participar da iniciativa antipatrimonialista. Em contrapartida, havia no fórum o recente envolvimento da Abiec, que nele se inserira por estímulo dos grandes frigoríficos — cada vez mais pressionados por empresas importadoras de carne e por investidores.

No final de 2019, durante a COP 25, em Madri, Abiove, ABCZ, Cecafé, Unica e SRB deixaram oficialmente a Coalizão. A decisão era parcialmente motivada por discordâncias quanto a posicionamentos recentes do fórum, mas também fora estimulada pelo ministro Salles. Tratava-se de perda muito relevante para o núcleo, que seria, por outro lado, contrabalançada por adesões no ano seguinte, como as da Abia e dos maiores bancos do país, além da União Nacional das Cooperativas da Agricultura Familiar e Economia Solidária (Unicafes).

As organizações que haviam deixado a Coalizão também apresentavam discordâncias entre si no que se refere à Amazônia. De fato, a SRB se somaria à Aprosoja Brasil para intensificar a pressão para que a Abiove encerrasse a moratória da soja no bioma. Nas veementes críticas que fizeram com esse objetivo, as entidades da agricultura patronal conseguiriam, a propósito, apoio da ministra Tereza Cristina (*Reuters*, 13 nov. 2019), segundo a qual o acordo promovido pelas *tradings* seria um "absurdo".

Havia, portanto, alguns motivos relevantes para que se desconfiasse da capacidade de influência, no campo do agronegócio, de posições que defendessem uma economia do conhecimento da natureza fundamentada nos inúmeros potenciais ecossistêmicos da floresta em pé (Abramovay, 2019).

Todavia, em 2020, o aumento do vigor das críticas ao governo brasileiro por agentes internacionais, sobretudo grandes gestores de investimentos e líderes políticos, além de redes de varejo e restaurantes, contribuiria decisivamente para diminuir a disparidade de forças nas disputas ambientais.

Para esse maior ímpeto das contestações, colaboraram diversos fatores, como o crescimento dos índices de desmatamento, iniciativas legislativas que favoreciam apropriação de terras públicas, além da proposta de Salles — manifesta em reunião ministerial cujo vídeo foi disponibilizado — de aproveitar a comoção com a pandemia de covid-19 para enfraquecer dispositivos de proteção ao meio ambiente.

Tais mudanças implicaram notável alargamento de riscos reputacionais às corporações, ameaças a acordos comerciais do país e possibilidades de desinvestimentos, entre outras consequências. Como resultado da crescente pressão, houve incentivo à ampliação de posicionamentos públicos de agentes do campo, o que atribuiu novos desdobramentos a um processo de diferenciação que tivera primeiro impulso marcante na segunda metade dos anos 2000, como se analisa no Capítulo 7.

Contrariadas, algumas organizações anunciaram, por informe publicitário na imprensa, seu apoio à política ambiental do governo. Segundo argumentavam, "as ações do Ministério do Meio Ambiente, na defesa da legislação e dos interesses ambientais com sensibilidade ao desenvolvimento do país de forma sustentável e legítima, contam com o nosso total apoio" (Confederação da Agricultura e Pecuária do Brasil *et al.*, 2020).

Ao lado de associações de outras áreas da economia, destacava-se a participação, no informe, de seis entidades do Conselho do Agro: CNA, Aprosoja Brasil e Unica — extremamente relevantes no campo —, além de Feplana,

Abrafrutas e SRB — esta última sob intenso embate interno. De fora do conselho, sobressaía-se a Abrafrigo.[92]

Por outro lado, o Cebds e parte dos demais atores que integram a Coalizão conduziram esforços para agremiar associações e empresas que assinassem carta endereçada não ao Ministério do Meio Ambiente, mas ao vice-presidente da República, Hamilton Mourão, que comandava, no governo, a atuação em relação à Amazônia. O documento propunha cooperação privado-estatal para os seguintes eixos (Conselho Empresarial Brasileiro para o Desenvolvimento Sustentável *et al.*, 2020, p. 2):

(i) Combate inflexível e abrangente ao desmatamento ilegal na Amazônia e demais biomas brasileiros;
(ii) Inclusão social e econômica de comunidades locais para garantir a preservação das florestas;
(iii) Minimização do impacto ambiental no uso dos recursos naturais, buscando eficiência e produtividade nas atividades econômicas daí derivadas;
(iv) Valorização e preservação da biodiversidade como parte integral das estratégias empresariais;
(v) Adoção de mecanismos de negociação de créditos de carbono;
(vi) Direcionamento de financiamentos e investimentos para uma economia circular e de baixo carbono;
(vii) Pacotes de incentivos para a recuperação econômica dos efeitos da pandemia de covid-19 condicionada a uma economia circular e de baixo carbono.

---

[92] Após reações públicas críticas ao anúncio, algumas empresas alegaram não terem sido consultadas pelas associações e retiraram seu apoio, entre elas Friboi, Marfrig e BRF.

A carta era assinada, no dia em que foi tornada pública, por três influentes entidades nacionais: Abag, Ibá e Abiove — esta última revendo, em alguns aspectos, o distanciamento anterior em relação à Coalizão. Além das associações, participavam da iniciativa empresas muito relevantes, como Agropalma, Amaggi, Bayer, BrasilAgro, Cargill, Cosan, Jacto, Klabin e Marfrig.

Chamava a atenção, considerando-se tanto o informe publicitário de apoio ao governo quanto a carta de sugestões ao vice-presidente, o silêncio da maioria das representações presentes no IPA, nucleação dominante no campo do agronegócio. Com efeito, apenas oito de suas entidades haviam expressado posicionamento nessas duas ocasiões: cinco na publicidade, três na carta.

O futuro e o agro

Essencial para o Brasil e o mundo, o tratamento consequente das questões socioambientais no país também será indispensável para a perspectiva de suas cadeias de alimentos, fibras e energias renováveis. Para avançar agendas relacionadas a esses desafios, distintas engenharias institucionais têm sido promovidas, como este livro analisa.

Entre elas, cabe reconhecer, particularmente, (i) a relevância do Instituto para o Agronegócio Responsável em estimular a ampliação da rastreabilidade nos sistemas agroalimentares; (ii) a importância da Aliança Brasileira pelo Clima e do Fórum Clima em impulsionar a atenção das organizações para as mudanças climáticas e encorajar predisposições público-privadas voltadas a fomentar transições para uma economia de baixo carbono; e, sobretudo, (iii) os méritos da Coalizão Brasil Clima, Florestas e Agricultura em propor ações para a diminuição do desmatamento na Amazônia, incentivar novos desdobramentos às iniciativas de descarbonização e levantar debates públicos sobre as contradições de parte das formas de uso da terra no país.

É necessário considerar, por outro lado, que o campo político do agronegócio é extraordinariamente heterogêneo, e que nessa diversidade há diferentes gradientes de adesão e oposição a essas agendas, como a pesquisa procurou demonstrar com detalhes. Ademais, os concertos e conflitos dentro dos núcleos intersetoriais, entre eles e nas interações privado-estatais se encontram em constante reconfiguração, conforme este livro também examina. Tais alianças e disputas são, a propósito, ainda mais dinâmicas quando relacionadas a cada uma das dimensões das questões socioambientais, como mudanças climáticas, terras indígenas, unidades de conservação, desmatamento nos diferentes biomas, biodiversidade, entre outras.

Consequentemente, também cumpre levar em conta que, a despeito das acentuadas relações entre essas dimensões, é frequente que alianças que respondem a críticas promovam algumas delas, enquanto colocam avanços em outras dimensões em posições secundárias — quando não ignoram a necessidade desses avanços. É fundamental, portanto, que os pactos alicerçados em valores como sustentabilidade e direitos humanos atentem, com maior equilíbrio, ao conjunto dos fatores relacionados às questões socioambientais. Assim, para mencionar apenas um exemplo, ao lado dos importantíssimos acordos para enfrentar o desmatamento na Amazônia, será igualmente imprescindível a promoção de conciliações para a defesa dos direitos territoriais de povos indígenas e populações tradicionais.

Em momento no qual convivem, de um lado, convergências institucionais expressivas em nucleações como o Instituto Pensar Agropecuária e o Conselho do Agro, e, de outro, elevadas divergências programáticas, será imprescindível acompanhar atentamente quais tendências prevalecerão.

Referências

ABRAMOVAY, R. *Muito além da economia verde*. São Paulo: Planeta Sustentável, 2012.
ABRAMOVAY, R. *Amazônia: por uma economia do conhecimento da natureza*. São Paulo: Elefante, 2019.
AÇÃO da Cidadania. Site oficial. 2016. Disponível em: http://www.acaodacidadania.org.br/.
AGÊNCIA Nacional de Vigilância Sanitária. *Consolidado da Legislação Brasileira Organizada Por Categoria de Alimento*. 2018. Disponível em: http://antigo.anvisa.gov.br/aditivos-alimentares-organizada-por-categoria-de-alimentos.
AGÊNCIA Nova/SB. *Sou Agro*. 2011. Disponível em: http://www.novasb.com.br/trabalho/sou-agro/.
AGÊNCIA Pública. "Boi, Bala e Bíblia contra Dilma", 18 abr. 2016. Disponível em: https://apublica.org/2016/04/truco-boi-bala-e-biblia-contra-dilma/.
ALIANÇA Brasileira pelo Clima. *Documento de posicionamento sobre as negociações de mudanças climáticas e as ações do governo brasileiro*, set. 2009. Disponível em: https://www.agrolink.com.br/downloads/Alianca_pelo_Clima-2009.pdf.
ALIMANDRO, R. "Depoimento". In: RODRIGUES, R. (Org.). *Ney Bittencourt: o dínamo do agribusiness*. São Paulo: SRB, 1996, p. 211-13.
AMNESTY International. *Brazil — Submission to the UN Universal Periodic Review*. 2007.
ARIMA, E. Y. *et al.* "Statistical Confirmation of Indirect Land Use Change in the Amazon", *Environmental Research Letters*, v. 6, n. 2, p. 1-7, 2011.
ASSEMBLEIA Legislativa do Estado de São Paulo. Decreto de 19 de novembro de 1969. São Paulo, 1969.

ASSEMBLEIA Nacional Constituinte. *Ata das Comissões: subcomissão da política agrícola e fundiária e da reforma agrária.* Brasília, 1988.

ASSOCIAÇÃO Brasileira de Agribusiness. *Segurança alimentar: uma abordagem de* agribusiness. São Paulo: Abag, 1993.

ASSOCIAÇÃO Brasileira de Agribusiness. *Um panorama do agribusiness no Brasil — Documento para os candidatos à Presidência da República,* 1994.

ASSOCIAÇÃO Brasileira de Agribusiness. "1º Congresso Brasileiro de Agribusiness". *Relatórios Técnicos.* São Paulo: Abag, 2002.

ASSOCIAÇÃO Brasileira de Agribusiness. "2º Congresso Brasileiro de Agribusiness". *Anais.* São Paulo: Abag, 2003.

ASSOCIAÇÃO Brasileira de Agribusiness. *Propostas do agronegócio para o próximo presidente da República.* São Paulo: Abag, 2006.

ASSOCIAÇÃO Brasileira de Agribusiness. *Plano de ação 2011-2014-2020 — Propostas aos presidenciáveis.* São Paulo: Abag, 2010.

ASSOCIAÇÃO Brasileira do Agronegócio. *Caderno de 20 anos.* São Paulo: Abag, 2013.

ASSOCIAÇÃO Brasileira do Agronegócio. *Agronegócio brasileiro 2014-2022: proposta de plano de ação aos presidenciáveis.* Resumo Executivo. São Paulo: Abag, 2014a.

ASSOCIAÇÃO Brasileira do Agronegócio. *Agronegócio brasileiro 2014–2022: proposta de plano de ação aos presidenciáveis.* Versão expandida 3, 30 jun. 2014b. Disponível em: http://www.abcao.org.br/noticias/agronegocio-brasileiro-2015-2022-2/.

ASSOCIAÇÃO Brasileira do Agronegócio. "Abag reitera mensagem de confiança no futuro", 13 maio 2016. Disponível em: https://abag.com.br/abag-reitera-mensagem-de-confianca-no-futuro-confira/.

ASSOCIAÇÃO Brasileira do Agronegócio. *Congressos.* 2018. Disponível em: https://abag.com.br/eventos-congresso-abag/.

ASSOCIAÇÃO Brasileira dos Produtores de Algodão. *Relatório de Gestão Biênio 2011-2012.* Brasília: Abrapa, 2012.

ASSOCIAÇÃO Brasileira dos Produtores de Algodão. Márcio Portocarrero: depoimento. [Entrevista concedida a] Caio Pompeia, 13 fev. 2019.

ASSOCIAÇÃO Nacional dos Fabricantes de Veículos Automotores. *Séries históricas*. 2017.

BANCO Central do Brasil. "Evolução recente nos preços de commodities agrícolas". Brasília, 2012a.

BANCO Central do Brasil. *Anuário estatístico do crédito rural*. Brasília, 2012b.

BANCO de Dados da Luta pela Terra. "Dados de ocupações". *Núcleo de Estudos, Pesquisas e Projetos de Reforma Agrária*. Presidente Prudente: Editora Unesp, 2015.

BANDEIRA, M. *Brasil-Estados Unidos: a rivalidade emergente 1955-1980*. Rio de Janeiro: Civilização Brasileira, 1989.

BATALHA, M. Mário Batalha: depoimento. [Entrevista concedida a] Caio Pompeia, 19 out. 2017.

BELIK, W. *Muito além da porteira: mudanças nas formas de coordenação da cadeia alimentar no Brasil*. Campinas: Unicamp, 2001.

BELIK, W. "Agroindústria e política agroindustrial no Brasil". In: RAMOS, P. et al. (Orgs.) *Dimensões do agronegócio brasileiro: políticas, instituições e perspectivas*, v. 1. Brasília: NEAD, 2007, p. 141-70.

BELL, D. David Bell: depoimento. [Entrevista concedida a] Caio Pompeia, 14 jun. 2017.

BIANCHINI, V. *Vinte anos do Pronaf, 1995-2015: avanços e desafios*. Brasília: SAF/MDA, 2015.

BITTENCOURT DE ARAÚJO, N. "A quebra de paradigmas". In: ASSOCIAÇÃO Brasileira do Agronegócio. *Caderno de 20 anos*. São Paulo: Abag, 2013.

BITTENCOURT DE ARAÚJO, N.; WEDEKIN, I. & PINAZZA, L. *Complexo Agroindustrial: o "agribusiness brasileiro"*. São Paulo: Agroceres, 1990.

BITTENCOURT DE ARAÚJO, N. & PINAZZA, L. *A agricultura na virada do século XX: visão de agribusiness*. São Paulo: Globo, 1993.

BOLTANSKI, L. & CHIAPELLO, E. *The New Spirit of Capitalism*. Nova York: Verso, 2005.

BOLTANSKI, L. & THÉVENOT, L. *On justification: Economies of Worth*. Nova Jersey: Princeton University Press, 2006.

BOMBARDI, L. M. *Pequeno ensaio cartográfico sobre o uso de agrotóxicos no Brasil*. São Paulo: Laboratório de Geografia Agrária USP/Blurb, 2016.

BRASIL. *Plano Trienal*. Brasília, 1962.

BRASIL. *Programa Estratégico de Desenvolvimento*. Brasília, 1967.

BRASIL. *Plano Nacional de Reforma Agrária*. Brasília, 1985.

BRASIL. Decreto de 2 de setembro de 1998. Cria o Conselho do Agronegócio e dá outras providências. *Diário Oficial da União*: seção 1, Brasília, DF, ano 136, n. 169, p. 95, 3 set. 1998.

BRASIL. *Plano Agrícola Ano Safra 2000/2001*. Brasília, 2000.

BRASIL. Lei nº 11.326, de 24 de julho de 2006. Estabelece as diretrizes para a formulação da Política Nacional da Agricultura Familiar e Empreendimentos Familiares Rurais. *Diário Oficial da União*: seção 1, Brasília, DF, ano 143, n. 141, p. 1, 25 jul. 2006.

BRASIL. *Metas domésticas*. 2009. Disponível em: http://www.brasil.gov.br/meio-ambiente/2010/11/metas-domesticas.

BRASIL. Decreto nº 7.037, de 21 de dezembro de 2009. Aprova o Programa Nacional de Direitos Humanos — PNDH-3 e dá outras providências. *Diário Oficial da União*: seção 1, Brasília, DF, ano 146, n. 244, p. 17, 22 dez. 2009.

BRASIL. "Informações demográficas e socioeconômicas", *Portal da Saúde*, 2017. Disponível em: http://www2.datasus.gov.br/DATASUS/index.php?area=02.

BRAUN, M. B. S. "Uma análise da balança comercial agrícola brasileira a guisa de sua evolução histórica recente", *Informe Gepec*, v. 8, n. 1, p. 1-21, jan./jun. 2004.

BROWN, L. R. "The Agricultural Revolution in Asia", *Foreign Affairs*, p. 688-98, jul. 1968.

BRUGNARO, R. & BACHA, C. J. C. "Análise da participação da agropecuária no PIB do Brasil de 1986 a 2004", *Estudos Econômicos*, v. 39, n. 1, p. 127-59, jan./mar. 2009.

BRUNO, R. *Um Brasil ambivalente: agronegócio, ruralismo e relações de poder*. Rio de Janeiro / Seropédica: Mauad X / Edur, 2009.

BRUNO, R. "Agronegócio: palavra política", VIII *Congresso Latino-americano de Sociologia Rural*. Porto de Galinhas: UFRPE, 2010.

BRUNO, R. "Elites agrárias, patronato rural e bancada ruralista no Brasil", *Projeto de Cooperação Técnica* UFT / BRA / 083 / BRA, Rio de Janeiro, nov. 2015.

BURBACH, R. & FLYNN, P. *Agribusiness in the Americas*. Londres: Monthly Review Press, 1980.

BUTZ, E. "Agribusiness in the Machine Age". In: THE UNITED States Department of Agriculture. *Yearbook of Agriculture*. Washington, D.C.: United States Government Printing Office, 1960.

CAIADO, R. Ronaldo Caiado: depoimento. [Entrevista concedida ao] Programa *Roda Viva*, TV Cultura, 1986. Disponível em: http://www.rodaviva.fapesp.br/materia/693/entrevistados/ronaldo_caiado_1986.htm.

CÂMARA dos Deputados. "Composição do Conselho Administrativo da Associação Brasileira de Agribusiness", *Diários*. Brasília, 1993.

CÂMARA dos Deputados. *Necrológio do pecuarista Antônio Ernesto Werna de Salvo*. Brasília, 2007.

CÂMARA dos Deputados. "Câmara cria CPI para investigar atuação da Funai e do Incra", 6 nov. 2015. Disponível em: http://www2.camara.leg.br/camaranoticias/noticias/DIREITO-E-JUSTICA/499549-CAMARA-CRIA-CPI-PARA-INVESTIGAR-ATUACAO-DA-FUNAI-E-DO-INCRA.html.

CÂMARA dos Deputados. *Proposta de Emenda à Constituição 215*. 2017. Disponível em: http://www.camara.gov.br/proposicoesWeb/fichadetramitacao?idProposicao=14562.

CAMPANHOLA, C. Clayton Campanhola: depoimento. [Entrevista concedida a] Caio Pompeia, 22 set. 2017.

CARDOSO, F. H. "Um compromisso permanente". *In*: MINISTÉRIO da Agricultura e Abastecimento. *Mais do que uma política agrícola....* Brasília, 1998, p. 5-8.

CARDOSO, F. H. *Diários da presidência — 1995-1996*, v. 1. São Paulo: Companhia da Letras, 2016.

CARNEIRO DA CUNHA, M. *Índios no Brasil: história, direitos e cidadania*. São Paulo: Claro Enigma, 2012.

CARNEIRO DA CUNHA, M. & BARBOSA, S. *Direitos dos Povos Indígenas em Disputa*. São Paulo: Editora Unesp, 2018.

CARNEIRO DA CUNHA, M. *et al.* "Indigenous peoples boxed in by Brazil's political crisis", *HAU: Journal of Ethnographic Theory*, v. 7, n. 2, p. 403-26, outono 2017.

CASTRO, A. C. *Crescimento da firma e diversificação produtiva: o caso Agroceres*. Tese (Doutorado em Economia) — Instituto de Economia, Universidade de Campinas, Campinas, 1988.

CENTER for Public Issues Education in Agriculture and Natural Resources & AGRICULTURE Institute of Florida, Inc. *Consumer Perceptions of Agricultural Words, Phrases and Images*. Executive report. Gainesville, FL, 2010. Disponível em: http://www.piecenter.com/wp-content/uploads/2015/09/AIF-Message-Testing_Executive-Report.pdf.

CENTRO de Estudos Avançados em Economia Aplicada. *Relatório*. Dez. 2015.

COALIZÃO Brasil Clima, Florestas e Agricultura. "Carta de Lançamento", *Página 22*, São Paulo, 25 jun. 2015. Disponível em: https://pagina22.com.br/2015/06/25/e-lancado-o-documento-da--coalizao-brasil-clima-florestas-e-agricultura/.

COALIZÃO Brasil Clima, Florestas e Agricultura. *Visão 2030-2050: o futuro das florestas e da agricultura no Brasil*. 2018.

COALIZÃO Brasil Clima, Florestas e Agricultura. *Membros*. 2019. Disponível em: http://www.coalizaobr.com.br/home/index.php/sobre-a-coalizao/quem-somos/participantes.

COALIZÃO Brasil Clima, Florestas e Agricultura. 2021. *Membros*. Disponível em: http://www.coalizaobr.com.br.

COALIZÃO Brasil Clima, Florestas e Agricultura *et al*. *Campanha Seja Legal com a Amazônia*. 2019. Disponível em: https://sejalegalcomaamazonia.org.br/.

COMPANHIA Nacional de Abastecimento. *Séries históricas de área plantada, produtividade e produção*. Brasília, 2016.

CONFEDERAÇÃO da Agricultura e Pecuária do Brasil. *O que esperamos do próximo presidente: 2015-2018*. Brasília, 2014.

CONFEDERAÇÃO da Agricultura e Pecuária do Brasil & Conselho das Entidades do Setor Agropecuário. *O futuro é agro: 2018-2030*. Brasília, 2018a.

CONFEDERAÇÃO da Agricultura e Pecuária do Brasil & Conselho das Entidades do Setor Agropecuário. *O futuro é agro: 2018-2030 — Resumo Executivo*. Brasília, 2018b.

CONFEDERAÇÃO da Agricultura e Pecuária do Brasil. João Martins: depoimento. [Entrevista concedida a] Caio Pompeia, 13 jun. 2019.

CONFEDERAÇÃO da Agricultura e Pecuária do Brasil & SERVIÇO Brasileiro de Apoio às Micro e Pequenas Empresas. *Time Agro Brasil*. 2012. Disponível em: https://www.youtube.com/watch?v=bZXygS-D3MU.

CONFEDERAÇÃO da Agricultura e Pecuária do Brasil *et al*. "No meio ambiente, a burocracia também devasta", *Agrosaber*, 26 maio 2020. Disponível em: https://agrosaber.com.br/no-meio-ambiente-a-burocracia-tambem-devasta/.

CONFEDERAÇÃO Nacional da Agricultura. "Rural Brasil unifica defesa do setor agropecuário", *BeefPoint*, 15 ago. 2002. Disponível em: https://www.beefpoint.com.br/rural-brasil-unifica-defesa-do-setor-agropecuario-2459/.

CONGRESO Nacional de Sociología. *Extractos de Los Estudios Sociológicos Presentados al Decimoquinto Congreso*, 1964. v. 3.

CONSELHO Empresarial Brasileiro para o Desenvolvimento Sustentável *et al*. Comunicado do setor empresarial brasileiro, 7 jul. 2020.

CONSELHO das Entidades do Setor Agropecuário. 2019. Membros. Disponível em: http://www.conselhodoagro.org.br/.

CONSELHO das Entidades do Setor Agropecuário. 2021. Membros. Disponível em: http://www.conselhodoagro.org.br/.

COSTA, A. C. Antonio Carlos Costa: depoimento. [Entrevista concedida a] Caio Pompeia, 21 jun. 2017a.

COSTA, A. C. Antonio Carlos Costa: depoimento. [Entrevista concedida a] Caio Pompeia, 4 dez. 2017b.

COUTO, A. "Projeto Jari". *Centro de Pesquisa e Documentação de História Contemporânea do Brasil*. 2018. Disponível em: http://www.fgv.br/cpdoc/acervo/dicionarios/verbete-tematico/projeto-jari.

DAVID, D. K. *Baker Library Special Collections*. Boston: Harvard Business School, 1950.

DAVIS, J. "Business Responsibility and the Market for Farm Products", *Boston Conference on Distribution*, box 1, folder 2, John H. Davis Papers Special Collections. Beltsville, MD: National Agricultural Library, 1955.

DAVIS, J. "From Agriculture to Agribusiness", *Harvard Business Review*, n. 34, p. 107-15, jan. 1956.

DAVIS, J. & GOLDBERG, R. *A Concept of Agribusiness*. Boston: Harvard Business School Press, 1957.

DAVIS, J. & HINSHAW, K. *Farmer in a Business Suit*. Nova York: Simon & Schuster, 1957.

DEERE, J. "John Deere: 175 anos de história". 2017.

DELFIM NETTO, A. "As informações sobre a agricultura num programa de desenvolvimento econômico". *In*: DELFIM NETTO, A. *Problemas econômicos da agricultura brasileira*. São Paulo: FEA-USP, 1965a, p. 75-129.

DELFIM NETTO, A. "Nota sobre alguns aspectos do problema agrário". *In*: DELFIM NETTO, A. *Problemas econômicos da agricultura brasileira*. São Paulo: FEA-USP, 1965b, p. 1-74.

DELGADO, G. C. "Expansão e modernização do setor agropecuário no pós-guerra: um estudo da reflexão agrária", *Estudos Avançados*, v. 15, n. 43, p. 157-72, 2001.

DELGADO, G. C. *Do capital financeiro na agricultura à economia do agronegócio: mudanças cíclicas em meio século (1965-2012)*. Porto Alegre: Editora da UFRGS, 2012.

DEPARTAMENTO Intersindical de Assessoria Parlamentar. *Quem foi quem na Constituinte*. Brasília, 2018.

DRAPER, H. & DRAPER, A. *The dirt on California: Agribusiness and the University*. Berkely: Independent Socialist Clubs of America, 1968.

EHRLICH, P. "Some are paying heed..." [entrevista], *New Scientist and Science Journal*, v. 51, n. 769, 16 set. 1971.

FARINA, E. M. M. Q. & ZYLBERSZTAJN, D. "Organização das cadeias agroindustriais de alimentos". *In*: FARINA, E. M. M. & ZYLBERSZTAJN, D. *Estudos temáticos*. São Paulo: Pensa, 1992, p. 189-208.

FEDERAÇÃO da Agricultura e Pecuária de Goiás. "CNA, Sebrae e Pelé lançam campanha para consolidar imagem do agronegócio sustentável brasileiro", *Portal do Agronegócio*, 11 jul. 2012. Disponível em: https://www.portaldoagronegocio.com.br/gestao-rural/gestao/noticias/cna-sebrae-e-pel-lanam-campanha-para-consolidar-imagem-do-agronegcio--sustentvel-brasileiro-20785.

FEDERAÇÃO da Agricultura e Pecuária do Estado de Minas Gerais. "Time Agro Brasil ganha reforço", *Sistema Faeg*, 5 abr. 2013. Disponível em: http://www.sistemafaemg.org.br/noticias/-time-agro-brasil-ganha-reforoehs5s1.

FEDERAÇÃO das Indústrias do Estado de São Paulo. *Composição do Conselho Superior do Agronegócio*. São Paulo, 2007a.

FEDERAÇÃO das Indústrias do Estado de São Paulo. *Composição do Departamento do Agronegócio*. São Paulo, 2007b.

FERNANDES, A. B. "O potencial agrícola brasileiro". *In*: MINISTÉRIO da Agricultura e do Abastecimento. *Mais do que uma política agrícola....* Brasília, 1998a, p. 12-8.

FERNANDES, A. B. "Crescendo aproveitando as oportunidades ou como obter uma nova liderança exportadora através do agronegócio", *Revista de Política Agrícola*, ano 8, n. 2, p. 61-6, abr./maio/jun. 1998b.

FERNANDES, B. M. *Agronegócio e reforma agrária*. Brasília: Câmara dos Deputados, 2004.

FÓRUM Clima — Ação Empresarial sobre Mudanças Climáticas. *Carta aberta ao Brasil sobre Mudanças Climáticas*. 2009.

FRASER, N. *Justice Interruptus: Critical Reflections on the "Postsocialist" Condition*. Nova York / Londres: Routledge, 1997.

FREEMAN, O. "Malthus, Marx and the North American Breadbasket", *Foreign Affairs*, v. 45, n. 4, p. 81-93, jul. 1967.

FRENTE Ampla da Agropecuária Brasileira. *Alerta do campo à nação*. 12 fev. 1987a.

FRENTE Ampla da Agropecuária Brasileira. *Crise agrícola e propostas rurais*. Fev. 1987b.

FRENTE Parlamentar da Agropecuária. "'Uma das maiores demonstrações de apoio ao governo federal', diz Alceu Moreira após encontro com Bolsonaro", *Agência FPA*, 4 jul. 2019. Disponível em: https://agencia.fpagropecuaria.org.br/2019/07/04/uma-das-maiores-demonstracoes-de-apoio-ao-governo-federal-diz-alceu-moreira-apos-encontro-com-bolsonaro/.

FUSONIE, A. "John H. Davis: Architect of the Agribusiness Concept Revisited", *Agricultural History*, v. 69, n. 2, p. 326-48, primavera 1995 (Edição especial: Agribusiness and International Agriculture).

GARCIA, L. "I Congresso de Agribusiness da Sociedade Nacional de Agricultura", *Anais* [...], 1997.

GAUD, W. *The Green Revolution: Accomplishments and Apprehensions*. Washington, D.C.: Society for International Development, 8 mar. 1968.

GEORGE, S. *O mercado da fome: as verdadeiras razões da fome no mundo*. Rio de Janeiro: Paz & Terra, 1978.

GIFFONI PINTO, R. *O novo empresariado rural: a Associação Brasileira de Agribusiness (Abag) — Origens, projetos e primeiras ações 1990-2002*. Dissertação (Mestrado em

História) — Programa de Pós-Graduação em História, Universidade Federal Fluminense, Niterói, 2010.

GILL, T. "Case Studies in Agribusiness: An Interview with Ray Goldberg", *Informing Science: The International Journal of an Emerging Transdiscipline*, v. 16, p. 203-12, 2013.

GLOBAL Agribusiness Forum. *Manifesto de confiança ao governo brasileiro*. 2016.

GOLDBERG, R. *The Soybean Industry, with Special Reference to the Competitive Position of the Minnesota Producer and Processor*. Minneapolis: University of Minnesota Press, 1952.

GOLDBERG, R. "Agribusiness for developing countries", *Harvard Business Review*, v. 44, n. 5, p. 81-93, set. 1966.

GOLDBERG, R. *Agribusiness coordination: a systems approach to the wheat, soybean, and Florida orange economics*. Boston: Division of Research, Harvard University, 1968.

GOLDBERG, R. Ray Goldberg: depoimento. [Entrevista concedida a] Caio Pompeia, 16 mar. 2017a.

GOLDBERG, R. Ray Goldberg: depoimento. [Entrevista concedida a] Caio Pompeia, 14 jun. 2017b.

GOMES DA SILVA, J. *Buraco negro: a reforma agrária na Constituinte*. Rio de Janeiro: Paz e Terra, 1989.

GRAZIANO DA SILVA, J. *O que é questão agrária*. São Paulo: Brasiliense, 1980.

GRAZIANO DA SILVA, J. *A modernização dolorosa: estrutura agrária, fronteira agrícola e trabalhadores rurais no Brasil*. Rio de Janeiro: Zahar, 1982.

GRAZIANO DA SILVA, J. *A nova dinâmica da agricultura brasileira*. Campinas: Unicamp, 1996.

GRAZIANO DA SILVA, J. "Entrevista (1989)", *História e Perspectivas*, v. 50, p. 161-96, jan./jun. 2014.

GREENPEACE. *Eating up the Amazon* [relatório], abr. 2006.

GRYNSZPAN, M. "Origens e conexões norte-americanas do *agribusiness* no Brasil", *Revista Pós Ciências Sociais*, v. 9, n. 7, p. 123-48, 2012.

GRYNSZPAN, M. "Elementos para uma história social da noção de agronegócio no Brasil". In: SCHITTINO, R. T. & CORDEIRO, J. M. (Orgs.). *Caminhos da história política: os 20 anos do NEC-UFF*. Niterói: PPG História-UFF, 2016, p. 132-55.

GUILHOTO, J. "Leontief e insumo-produto: antecedentes, princípios e evolução", *Revista de Economia e Sociologia Rural*, v. 47, n. 2, p. 1-43, 2009.

HAMBURGUER, E. *O Brasil antenado: a sociedade da novela*. Rio de Janeiro: Zahar, 2005.

HAMILTON, C. "The Sociology of a Changing Agriculture", *Social Forces*, v. 37, n. 1, p. 1-7, jan. 1958.

HAMILTON, S. "Agribusiness, the Family Farm, and the Politics of Technological Determinism in the Post-World War II United States", *Technology and Culture*, v. 55, n. 3, p. 560-90, 2014.

HARVARD Agribusiness Seminar. *Executive Education*. 2016. Disponível em: https://www.exed.hbs.edu/programs/agb/Pages/default.aspx.

HARVARD Business School. *Baker Library Special Collections*, 1954.

HARVARD Business School. *Baker Library Special Collections*, 1956.

HARVARD Business School. *Baker Library Special Collections*, 1968.

HENIG, P. "Agribusiness to Stress Propaganda Abroad", *Nacla Newsletter*, v. 1, n. 8, p. 2-4, out. 1967.

HEREDIA, B.; PALMEIRA, M. & LEITE, S. P. "Sociedade e Economia do 'Agronegócio' no Brasil", *Revista Brasileira de Ciências Sociais*, v. 25, p. 159-76, 2010.

HIGHTOWER, J. *Hard Tomatoes, Hard Times (The Failure of the Land Grant College Complex)*. Washington, D.C.: Agribusiness Accountability Project, 1972.

HOBSBAWM, E. *Era dos extremos: o breve século XX — 1914-1991*. São Paulo: Companhia das Letras, 1995.

HOFFMANN, J. H. "A política agrícola do governo Collor". *Mimeo*, 1989.

HUMPHREY, H. H. *Remarks — First Agribusiness Conference: on the Search for International Food Balance*, 1967.

IGLECIAS, W. T. "O empresariado do agronegócio no Brasil. Ação coletiva e formas de atuação política — Estudo de caso das batalhas do açúcar e do algodão na Organização Mundial do Comércio", *Revista de Sociologia e Política*, v. 28, p. 195-217, 2007.

INSTITUTO Datafolha. "Ciro, 20%, divide segundo lugar com Serra, 19%; Lula mantém liderança, com 37%", 30 ago. 2002. Disponível em: http://datafolha.folha.uol.com.br/eleicoes/2002/08/1198889-ciro-20-divide-segundo-lugar-com-serra-19-lula-mantem-lideranca-com-37.shtml.

INSTITUTO para o Agronegócio Responsável. "Entidades financiadoras", *Agroanalysis*, set. 2007.

INSTITUTO para o Agronegócio Responsável. *O Brasil à frente do agronegócio e da sustentabilidade*. 2008.

INSTITUTO Pensar Agropecuária & FRENTE Parlamentar Mista da Agropecuária. *Pauta Positiva — Biênio 2016/2017*. 2016.

INSTITUTO Pensar Agropecuária. IPA: informação a [Caio Pompeia], 8 abr. 2019.

INSTITUTO Pensar Agropecuária. Ofício n. 33. Brasília, 25 set. 2020.

INSTITUTO Pensar Agropecuária & CONFEDERAÇÃO da Agricultura e Pecuária do Brasil. *Manifesto de confiança ao governo brasileiro*. 2016.

INSTITUTO Socioambiental. *Desmatamento e agronegócio*. 2006.

INSTITUTO Socioambiental. "O que o governo Dilma fez (e não fez) para garantir o direito à terra e áreas para conservação?", 1º jun. 2016. Disponível em: https://www.socioambiental.org/pt-br/noticias-socioambientais/o-que-o-governo-dilma-fez-e-nao-fez-para-garantir-o-direito-a-terra-e-areas-para-conservacao.

INTERGOVERNMENTAL Panel on Climate Change. *Climate Change 2007: Synthesis Report. Contribution of Working Groups I, II and III to the Fourth Assessment Report of the Intergovernmental Panel on Climate Change*. Genebra: IPCC, 2007.

INTERNATIONAL Labour Organization. "Waiting in Correntes: Forced labour in Brazil", *World of Labour Magazine*, n. 50, mar. 2004.

JANK, M. S. "Agricultura vs. meio ambiente? Um debate sobre o Código Florestal Brasileiro", *Fundação Fernando Henrique Cardoso*, 2010. Disponível em: http://fundacaofhc.org.br/debates/agricultura-vs-meio-ambiente-um-debate-sobre-o--codigo-florestal-brasileiro.

KAGEYAMA, A. *et al*. "O novo padrão agrícola brasileiro: do complexo rural aos complexos agroindustriais". In: DELGADO, G. C. *et al*. (Orgs.). *Agricultura e políticas públicas*. Brasília: Ipea, 1990, p. 113-223 (Série Ipea, 127).

LAMARÃO, S. & ARAÚJO PINTO, S. C. "Confederação Nacional da Agricultura'". *Centro de Pesquisa e Documentação de História Contemporânea do Brasil*, 2020. Disponível em: https://www.fgv.br/cpdoc/acervo/dicionarios/verbete-tematico/confederacao-nacional-de-agricultura-cna.

LAMOUNIER, B. *Determinantes políticos da política agrícola: um estudo de atores, demandas e mecanismos de decisão*. São Paulo: Ipea, 1994.

LARSON, O. "The Role of Rural Sociology in a Changing Society", *Rural Sociology*, v. 24, n. 1, p. 1-10, mar. 1959.

LAUSCHNER, R. *Agro-industria y desarrollo económico*. Disertação (Mestrado em Ciências Econômicas) — Programa de Pós-graduação em Estudos Econômicos Latino-americanos, Universidad de Chile, Santiago, 1974.

LEITE, S. P. & ÁVILA, R. V. "Reforma agrária e desenvolvimento na América Latina: rompendo com o reducionismo das abordagens economicistas", *Revista de Economia e Sociologia Rural*, v. 45, p. 777-805, 2007.

LERRER, D. F. "Revista *Agroanalysis* e o processo de afirmação do 'agronegócio' e de seus agentes", *40º Encontro Anual da Anpocs*, 2016.

LÍCIO, A. "O Ministério da Agricultura e o Agronegócio". *In*: CALDAS, R.A. *et al.* (Orgs.). *Agronegócio brasileiro: ciência, tecnologia e competitividade*. Brasília: CNPq, 1998.

MALASSIS, L. *Groupes, complexes et combinats agro-industriels: méthods et concepts*. Paris: Ismea, 1975.

MALASSIS, L. "Économie agricole, agro-alimentaire et rurale", *Économie rurale*, n. 131, p. 3-10, 1979.

MARQUES, P. V. Pedro Valentim Marques: depoimento. [Entrevista concedida a] Caio Pompeia, 29 maio 2017.

MARTINS, J. S. "A reforma agrária no segundo mandato de Fernando Henrique Cardoso", *Tempo Social*, v. 15, n. 2, p. 141-75, 2003.

MCCUNE, W. *Who's behind our farm policy?*. Nova York: Praeger, 1956.

MENDONÇA, S. R. "Sociedade Nacional de Agricultura (SNA)". *In*: MOTTA, M. M. M. (Org.). *Dicionário da Terra*, v. 1. Rio de Janeiro: Civilização Brasileira, 2005, p. 438-42.

MENDONÇA, S. R. "O patronato rural brasileiro na atualidade: dois estudos de caso", *Anuario del Centro de Estudios Históricos Profesor Carlos S. A. Segreti*, v. 8, p. 139-59, 2008.

MILLIMAN, J. W. "Review — A Concept of Agribusiness", *The Journal of Business*, v. 31, n. 1, p. 64-5, jan. 1958.

MINISTÉRIO da Agricultura e Abastecimento. *Mais do que uma política agrícola...*. Brasília, 1998.

MINISTÉRIO da Agricultura, Pecuária e Abastecimento. "Consagro deve instalar mais 12 câmaras setoriais do agronegócio em 2004", *Agrolink*, 12 jan. 2004. Disponível em: https://www.agrolink.com.br/noticias/consagro-deve-instalar-mais-12-camaras-setoriais-do-agronegocio-em-2004_14696.html.

MINISTÉRIO da Agricultura, Pecuária e Abastecimento. *Agro+*. 2016a. Disponível em: https://www.gov.br/agricultura/pt-br/agro.

MINISTÉRIO da Agricultura, Pecuária e Abastecimento. *Estatísticas do agronegócio*, 2016b.

MINISTÉRIO do Desenvolvimento Agrário. PIB *das cadeias produtivas da agricultura familiar*, dez. 2004.

MINISTÉRIO do Trabalho e Previdência Social. Dados fornecidos ao autor em 17 jan. 2018.

MONTERO, P. "Controvérsias religiosas e esfera pública: repensando as religiões como discurso", *Religião & Sociedade*, v. 32, p. 15-30, 2012.

MONTERO, P.; ARRUTI, J. M. & POMPA, C. "Para uma antropologia do político". In: LAVALLE, A. G. (Org.). *O horizonte da política: questões emergentes e agenda de pesquisa*. São Paulo: Editora Unesp, 2012, p. 145-84.

MULLER, G. *Complexo agroindustrial e modernização agrária*. São Paulo: Hucitec, 1989.

MURPHY, W. "Agriculture and Agribusiness", *Agriculture and Food Chemistry*, v. 3, n. 12, p. 987, 1955.

NAVARRO, Z. "Nunca cruzaremos este rio: a estranha associação entre o poder do atraso, a história lenta e a Sociologia militante, e o ocaso da reforma agrária no Brasil", *Redes*, v. 13, p. 5-51, 2008.

NEPOMUCENO, E. *O Massacre – Eldorado do Carajás: uma história de impunidade*. São Paulo: Planeta, 2007.

NEVES, E. M. Evaristo Marzabal Neves. [Resposta a] Caio Pompeia, 26 maio 2017.

NORONHA, F. A. "A new model for agribusiness investment". In: THE AGRIBUSINESS Council. *Agricultural Initiative in the Third World*. Lexington: Lexington Books, 1975.

OLIVEIRA, A. U. "A longa marcha do campesinato brasileiro: movimentos sociais, conflitos e Reforma Agrária", *Estudos Avançados*, v. 15, n. 43, p. 185-201, 2001.

OLIVEIRA, A. U. "Os mitos do agronegócio no Brasil", *XII Encontro Nacional do MST*, São Miguel do Iguaçu (PR), jan. 2004.

OLSON, G. "Review about the Book *Agricultural Initiative in the Third World*", *American Political Science Review*, v. 71, n. 3, p. 1211-2, set. 1977.

ORGANIZAÇÃO das Nações Unidas. *World Declaration and Plan of Action for Nutrition*. Roma: FAO, 1992a. Disponível em: http://www.fao.org/docrep/015/u9260e/u9260e00.pdf.

ORGANIZAÇÃO das Nações Unidas. *Declaração do Rio sobre Meio Ambiente e Desenvolvimento*. Rio de Janeiro: ONU, 1992b.

ORGANIZAÇÃO dos Estados Americanos. *Declaration of The Presidents of America — Meeting of American Chiefs of State*. Punta del Este, 14 dez. 1967.

PALATNIK, P. Pedro Palatnik: depoimento. [Entrevista concedida a] Caio Pompeia, 26 maio 2017.

PALMEIRA, M. "Modernização, Estado e questão agrária", *Estudos Avançados*, São Paulo, v. 3, n. 7, p. 87-108, set./dez. 1989.

PAOLINELLI, A. Alysson Paolinelli: depoimento. [Entrevista concedida a] Caio Pompeia, 9 out. 2017

PASSOS GUIMARÃES, A. *Quatro Séculos de Latifúndio*. Rio de Janeiro: Paz e Terra, 1968.

PASSOS GUIMARÃES, A. "O complexo agroindustrial", *Opinião*, 21 nov. 1975.

PASSOS GUIMARÃES, A. "O complexo agroindustrial no Brasil", *Opinião*, 5 nov. 1976.

PASSOS GUIMARÃES, A. *A crise agrária*. 3. ed. Rio de Janeiro: Paz e Terra, 1982.

PELIANO, A. M. "Depoimento". In: RODRIGUES, R. (Org.). *Ney Bittencourt: o dínamo do* agribusiness. São Paulo: SRB, 1996, p. 28-9.

PICOLOTTO, E. L. "Os atores da construção da categoria agricultura familiar no Brasil", *Revista de Economia e Sociolgia Rural*, v. 52, supl. 1, p. 63-84, 2014.

PINAZZA, L. A. "Aspectos do *agribusiness* no Brasil", *Revista dos Criadores*, nov. 1986.

PINAZZA, L. A. "Depoimento". In: RODRIGUES, R. *Ney Bittencourt: o dínamo do* agribusiness. São Paulo: SRB, 1996, p. 36-9.

PINAZZA, L. A. & ALIMANDRO, R. *Reestruturação do* agribusiness *brasileiro: agronegócios no terceiro milênio*. Rio de Janeiro: Associação Brasileira de Agribusiness, 1999.

PINAZZA, L. A. Luiz Antonio Pinazza (depoimento, 2012). Rio de Janeiro: CPDOC/FGV, 2013.

PINAZZA, L. A. Luiz Antonio Pinazza: depoimento. [Entrevista concedida a] Caio Pompeia, 5 abr. 2017.

POLÍCIA Federal. *Relatório Operação Carne Fraca*. Brasília, 2017.

POMPEIA, C. *O MST em documentários e no Jornal Nacional*. Dissertação (Mestrado em Antropologia) — Programa de Pós-Graduação em Antropologia Social, Universidade de São Paulo, São Paulo, 2009.

POMPEIA, C. "'Agro é Tudo': simulações no aparato de legitimação do agronegócio", *Horizontes Antropológicos*, v. 26, n. 56, p.195-224, jan./abr. 2020a.

POMPEIA, C. "Concertação e Poder: o agronegócio como fenômeno político no Brasil", *Revista Brasileira de Ciências Sociais*, v. 35, n. 104, p.1-17, 2020b.

PORTUGAL, A. D. & CONTINI, E. "A inserção da Embrapa no agronegócio". In: CALDAS, R. A. et al. (Orgs.) *Agronegócio brasileiro: ciência, tecnologia e competitividade*. Brasília: CNPq, 1998.

PORTUGAL, A. D. Alberto Duque Portugal: depoimento. [Entrevista concedida a] Caio Pompeia, 30 maio 2017.

PRADO JÚNIOR, C. "Contribuição para a análise da questão agrária no Brasil" [1960]. In: PRADO JÚNIOR, C. *A questão agrária*. São Paulo: Brasiliense, 1979a, p. 15-85.

PRADO JÚNIOR, C. "Nova contribuição para a análise da questão agrária no Brasil" [1962]. In: PRADO JÚNIOR, C. *A questão agrária*. São Paulo: Brasiliense, 1979b, p. 86-126.

RAMOS, P. "Referencial teórico e analítico sobre a agropecuária brasileira". In: RAMOS, P. (Org.). *Dimensões do agronegócio brasileiro: políticas, instituições e perspectivas*, v. 1. Brasília: NEAD Estudos, 2007, p. 18-52.

REVISTA Mexicana de Sociología. Volume 27, ediciones 1-2, 1965..

RODRIGUES, R. "Um PAC para o agronegócio brasileiro", *Agroanalysis*, jan. 2007.

RODRIGUES, R. *Antes da tormenta*. São Paulo: Nova Bandeira, 2008.

RODRIGUES, R. Roberto Rodrigues: depoimento. [Entrevista concedida a] Caio Pompeia, 6 jun. 2017a.

RODRIGUES, R. Roberto Rodrigues: depoimento. [Entrevista concedida a] Caio Pompeia, 4 out. 2017b.

ROUSSEFF, D. Dilma Rousseff: depoimento. [Entrevista concedida a] Caio Pompeia, 21 abr. 2017.

RUST, I. W. "Review — A Concept of Agribusiness", *Journal of Farm Economics*, v. 39, n. 4, p. 1042-5, nov. 1957.

SALVO, A. E. W. "Os impactos da reforma tributária no setor agropecuário", *Revista de Política Agrícola*, v. 13, n. 2, p. 33-40, abr./maio/jun. 2004.

SAUER, S. *Agricultura familiar versus agronegócio: a dinâmica sociopolítica do campo brasileiro*. Brasília: Embrapa, 2008.

SAUER, S. & LEITE, S. P. "Expansão agrícola, preços e apropriação de terra por estrangeiros no Brasil", *Revista de Economia e Sociologia Rural*, v. 50, n. 3, p. 503-24, 2012.

SAUER, S. & BORRAS JR., S. "'Land grabbing' e 'green grabbing': uma leitura da 'corrida na produção acadêmica' sobre a apropriação global de terra", *Campo-Território* [ed. esp.], p. 6-42, jun. 2016.

SEN, A. "Ingredients of Famine Analysis: Availability and Entitlements", *The Quaterly Journal of Economics*, v. 93, n. 3, p. 433-64, ago. 1981a.

SEN, A. *Poverty and Famines: an Essay on Entitlement and Deprivation*. Oxford: Clarendon Press, 1981b.

SHERIDAN, R. B. "Review: A Concept of Agribusiness", *The American Economic Review*, v. 48, n. 1, p. 211-13, mar. 1958.

SOCIEDADE Nacional de Agricultura. "Mapa cria Fórum das Entidades Representativas do Agronegócio", 20 ago. 2015. Disponível em: https://www.sna.agr.br/mapa-cria-forum-das-entidades-representativas-do-agronegocio/.

SOCIEDADE Nacional de Agricultura. *Congresso de Agribusiness*, 2018. Disponível em: http://www.sna.agr.br/congresso/.

SORJ, B. *Estado e classes sociais na agricultura brasileira*. Rio de Janeiro: Centro Edelstein de Pesquisas Sociais, 2008.

SOUZA, H. "Depoimento". In: RODRIGUES, R. (Org.). *Ney Bittencourt: o dínamo do* agribusiness. São Paulo: SRB, 1996, p. 261.

SUPREMO Tribunal Federal. "STF considera nulos títulos de terra localizados em área indígena no sul da Bahia", *STF*, 2 maio 2012. Disponível em: http://www.stf.jus.br/portal/cms/verNoticiaDetalhe.asp?idConteudo=206456.

SUPREMO Tribunal Federal. "Plenário mantém condições fixadas no caso Raposa Serra do Sol", *STF*, 23 out. 2013. Disponível em: http://www.stf.jus.br/portal/cms/verNoticiaDetalhe.asp?idConteudo=251738.

TAKANO, M. "O *agribusiness* e sua interação com a agricultura", *Anais do XXX Congresso Brasileiro de Economia e Sociologia Rural*, 3-6 ago. 1992, p. 89-97.

TAVARES, V. *A História da Bancada Ruralista: Personagens e fatos que tornaram a Frente Parlamentar da Agropecuária protagonista do sucesso do agronegócio brasileiro*. Brasília: Vincere, 2019.

TEMER, M. "Brasil deve muito ao agronegócio", *Mais Soja*, 4 jul. 2016a. Disponível em: https://maissoja.com.br/michel-temer-brasil-deve-muito-ao-agronegocio/.

TEMER, M. "Agronegócio, hoje, é a pauta mais importante do país", *Portal Brasil*, 15 jul. 2016b. Disponível em: https://www.aviculturaindustrial.com.br/imprensa/agronegocio--hoje-e-a-pauta-mais-importante-do-pais-afirma-michel-temer/20160715-163855-d611.

THE AGRIBUSINESS Council. *Agricultural Initiative in the Third World*. Lexington: Lexington Books, 1975.

THE AGRIBUSINESS Council. Site oficial, 2016. Disponível em: https://www.agribusinesscouncil.org.

THE LAND is rich. Dir. Harvey Richards (27 min.), 1966.

TRELOGAN, H. "Review — A Concept of Agribusiness", *Journal of Marketing*, v. 22, p. 221-2, jul. 1957/abr. 1958.

TRIBUNAL Superior Eleitoral. *Mecanismo de consulta ao financiamento das eleições federais de 2010 e 2014*. Brasília, 2017.

TURNER, J. S. *The chemical feast: the Ralph Nader study group report on food protection and the Food and Drug Administration*. Nova York: Grossman Publishers, 1970.

UNIÃO da Indústria de Cana-de-açúcar. "Movimento Sou Agro lança campanha e será 'divisor de águas' para comunicação", *Unica*, 2011.

UNITED States Department of Agriculture. "Family Farm", *Economic Research Service Glossary*. 2016. Disponível em: https://www.ers.usda.gov/topics/farm-economy/farm-household-well-being/glossary/#familyfarm.

UNITED States Department of Agriculture. Site oficial, 2018. Disponível em: https://www.usda.gov.

UNITED States Government. "President Johnson's Special Message to the Congress: Food for Freedom", 10 fev. 1966.

UNITED States Government. *Agribusiness Organization Directory*, 1968.

UNIVERSIDADE Federal do Rio de Janeiro. "Direitos humanos, trabalho escravo contemporâneo e agronegócio" [seminário], 2008.

VEIGA, J. E. *Os estertores do Código Florestal*. Campinas: Armazém do Ipê, 2013.

VEIGA, J. E. *Para entender o desenvolvimento sustentável*. São Paulo: Editora 34, 2015.

VIGNA, E. *A bancada ruralista: um grupo de interesse*. Brasília: Inesc, 2001.

VIVEIROS DE CASTRO, E. "Os involuntários da pátria: elogio do subdesenvolvimento", *Caderno de Leituras*, n. 65, 2017 (Série Tempestiva).

WEDEKIN, I. "A política agrícola brasileira em perspectiva", *Revista de Política Agrícola*, ano XIV, p. 17-32, out. 2005 (edição especial).

WEDEKIN, I. Ivan Wedekin (depoimento, 2012). Rio de Janeiro: CPDOC/FGV, 2012.

WEDEKIN, I. Ivan Wedekin: depoimento. [Entrevista concedida a] Caio Pompeia, 29 maio 2017.

WELCH, C.A. "Rockefeller and the Origins of Agribusiness in Brazil: A Research Report", *Rockefeller Archive Center*, 2014. Disponível em: https://www.issuelab.org/resources/27973/27973.pdf.

WILKINSON, J. *Demandas tecnológicas, competitividade e inovação no sistema agroalimentar do Mercosul ampliado*. Montévideu: Procisur/BID, 2000.

WOOD, G. "Country bankers face challenge of agribusiness", *Banking*, v. 50, n. 7, p. 82, jan. 1958.

XAVIER, C. "Depoimento". *In*: RODRIGUES, R. *Ney Bittencourt: o dínamo do* agribusiness. São Paulo: SRB, 1996, p. 48-62.

YOKOTA, P. Paulo Yokota. [Resposta a] Caio Pompeia, 11 nov. 2016.

ZYLBERSZTAJN, D. *et al. Agribusiness*. Porto Alegre: Ortiz, 1993.

ZYLBERSZTAJN, D. *Estruturas de governança e coordenação do agribusiness: uma aplicação da nova economia das instituições*. São Paulo: FEA-USP, 1995.

ZYLBERSZTAJN, D. "Ensino, pesquisa e consultoria nos agronegócios: as múltiplas linguagens do profissional dos agronegócios". *In*: PINAZZA, L. A. & ALEMANDRO, R. (Orgs.). *Reestruturação no Agribusiness Brasileiro*. Rio de Janeiro: Associação Brasileira de Agribusiness, 1999.

ZYLBERSZTAJN, D. "À fogueira com os livros de agronegócios". *In*: ZYLBERSZTAJN, D.; NEVES, M. F. & NEVES, E. M. (Orgs.). *Agronegócio do Brasil*. São Paulo: Saraiva, 2006, p. 62-4.

ZYLBERSZTAJN, D. Décio Zylbersztajn: depoimento. [Entrevista concedida a] Caio Pompeia, 30 maio 2017.

ZYLBERSZTAJN, D. *et al. Agroceres — PIC case study — A study in international technology transfer in the field of pig genetics*. Cirencester / São Paulo: The Royal Agricultural Center / Pensa-FEA-USP, 1995.

Acervos históricos e sistemas de pesquisa

Acervo digital do *G1*
Acervo histórico da Câmara dos Deputados
Acervo histórico da *Folha de S. Paulo*
Acervo histórico de *O Estado de S. Paulo*
Acervo histórico de *O Globo*
Acervo histórico do *Jornal dos Sem Terra*
Acervo histórico de *Le Monde*
Acervo histórico de *The New York Times*
Hemeroteca digital da Biblioteca Nacional
Hollis (Harvard)
Proquest Newspapers
Sistema Integrado de Bibliotecas da USP (Dedalus)
Site de *The Wall Street Journal*
Site de *The Washington Post*

Dicionários consultados

AGRIBUSINESS. *In*: Cambridge Dictionay. Disponível em: https://dictionary.cambridge.org/dictionary/english-portuguese/agribusiness.

AGRIBUSINESS. *In*: Collins Dictionary. Disponível em: https://www.collinsdictionary.com/dictionary/english/agribusiness.

AGRIBUSINESS. *In*: Merriam-Webster Dictionary. Disponível em: https://www.merriam-webster.com/dictionary/agribusiness.

AGRIBUSINESS. *In*: Oxford Advanced Learner's Dictionary. Disponível em: https://www.oxfordlearnersdictionaries.com/definition/english/agribusiness?q=agribusiness.

AGRIBUSINESS. *In*: Oxford Dictionary. Disponível em: https://www.lexico.com/definition/agribusiness.

Imprensa

A Granja, fev. 2010; ago. 2010.
Agroanalysis, dez. 1994; ago. 1996; ago. 2010; maio 2013.
British Broadcasting Corporation, 3 jul. 2007.
Correio Braziliense, 6 maio 1993.
Correio da Manhã, 11 set. 1957; 14 nov. 1964.
Daily Post, 12 jan. 2006.
Diário Carioca, 15 nov. 1964.
Diário de Natal, 27 nov. 1974.
Diário de Pernambuco, 19 out. 1977; 20 dez. 1980.
Diário do Paraná, 14 out. 1975; 22 jun. 1980; 17 mar. 1981.
Folha de S. Paulo, 24 out. 1972; 31 dez. 1976; 5 jan. 1977; 13 out. 1978; 17 out. 1978; 31 out. 1978; 16 fev. 1979; 27 fev. 1979; 4 mar. 1979; 23 jul. 1980; 25 abr. 1981; 22 jun. 1981; 31 dez. 1981; 25 out. 1988; 26 abr. 1989; 12 fev. 1991; 2 jul. 1991; 30 jul. 1991; 6 ago. 1991; 4 maio 1992; 15 dez. 1992; 12 jan. 1993; 5 fev. 1993; 8 fev. 1993; 31 jan. 1995; 10 mar. 1996; 22 set. 1998; 11 fev. 2003; 15 ago. 2003; 4 set. 2003; 22 nov. 2003; 8 abr. 2004; 17 maio 2004; 18 jul. 2004; 12 dez. 2004; 23 jan. 2005; 26 jan. 2005; 2 maio 2005; 10 out. 2006; 25 maio 2008; 24 ago. 2008; 23 jan. 2009; 8 maio 2010; 25 set. 2010; 9 abr. 2011; 19 maio 2011; 4 out. 2013; 17 mar. 2016; 17 mar. 2017.
Fox News, 2 out. 2007.
Foreign Agriculture, 5 jun. 1967; 9 out. 1967.
Jornal do Brasil, 26 nov. 1969; 23 maio 1970; 27 nov. 1972; 4 dez. 1972; 30 mar. 1973; 13 dez. 1973; 2 mar. 1978; 28 maio 1978; 19 out. 1979; 15 jul. 1980; 17 jan. 1990; 12 abr. 1993; 2 nov. 1997.
Jornal do Commercio, 6 fev. 1973; 3 maio 1979; 7 maio 1993.
Jornal do Commercio do Amazonas, 17 maio 1991.
Jornal Nacional, 17 maio 2017; 26 out. 2017.
Le Monde, 29 fev. 2008.

Meio e Mensagem, 25 maio 2020.
Mouse River Farmers Press, 8 nov. 1973.
O Estado de S. Paulo, 25 out. 1972; 3 dez. 1972; 30 mar. 1973; 19 maio 1979; 3 maio 1988; 28 dez. 1989; 7 dez. 1990; 9 dez. 1990; 5 mar. 1991; 26 mar. 1991; 27 mar. 1991; 26 jun. 1991; 3 jul. 1991; 7 ago. 1991; 10 out. 1991; 20 mar. 1992; 1º set. 1993; 13 jun. 1993; 1º jan. 1994; 15 abr. 1994; 4 maio 1994; 5 maio 1994; 24 ago. 1994; 23 nov. 1994; 26 maio 1997; 8 set. 1998; 4 nov. 1998; 9 fev. 1999; 27 nov. 1999; 26 dez. 1999; 2 jan. 2003; 15 fev. 2004; 8 abr. 2004; 9 abr. 2004; 21 abr. 2004; 25 abr. 2004; 12 maio 2004; 29 maio 2004; 8 dez. 2004; 20 jan. 2005; 22 jan. 2005; 23 jan. 2005; 25 abr. 2005; 29 jan. 2006; 12 mar. 2006; 16 maio 2006; 4 out. 2006; 6 out. 2006; 21 mar. 2007; 11 mar. 2008; 19 jul. 2008; 16 dez. 2008; 09 dez. 2009; 20 jan. 2010; 7 ago. 2014; 15 fev. 2015; 14 dez. 2015; 17 mar. 2017.
O Globo, 5 dez. 1964; 22 nov. 1969; 4 maio 1970; 26 mar. 1973; 18 abr. 1973; 26 jul. 1989; 22 jan. 1991; 22 dez. 1991; 28 dez. 1992; 17 fev. 1993; 20 jun. 1993; 28 fev. 2000; 20 ago. 2000; 18 nov. 2001; 2 jan. 2003; 6 fev. 2003; 10 ago. 2003; 4 set. 2003; 12 out. 2003; 6 abr. 2004; 7 abr. 2004; 17 maio 2004; 10 dez. 2004; 17 dez. 2004; 25 jan. 2005; 1º mar. 2005; 20 mar. 2005; 17 fev. 2008; 15 dez. 2014; 28 ago. 2015.
O Poti, 9 set. 1973.
Poder 360, 24 set. 2019.
Rede Brasil Atual, 7 fev. 2011.
Repórter Brasil (ONG), 27 jul. 2004; 20 jul. 2006.
Reuters, 20 mar. 2017; 13 nov. 2019.
Revista de Política Agrícola, abr./jun. 2014.
Revista Globo Rural, 7 dez. 2010.
The Guardian, 9 mar. 2007.
The New York Times, 20 jan. 1954; 4 maio 1957; 24 jan. 1959; 17 jun. 1967; 13 set. 1967; 18 ago. 1968; 20 nov. 1967;

13 abr. 1968; 18 jul. 1971; 22 jul. 1971, 18 nov. 1971;
1 jun. 1972; 3 mar. 1972; 21 dez. 1973; 25 mar. 2002;
17 set. 2003; 8 fev. 2008.
The Telegraph, 5 jan. 2006.
The Wall Street Journal, 27 maio 1957.
The Washington Post, 9 fev. 1958; 17 set. 1967; 1º dez. 1971;
1º jun. 1972; 11 ago. 1972; 17 nov. 1973; 22 dez. 1973;
13 abr. 1975; 16 abr.1975.
Tribuna da Imprensa, 6 mar. 1975; 7 ago. 1975; 2 jan. 1979;
21 mar. 1980; 4 jul. 1980; 2-3 jan. 1982.
Valor Econômico, 24 ago. 2017.
Veja, 19 fev. 1969; 12 abr. 1978; 28 jun. 1978.

Apêndice I
Representações políticas: siglas e anos de fundação

Abag — Associação Brasileira do Agronegócio (antiga Associação Brasileira de Agribusiness) (1993)
Abba — Associação Brasileira da Batata (1997)
Abbi — Associação Brasileira de Biotecnologia Industrial (2014)
ABC — Associação Brasileira de Criadores (1972)
ABCS — Associação Brasileira dos Criadores de Suínos (1955)
ABCZ — Associação Brasileira dos Criadores de Zebu (1934)
Abef — Associação Brasileira dos Produtores e Exportadores de Frango (1976)
Abeg — Associação Brasileira dos Exportadores de Gado (c. 2008)
Abia — Associação Brasileira da Indústria de Alimentos (antiga Associação Brasileira das Indústrias da Alimentação) (1963)
Abic — Associação Brasileira da Indústria de Café (1973)
Abics — Associação Brasileira do Café Solúvel (1972)
Abiec — Associação Brasileira das Indústrias Exportadoras de Carnes (1979)
Abimaq — Associação Brasileira da Indústria de Máquinas e Equipamentos (1975)
Abimci — Associação Brasileira da Indústria de Madeira Processada Mecanicamente (1972)
Abiove — Associação Brasileira das Indústrias de Óleos Vegetais (1981)
Abipecs — Associação Brasileira da Indústria Produtora e Exportadora de Carne Suína (1998)
Abitrigo — Associação Brasileira da Indústria do Trigo (1991)
ABPA — Associação Brasileira de Proteína Animal (2014)
ABPMA — Associação Brasileira dos Produtores de Mogno Africano (2011)
Abraf — Associação Brasileira de Produtores de Florestas Plantadas (2003)

Abrafrigo — Associação Brasileira de Frigoríficos (2004)
Abrafrutas — Associação Brasileira dos Produtores Exportadores de Frutas e Derivados (2014)
Abramilho — Associação Brasileira dos Produtores de Milho (2007)
Abrapa — Associação Brasileira dos Produtores de Algodão (1999)
Abrapalma — Associação Brasileira de Produtores de Óleo de Palma (2012)
Abrasem — Associação Brasileira de Sementes e Mudas (1972)
ABTCP — Associação Brasileira Técnica de Celulose e Papel (1967)
AIPC — Associação Nacional das Indústrias Processadoras de Cacau (2004)
Alanac — Associação dos Laboratórios Farmacêuticos Nacionais (1983)
Aliança – Aliança Brasileira pelo Clima (2009)
Ama Brasil — Associação Misturadores de Adubo do Brasil (1980)
Ampa — Associação Mato-grossense do Algodão (1997)
Anda — Associação Nacional para Difusão de Adubos (1967)
Andaterra — Associação Nacional de Defesa dos Agricultores, Pecuaristas e Produtores da Terra (2006)
Andef — Associação Nacional de Defesa Vegetal (atualmente parte da CropLife Brasil) (1974)
Anec — Associação Nacional dos Exportadores de Cereais (1965)
Anfavea — Associação Nacional dos Fabricantes de Veículos Automotores (1956)
Aprosmat — Associação dos Produtores de Sementes de Mato Grosso (1980)
Aprosoja Brasil — Associação Brasileira dos Produtores de Soja (2007)
Aprosoja–MS — Associação dos Produtores de Soja de Mato Grosso do Sul (2007)
Aprosoja–MT — Associação dos Produtores de Soja e Milho de Mato Grosso (2005)
Aprosum — Associação dos Produtores Rurais da Área Suiá Missú (c. 2011)
Ares — Instituto para o Agronegócio Responsável (2007)
Bracelpa — Associação Brasileira de Celulose e Papel (1997)
Cebds — Conselho Empresarial Brasileiro para o Desenvolvimento Sustentável (1997)

Cecafé — Conselho dos Exportadores de Café do Brasil (1999)
CitrusBR — Associação Nacional dos Exportadores de Sucos Cítricos (2009)
CNA — Confederação da Agricultura e Pecuária do Brasil (antiga Confederação Nacional da Agricultura) (1964)
CNC — Conselho Nacional do Café (1981)
Coalizão — Coalizão Brasil Clima, Florestas e Agricultura (2015)
Consagro — Conselho do Agronegócio (1998)
Conselho do Agro — Conselho das Entidades do Setor Agropecuário (2016)
Contag — Confederação Nacional dos Trabalhadores na Agricultura (1963)
Cosag — Conselho Superior do Agronegócio da Fiesp (2007)
Deagro — Departamento do Agronegócio da Fiesp (2007)
Faab — Frente Ampla da Agropecuária Brasileira (1986)
Faep — Federação da Agricultura e Pecuária do Estado do Paraná (1963)
Faesp — Federação da Agricultura e Pecuária do Estado de São Paulo (c. 1965)
Famato — Federação da Agricultura e Pecuária do Estado de Mato Grosso (1965)
Febraban — Federação Brasileira de Bancos (1967)
Feplana — Federação dos Plantadores de Cana do Brasil (1941)
Ferab — Fórum das Entidades Representativas do Agronegócio (2015)
Fetaesp — Federação dos Trabalhadores na Agricultura Familiar do Estado de São Paulo (1962)
FNA — Fórum Nacional da Agricultura (1996)
FNS — Fórum Nacional Sucroenergético (2013)
Fórum Clima — Fórum Clima — Ação Empresarial sobre Mudanças Climáticas (2009)
FPA — Frente Parlamentar da Agropecuária (formalizada em 1995)
GAF — Global Agribusiness Forum (2012)
GTPS — Grupo de Trabalho da Pecuária Sustentável (2007)
Ibá — Indústria Brasileira de Árvores (2014)
Ibrahort — Instituto Brasileiro de Horticultura (2011)

inpEV — Instituto Nacional de Processamento de Embalagens Vazias (2001)
IPA — Instituto Pensar Agropecuária (2011)
MNP — Movimento Nacional de Produtores (1997)
MST — Movimento dos Trabalhadores Rurais Sem Terra (1984)
OCB — Organização das Cooperativas Brasileiras (1969)
Orplana — Organização de Plantadores de Cana da Região Centro-Sul do Brasil (1976)
Rural Brasil — Conselho Superior de Agricultura e Pecuária do Brasil (2002)
Sindan — Sindicato Nacional da Indústria de Produtos para Saúde Animal (1966)
Sindirações — Sindicato Nacional da Indústria de Alimentação Animal (1953)
Sindiveg — Sindicato Nacional da Indústria de Produtos para Defesa Vegetal (1941)
SNA — Sociedade Nacional de Agricultura (1897)
SRB — Sociedade Rural Brasileira (1919)
UBA — União Brasileira de Avicultura (1963)
UDR — União Democrática Ruralista (1985)
Unica — União da Indústria de Cana-de-Açúcar (1997)
Unicafes — União Nacional das Cooperativas da Agricultura Familiar e Economia Solidária (2005)
Unipasto — Associação para o Fomento à Pesquisa de Melhoramento de Forrageiras (2002)
Viva Lácteos — Associação Brasileira de Laticínios (2014)

Apêndice II
Demais siglas

Abra — Associação Brasileira de Reforma Agrária
ADM — Archer-Daniels-Midland
AGU — Advocacia-Geral da União
Anvisa — Agência Nacional de Vigilância Sanitária
APA — Área de Proteção Ambiental
BCB — Banco Central do Brasil
BM&F — Bolsa de Mercadorias e Futuros (atualmente parte da b3)
BRDE — Banco de Desenvolvimento do Extremo Sul
CAI — complexo agroindustrial
Cepea-USP — Centro de Estudos Avançados em Economia Aplicada (Universidade de São Paulo)
Cimi — Conselho Indigenista Missionário
CMN — Conselho Monetário Nacional
CNBB — Conferência Nacional dos Bispos do Brasil
CNPQ — Conselho Nacional de Desenvolvimento Científico e Tecnológico
Conama — Conselho Nacional do Meio Ambiente
Confaz — Conselho Nacional de Política Fazendária
Consea — Conselho Nacional de Segurança Alimentar e Nutricional (antigo Conselho Nacional de Segurança Alimentar)
COP — Conferência das Partes da Convenção-Quadro das Nações Unidas sobre Mudança do Clima
CPI — Comissão Parlamentar de Inquérito
CPT — Comissão Pastoral da Terra
DEM — Democratas (antigo Partido da Frente Liberal)
Eco-92 — Conferência das Nações Unidas sobre o Meio Ambiente e o Desenvolvimento
Embrapa — Empresa Brasileira de Pesquisa Agropecuária
Esalq-USP — Escola Superior de Agricultura "Luiz de Queiroz" (Universidade de São Paulo)

Expozebu — Exposição Internacional de Gado Zebu
FAO — Organização das Nações Unidas para Agricultura e Alimentação
FEA-USP — Faculdade de Economia, Administração e Contabilidade (Universidade de São Paulo)
FGV — Fundação Getúlio Vargas
FHC — Fernando Henrique Cardoso
FIA-USP — Fundação Instituto de Administração (Universidade de São Paulo)
Flona — Floresta Nacional
Funai — Fundação Nacional do Índio
Funrural — Fundo de Assistência ao Trabalhador Rural
GEE — gases de efeito estufa
Gepai — Grupo de Estudos e Pesquisas Agroindustriais
Ibec — International Basic Economy Corporation
IBGE — Instituto Brasileiro de Geografia e Estatística
IBM — International Business Machines Corporation
ICMS — Imposto sobre Circulação de Mercadorias e Serviços
Icone — Instituto de Estudos do Comércio e Negociações Internacionais
IEA-USP — Instituto de Estudos Avançados (Universidade de São Paulo)
Incra — Instituto Nacional de Colonização e Reforma Agrária
Inpe — Instituto Nacional de Pesquisas Espaciais
IPCC — Painel Intergovernamental sobre Mudanças Climáticas (Intergovernmental Panel on Climate Change)
Ipea — Instituto de Pesquisa Econômica Aplicada
ISA — Instituto Socioambiental
ITR — Imposto Territorial Rural
Mapa — Ministério da Agricultura, Pecuária e Abastecimento
MBA — Master of Business Administration
MDA — Ministério do Desenvolvimento Agrário
MDB — Partido do Movimento Democrático Brasileiro (antigo PMDB)
MDS — Ministério do Desenvolvimento Social e Combate à Fome
Mercosul — Mercado Comum do Sul
Mirad — Ministério da Reforma e do Desenvolvimento Agrário
MMA — Ministério do Meio Ambiente
Moderfrota — Programa de Modernização da Frota de Tratores Agrícolas e Implementos Associados e Colheitadeiras

MP — Medida Provisória
MPF — Ministério Público Federal
Nacla — North American Congress on Latin America
NICB — National Industrial Conference Board
OEA — Organização dos Estados Americanos
OGM — organismo geneticamente modificado
OIT — Organização Internacional do Trabalho
OMC — Organização Mundial do Comércio
OMS — Organização Mundial da Saúde
ONG — organização não governamental
ONU — Organização das Nações Unidas
PAA — Programa de Aquisição de Alimentos
PAC — Programa de Aceleração do Crescimento
PEC — proposta de emenda constitucional
PED — Programa Estratégico de Desenvolvimento
Pensa — Centro de Conhecimento em Agronegócios (antigo Programa de Estudos dos Negócios do Sistema Agroindustrial)
PGR — Procuradoria-Geral da República
PIB — produto interno bruto
PIC — Pig Improvement Company
Pnater — Política Nacional de Assistência Técnica e Extensão Rural
PNRA — Plano Nacional de Reforma Agrária
PP — Progressistas (anteriormente intitulado Partido Progressista)
Pronaf — Programa Nacional de Fortalecimento da Agricultura Familiar
PSD — Partido Social Democrático (mesmo nome para dois partidos: o primeiro, criado em 1945 e extinto em 1965; o segundo, fundado em 2011 e atualmente em operação)
PSDB — Partido da Social Democracia Brasileira
PSL — Partido Social Liberal
PT — Partido dos Trabalhadores
Rio+20 — Conferência das Nações Unidas sobre Desenvolvimento Sustentável
RPU — Revisão Periódica Universal
Seaf — Secretaria Especial de Assuntos Fundiários
Seap — Secretaria Especial de Aquicultura e Pesca

Sebrae — Serviço Brasileiro de Apoio às Micro e Pequenas Empresas
Sesan — Secretaria Nacional de Segurança Alimentar e Nutricional
SFB — Serviço Florestal Brasileiro
SPA — Secretaria de Política Agrícola
STF — Supremo Tribunal Federal
TI — Terra Indígena
UC — unidade de conservação
UFRJ — Universidade Federal do Rio de Janeiro
UFSCar — Universidade Federal de São Carlos
Unesp — Universidade Estadual Paulista
UNFCCC — United Nations Framework Convention on Climate Change [Convenção-Quadro das Nações Unidas sobre Mudança do Clima]
Unicamp — Universidade Estadual de Campinas
Usaid — Agência dos Estados Unidos para o Desenvolvimento Internacional
USDA — Departamento de Agricultura dos Estados Unidos da América
USP — Universidade de São Paulo

Apêndice III

Participação absoluta de associações nacionais/regionais da "agropecuária" e das "indústrias" nos principais núcleos intersetoriais (1993-2019)*

Núcleo (ano)	"Agropecuária"	"Indústrias"	Total
Abag (1993)	0	1	1
FNA (1998)	5	3	8
Rural Brasil (2002)	5	1	6
Abag (2003)	1	2	3
Cosag/Fiesp (2007)	10	25	35
Rural Brasil (2007)	8	1	9
Ares (2007)	4	11	15
Aliança (2009)	1	7	8
Abag (2013)	3	6	9
Ferab (2015)	10	7	17
IPA (2016)	10	17	27
Conselho do Agro (2018)	13	1	14
IPA (2019)	10	23	33
Coalizão (2019)	4	9	13
Conselho do Agro (2019)	14	2	16

> * Fontes: elaboração própria com base em Aliança Brasileira pelo Clima (2009); Associação Brasileira de Agribusiness (2003); Associação Brasileira do Agronegócio (2013); Câmara dos Deputados (1993; 2007); Coalizão Brasil Clima, Florestas e Agricultura (2019); Confederação da Agricultura e Pecuária do Brasil (2002); Conselho das Entidades do Setor Agropecuário (2019); Instituto para o Agronegócio Responsável (2007); Instituto Pensar Agropecuária (2019); Instituto Pensar Agropecuária & Frente Parlamentar Mista da Agropecuária (2016); Ministério da Agricultura e do Abastecimento (1998); Sociedade Nacional de Agricultura (2015).

Apêndice IV
Associações dos sistemas agroalimentares presentes no Instituto Pensar Agropecuária, no Conselho do Agro e na Coalizão Brasil Clima, Florestas e Agricultura (2020-2021)*

Instituto Pensar Agropecuária (IPA)

Associação Brasileira da Batata
Associação Brasileira da Indústria de Máquinas e Equipamentos
Associação Brasileira da Indústria do Fumo
Associação Brasileira das Indústrias de Óleos Vegetais
Associação Brasileira das Indústrias de Pescados
Associação Brasileira das Indústrias Exportadoras de Carne
Associação Brasileira de Frigoríficos
Associação Brasileira de Laticínios
Associação Brasileira de Proteína Animal
Associação Brasileira do Agronegócio
Associação Brasileira dos Criadores de Suínos
Associação Brasileira dos Criadores de Zebu
Associação Brasileira dos Produtores de Algodão
Associação Brasileira dos Produtores de Milho
Associação Brasileira dos Produtores de Sementes de Soja
Associação Brasileira dos Produtores de Soja

* Fontes: Coalizão Brasil Clima, Florestas e Agricultura (2021); Conselho das Entidades do Setor Agropecuário (2021); Instituto Pensar Agropecuária (2020).

Associação de Produtores de Bioenergia do Estado do Paraná
Associação dos Criadores de Mato Grosso
Associação dos Produtores de Sementes de Mato Grosso
Associação dos Produtores de Soja de Mato Grosso do Sul
Associação dos Produtores de Soja e Milho do Estado de Mato Grosso
Associação Mato-grossense dos Produtores de Algodão
Associação Nacional dos Distribuidores de Insumos Agrícolas e Veterinários
Associação Nacional dos Exportadores de Sucos Cítricos
Associação para o Fomento à Pesquisa de Melhoramento de Forrageiras
Confederação da Agricultura e Pecuária do Brasil
Confederação das Cooperativas do Sicredi
Conselho dos Exportadores de Café do Brasil
CropLife Brasil
Federação da Agricultura e Pecuária do Estado de Mato Grosso
Federação da Agricultura e Pecuária do Estado de São Paulo
Federação da Agricultura e Pecuária do Estado do Paraná
Federação das Indústrias do Estado de São Paulo
Federação Nacional de Seguros Gerais
Fórum Nacional Sucroenergético
Indústria Brasileira de Árvores
Organização das Cooperativas Brasileiras
Organização de Plantadores de Cana da Região Centro Sul do Brasil
Sindicato Nacional da Indústria da Cerveja
Sindicato Nacional da Indústria de Alimentação Animal
Sindicato Nacional da Indústria de Produtos para Defesa Vegetal
Sindicato Nacional da Indústria de Produtos para Saúde Animal
Sociedade Rural Brasileira
União da Industria de Cana-de-Açúcar
União Nacional do Etanol de Milho

Conselho das Entidades do Setor Agropecuário (Conselho do Agro)

Associação Brasileira de Criadores
Associação Brasileira do Agronegócio

Associação Brasileira dos Criadores de Suínos
Associação Brasileira dos Criadores de Zebu
Associação Brasileira dos Produtores de Algodão
Associação Brasileira dos Produtores de Milho
Associação Brasileira dos Produtores de Soja
Associação Brasileira dos Produtores e Exportadores de Frutas
Confederação da Agricultura e Pecuária do Brasil
Conselho Nacional do Café
Federação dos Plantadores de Cana do Brasil
Instituto Brasileiro de Horticultura
Organização das Cooperativas Brasileiras
Sociedade Nacional de Agricultura
Sociedade Rural Brasileira
União da Indústria de Cana-de-Açúcar

Coalizão Brasil Clima, Florestas e Agricultura

Associação Brasileira da Indústria de Alimentos
Associação Brasileira da Indústria de Madeira Processada Mecanicamente
Associação Brasileira das Indústrias Exportadoras de Carnes
Associação Brasileira de Biotecnologia Industrial
Associação Brasileira de Produtores de Óleo de Palma
Associação Brasileira do Agronegócio
Associação Brasileira dos Produtores de Mogno Africano
Associação dos Misturadores de Adubos do Brasil
Associação Nacional das Indústrias Processadoras de Cacau
Associação Nacional dos Exportadores de Sucos Cítricos
Conselho Empresarial Brasileiro para o Desenvolvimento Sustentável
Grupo de Trabalho da Pecuária Sustentável
Indústria Brasileira de Árvores
União Nacional das Cooperativas da Agricultura Familiar e Economia Solidária

Sobre o autor

CAIO POMPEIA é antropólogo, pesquisador do Programa de Pós-Doutorado em Antropologia Social da USP. Realizou o doutorado na Unicamp, com período como pesquisador visitante na Universidade Harvard, e concluiu tanto o mestrado quanto a graduação na USP. Publicou, dentre outros artigos, "O agronegócio como fenômeno político no Brasil", na *Revista Brasileira de Ciências Sociais*. Realiza pareceres para a *American Anthropologist*, a *Revista de Economia e Sociologia Rural* e a *Horizontes Antropológicos*. Pesquisa temas como agronegócio, sistemas agroalimentares, etnografia, segurança alimentar e nutricional, direitos territoriais indígenas, agrobiodiversidade, meio ambiente, Estado, políticas públicas, agricultura familiar, extensão rural e política alimentar. Participou do projeto "Populações tradicionais e biodiversidade: as contribuições de povos indígenas, quilombolas e comunidades tradicionais à biodiversidade e políticas públicas que os afetam" (USP/UFPA), e é membro do Grupo de Estudos sobre Mudanças Sociais, Agronegócio e Políticas Públicas (CPDA/UFRRJ).

A publicação deste livro
contou com o apoio do

IBIRAPITANGA

[cc] Editora Elefante, 2021
[cc] O Joio e O Trigo, 2021

Você tem a liberdade de compartilhar, copiar,
distribuir e transmitir o texto desta obra,
desde que cite a autoria e não faça uso comercial.

Primeira edição, março de 2021
Primeira reimpressão, fevereiro de 2022
São Paulo, Brasil

Dados Internacionais de Catalogação na Publicação (CIP)
Angélica Ilacqua CRB-8/7057

Pompeia, Caio
    Formação política do agronegócio / Caio Pompeia.
São Paulo: Elefante, 2021.
    392 p.

ISBN 978-65-8723-531-8

1. Agronegócio - Brasil 2. Agroindústria I. Título

21-0596   CDD 338.10981

Índices para catálogo sistemático:
1. Agroindústria - Brasil

EDITORA ELEFANTE   O JOIO E O TRIGO
editoraelefante.com.br   ojoioeotrigo.com.br
editoraelefante@gmail.com   ojoioeotrigo@gmail.com
fb.com/editoraelefante   fb.com/najoeira
@editoraelefante   @ojoioeotrigo

FONTES Plantin, Futura & Kokoschka
PAPÉIS Cartão 250 g/m² & Ivory slim 65 g/m²
IMPRESSÃO BMF Gráfica